高职高专土建大类十二五规划教材

# 市政工程施工组织与管理

主　编◎徐行军

副主编◎黄树榕　陈勇燕

主　审◎俞素平

厦门大学出版社 XIAMEN UNIVERSITY PRESS 国家一级出版社 全国百佳图书出版单位

图书在版编目(CIP)数据

市政工程施工组织与管理/徐行军主编.—厦门：厦门大学出版社，2013.8(2019.12重印)
ISBN 978-7-5615-4688-8

Ⅰ.①市… Ⅱ.①徐… Ⅲ.①市政工程-工程施工-施工组织-高等职业教育-教材②市政工程-工程施工-施工管理-高等职业教育-教材 Ⅳ.①TU99

中国版本图书馆CIP数据核字(2013)第187756号

**出 版 人** 郑文礼
**责任编辑** 眭 蔚

**出版发行** 厦门大学出版社
**社 址** 厦门市软件园二期望海路39号
**邮政编码** 361008
**总 机** 0592-2181111 0592-2181406(传真)
**营销中心** 0592-2184458 0592-2181365
**网 址** http://www.xmupress.com
**邮 箱** xmup@xmupress.com
**印 刷** 三明市华光印务有限公司

**开本** 787 mm×1 092 mm 1/16
**印张** 17.5
**字数** 425千字
**版次** 2013年8月第1版
**印次** 2019年12月第2次印刷
**定价** 43.00元

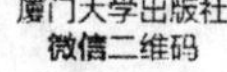
厦门大学出版社
微信二维码

厦门大学出版社
微博二维码

# 高等职业教育土建大类十二五规划教材

# 前 言

为适应福建省高等职业教育服务海峡西岸经济区改革与建设工程的新形势需要，福建省教育厅下发了闽教高[2010]60 号文件，以大力加强高等职业教材建设，推进人才培养模式改革。为了响应文件精神，福建省高等职业教育土建类专业编审委员会拟定出版“福建省高职高专土建大类十二五规划教材”，共计 39 种，我们力求做到教材有特色，能充分体现中高职衔接、高职与本科衔接的教学改革趋势。

本书在编写过程中，注重理论联系实际，突出施工组织与项目管理的实践性，以培养提高学生解决问题的能力为最终目的，力求体现高等职业技术教育的特色。书稿编写符合学生的认知规律，突出市政工程技术人员岗位实际工作的内容需要，以达到培养高等技术技能型专门人才的目标。

本书由福建船政交通职业学院徐行军任主编，中交一公局厦门工程有限公司黄树榕、福建船政交通职业学院陈勇燕任副主编，由福建船政交通职业学院俞素平主审。具体编写分工如下：第 1、2、3、4、5、7、10 章由徐行军编写，第 6、8 章由黄树榕编写，第 9 章由陈勇燕编写。本书在编写过程中还得到了厦门市市政建设开发总公司魏小前的大力支持，在此表示衷心的感谢。

本书可作为土建类专业和工程管理类专业教材，也可作为工程技术人员和管理人员学习施工管理知识，进行施工组织管理工作的参考。

本书内容涉及面广，书中难免存在疏漏和不足之处，恳请读者批评指正。

**编 者**

2013 年 8 月

# 目　录

# 第1章 概 论

本章主要介绍基本建设项目概念、类型与组成，市政工程项目建设内容及建设程序，市政工程项目施工程序。通过学习掌握市政工程项目建设程序与施工程序。

## 1.1 基本建设项目的基础知识

### 1.1.1 基本建设项目概念

**1. 基本建设含义**

基本建设指固定资产建设，即投资进行建设、购置和安装固定资产以及与此相联系的其他经济活动。新中国成立以来，我国关于基本建设的概念存在着一些不同认识，基本建设工作内容也或多或少发生了一些变化，但基本建设的实质内涵并没有大的改变。即：

(1)基本建设是形成新的固定资产，或者说，是以扩大生产能力或新增工程效益为主要目的，以建设或购置固定资产为主要内容的经济活动。

(2)基本建设的形式包括新建、改建、扩建、恢复工程及与之相联系的其他经济活动。它不是零星的、少量的固定资产建设，而是具有整体性、需要一定量投资额以上的固定资产建设。

**2. 基本建设项目及其特点**

(1)基本建设项目与固定资产投资

基本建设项目，是指在一个总体设计或初步设计范围内，由一个或若干个互有内在联系的单项工程(指建成后能独立发挥效益的工程)所组成，建成后在经济上可以独立经营、在行政上可以统一管理的建设单位。

基本建设项目与技术改造项目一起，构成固定资产投资项目。由此可见固定资产投资与基本建设的关系：首先，固定资产投资从资金的形成到实物形态的转化，即增加新的固定资产，必须通过基本建设活动(而基本建设经济活动的主体是基本建设项目)，通过建成基本建设项目来完成；其次，基本建设项目的建设投资是固定资产投资的重要组成部分。

(2)基本建设项目与技术改造项目的范围划分

按照国家规定，在实际工程中划分基本建设项目和技术改造项目，主要有以下几个方面。

①以工程建设的内容、主要目的来划分。一般把以扩大生产能力(或新增工程效益)为主要建设内容和目的的作为基本建设项目；把以节约、增加产品品种、提高质量、治理“三废”、劳保安全为主要目的的作为技术改造项目。

②以投资来源划分。以利用国家预算内拨款(基本建设基金)、银行基本建设贷款为主的作为基本建设;以利用企业基本折旧基金、企业自有资金和银行技术改造贷款为主的作为技术改造项目。

③以土建工作量划分。凡是项目土建工作量投资占整个项目投资30%以上的作为基本建设项目。

④按项目所列的计划划分。凡列入基本建设计划的项目,一律按基本建设项目处理;凡列入更新改造计划的项目,按技术改造项目处理。

需要说明的是,划分基本建设项目和技术改造项目,只限于全民所有制企业单位的建设项目,对于所有非全民所有制单位、所有非生产性部门的建设项目,一般不作这种划分。

(3)基本建设项目的特点

①一次性。基本建设是一次性项目,就其成果来看具有单件性,投资额特别大,所以在建设中,只能成功。如达不到要求,将产生深远的影响,甚至直接关系到国民经济的发展。

②建设周期长。在很长时间内,基本建设只消耗人力、物力、财力,而不提供任何产品,风险比较大。

③整体性强。基本建设每一个项目都有独立的设计文件,在总体设计范围内,各单项工程具有不可分割的联系,一些大的项目还有许多配套工程,缺一不可。

④产品具有固定性。基本建设产品的固定性,使得其设计单一,不能成批生产(建设),也给实施带来复杂性,且受环境影响大,管理复杂。

⑤协作要求高。基本建设项目比一般工业产品大得多,协作要求高,涉及行业多,协调控制难度大。

### 1.1.2 基本建设项目分类

为了适应科学管理的需要,从不同角度反映基本建设项目的地位、作用、性质、投资方向及有关比例关系,在基本建设管理工作中,对项目要进行不同组合的分类。

**1. 按行业投资用途分类**

(1)生产性基本建设项目

指直接用于物质生产或满足物质生产需要的建设项目。

(2)非生产性基本建设项目

指用于满足人民物质和文化生活需要的建设项目以及其他非物质生产的建设项目。

(3)按三次产业划分

分为第一产业(农业)项目、第二产业(工业、建筑业和地质勘探)项目和第三产业项目。

**2. 按建设性质分类**

(1)新建项目

指从无到有、"平地起家"的建设项目。

(2)扩建项目

指现有企业为扩大原有产品的生产能力或效益和为增加新的品种生产能力而增加的主要生产车间或工程项目,及事业和行政单位增建业务用房等。

(3)改建项目

指现有企业、事业单位对原有厂房、设备、工艺流程进行技术改造或固定资产更新的项目,有些是为提高综合能力,增建一些附属或辅助车间或非生产性工程,从建筑性质来看都属于基本建设中的改建项目。

(4)恢复项目

指企业、事业和行政单位的原有固定资产因自然灾害、战争和人为灾害等原因已全部或部分报废,而投资重新建设的项目。

(5)迁建项目

指原有固定资产,因某种需要,搬迁到另外的地方进行建设的项目。移地建设,不论其建设规模,都属迁建项目。

**3. 按建设规模分类**

按国家规定的标准,基本建设项目划分为大型、中型和小型三类。

按建设项目投资额标准划分,基本建设生产性建设项目中能源、交通、原材料部门投资额在5000万元以上、其他部门和非生产性建设项目投资额在3000万元以上的为大中型基本建设项目,在此限额以下的为小型建设项目。

按建设项目生产能力或使用效益标准划分,国家对各行各业都有具体规定。

**4. 按投资主体分类**

按投资主体分类的基本建设项目主要有:

(1)国家投资建设项目;

(2)各级地方政府投资的建设项目。

(3)企业投资的建设项目;

(4)“三资”企业的建设项目;

(5)各类投资主体联合投资的建设项目。

**5. 按管理体制分类**

(1)按隶属关系分类

这类项目有:部直属单位的建设项目;地方领导和管理的建设项目;部直属项目,指经国务院有关部门和地方协商后,由国务院有关部门下达基本建设计划并安排解决统配物资的部分地方建设项目。

(2)按管理系统分类

指按国务院归口部门对建设项目分类。按管理系统划分与按行业划分不同,建设单位不论属哪个行业,都要按管理部门划分。

**6. 按工作阶段分类**

处于建设不同阶段的基本建设项目有:

(1)预备项目(或探讨项目);

(2)筹建项目(或前期工作项目);

(3)施工项目(包括新开工和续建项目);

(4)建成投产项目;

(5)收尾项目。

### 1.1.3 基本建设项目的组成

**1. 建设项目**

一般指符合国家总体建设计划,能独立发挥生产能力或满足生活需要,其项目建议书经批准立项,可行性研究报告经批准的建设任务。如工业建设中的一座工厂、一座矿山,民用建设中的一个居民区、一幢住宅、一所学校。

市政工程建设项目,一般指建成后可以发挥其使用价值和投资效益的一条道路、一座独立大、中型桥梁或一条隧道。

按国家计划及建设主管部门的规定,一个建设项目应有一个总体设计,在总体设计的范围内可以由若干个单项工程组成(如一个建设项目划分为几个标段),经济上实行统一核算,行政上实行统一管理,也可以分批分期进行修建。

一个建设项目可以由一个单项工程或几个单项工程组成。

**2. 单项工程**

单项工程又称工程项目,是具有独立的设计文件,在竣工后能独立发挥设计规定的生产能力或效益的工程。如工业建筑中的生产车间、办公楼,民用建筑中的教学楼、图书馆、宿舍楼等。

市政工程建设的单项工程一般指一条道路、独立的桥梁工程、隧道工程,这些工程一般包括与已有公路的接线,建成后可以独立发挥交通功能。但一条路线中的桥梁或隧道,在整个路线未修通前,并不能发挥交通功能,也就不能作为一个单项工程。

一个单项工程可以由几个单位工程组成。

**3. 单位工程**

单位工程是单项工程的组成部分,是指在单项工程中具有单独设计文件和独立施工条件,并可单独作为成本计算对象的都分。如单项工程中的生产车间的厂房修建、设备安装等,市政工程中同一合同段内的路线、桥涵等。由此可见,单位工程一般不能独立发挥生产能力和使用效益。

一个单位工程可以包含若干分部工程。

**4. 分部工程**

分部工程是单位工程的组成部分,一般是按单位工程中的主要结构、主要部位来划分的。如工业与民用建筑中的房屋的基础、墙体等。

在市政建设工程中,按工程部位划分为路基工程、路面工程、桥涵工程等;按工程结构和施工工艺划分为土石方工程、混凝土工程和砌筑工程等。

一个分部工程包含若干分项工程。

**5. 分项工程**

分项工程是分部工程的组成部分,是根据分部工程划分的原则,再进一步将分部工程分成若干个分项工程。分项工程是按照不同的施工方法、不同的施工部位、不同的材料、不同的质量要求和工作难易程度来划分的,是概预算定额的基本计量单位,故也称为工程定额子目或工程细目。

一般来说,分项工程只是建筑或安装工程的一种基本构成要素,是为了确定建筑或安装工程费用而划分出来的一种假定产品,以便作为分部工程的组成部分。因此,分项工程的独立存在是没有意义的。

## 1.2 市政工程项目建设

### 1.2.1 市政工程项目建设内容

市政工程项目建设是指市政工程建设项目从规划立项到竣工验收的整个建设过程中的各项工作,包括市政道路、桥涵、管网工程等固定资产的建筑、购置、安装等活动,以及与其相关的如勘察设计、征用土地等工作。

市政工程项目建设内容包括以下几方面。

(1)建筑安装工程。

①建筑工程:路基、路面、桥涵、市政管网等的建设。

②设备安装工程:市政道路(高速公路)、大型桥梁所需机械、设备、仪器的安装及测试等工作。

(2)设备、工具、器具的购置。

(3)其他基本建设工作如勘察、设计、征地、拆迁等。

### 1.2.2 市政工程项目建设程序

市政工程项目建设受自然条件(地质、气候、水文)、技术条件(技术人员水平、机械化程度等)、物资条件(各种原材料供应、运输等)以及环境等的制约,需要各个部门、各个环节密切配合,并且要求按照既定的需要和科学的总体设计进行建设。基本建设是一项内容比较复杂的工作。在建设过程中任何计划不周或安排不当,都会造成经济损失,带来不良后果。所以,一切基本建设都必须严格按照规定的程序进行。对于小型项目,可视具体情况,简化程序。

市政工程项目基本建设程序应当是:根据国民经济长远规划以及城市市政建设规划,提出项目建议书;进行可行性研究,编制可行性研究报告;经批准后进行初步设计;再经批准后列入国家年度基本建设计划,并进行技术设计和施工图设计;设计文件经审批后组织施工;施工完成后,进行竣工验收,然后交付使用。这一程序必须依次进行,一步一步地实施。其具体内容如下。

**1. 项目建议书**

根据发展国民经济的长远规划和城市市政建设规划,提出项目建议书。项目建议书应对拟建项目的建设目的和要求、主要技术标准、原材料及资金来源等提出文字说明。项目建议书是进行各项前期准备工作和进行可行性研究的依据。

### 2. 可行性研究

可行性研究是基本建设前期工作的重要组成部分，是建设项目立项、决策的主要依据。

大中型工程、高等级公路及重点工程建设项目(含国防、边防公路)均应进行可行性研究，小型项目可适当简化。市政建设项目可行性研究的任务是：在对拟建工程地区的社会、经济发展和市政路网状况进行充分的调查研究、评价、预测和必要的勘察工作的基础上，对项目建设的必要性、经济合理性、技术可行性、实施可能性，提出综合性研究论证报告。

按可行性研究的工作深度，可行性研究划分为预可行性研究和工程可行性研究两个阶段。预可行性研究应重点阐明建设项目的必要性，通过踏勘和调查研究，提出建设项目的规模、技术标准，进行简要的经济效益分析。工程可行性研究应通过必要的测量(高速公路、一级公路必须做)、地质勘探(大桥、隧道及不良地质地段等)，在认真调查研究，拥有必要资料的基础上，对不同建设方案从经济上、技术上进行综合论证，提出推荐建设方案。

工程可行性研究报告经审批后作为初步测量及编制初步设计文件的依据。工程可行性研究的投资估算与初步设计概算之差应控制在10%以内。

市政工程建设项目可行性研究报告的主要内容有：

(1)建设项目依据、历史背景；

(2)建设地区综合运输网的交通运输现状和建设项目在交通运输网中的地位及作用；

(3)原有市政道路的技术状况及适应程度；

(4)论述建设项目所在地区的经济状况，研究建设项目与经济发展的内在联系，预测交通量、运输量的发展水平；

(5)建设项目的地理位置、地形、地质、地震、气候、水文等自然特征；

(6)筑路材料来源及运输条件；

(7)论证不同建设方案的路线起讫点和主要控制点、建设规模、标准，提出推荐意见；

(8)评价建设项目对环境的影响；

(9)测算主要工程数量、征地拆迁数量，估算投资，提出资金筹措方式；

(10)提出勘测设计、施工计划安排；

(11)确定运输成本及有关经济参数，进行经济评价、敏感性分析，收费道路、桥梁、隧道还要做财务分析；

(12)评价推荐方案，提出存在的问题和有关建议。

编制可行性研究报告，应严格执行国家的各项政策、规定、住房和城乡建设部(以下简称住建部)和相关主管部委(如交通运输部、水利部等)颁布的技术标准、规范等。

### 3. 设计文件

市政工程基本建设项目一般采用两阶段设计，即初步设计和施工图设计。对于技术简单、方案明确的小型建设项目，也可采用一阶段设计，即一阶段施工图设计。对于技术复杂、基础资料缺乏和不足的建设项目，或建设项目中的特大桥、互通式立体交叉、隧道、市政道路(高速公路和一级公路)的交通工程及沿线设施中的机电设备工程等，必要时采用三阶段设计，即初步设计、技术设计和施工图设计。市政工程项目基本建设程序的流程如图 1-1 所示。

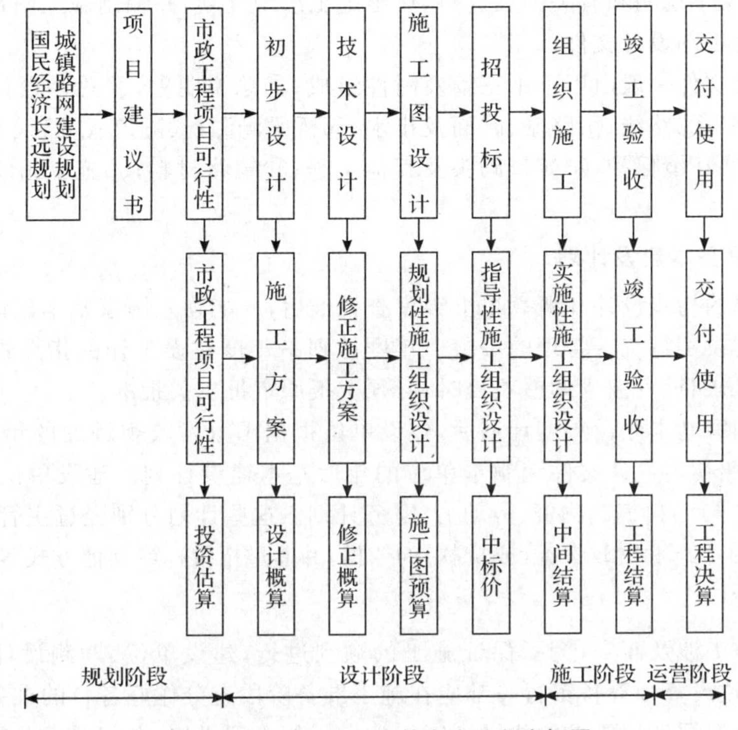


**图 1-1　市政工程项目基本建设程序框图**

(1)初步设计

应根据批复的可行性研究报告、测设合同及勘测资料进行编制。初步设计的目的是确定设计方案,必须进行多设计方案比选,才能确定最合理的设计方案。

选定设计方案时,一般先进行纸上定线,大致确定路线布置方案。然后到现场核对,对路线的走向、控制点、里程和方案的合理性进行实地复查,征求沿线地方政府和建设单位的意见,基本确定路线布置方案。对难以取舍、投资大、地形特殊的路线、复杂特大桥、隧道、立体交叉等大型工程项目一般应选择两个以上的方案进行同深度、同精度的测设工作并通过多方面论证比较,提出最合理的设计方案。

设计方案确定后,拟定修建原则,计算工程数量和主要材料数量,提出初步施工方案,编制设计概算,提供文字说明和有关的图表资料。初步设计文件经审查批复后,即作为订购主要材料、机具、设备等及联系征用土地、拆迁等事宜,进行施工准备,编制施工图设计文件和控制建设项目投资等的依据。

(2)技术设计

按三阶段设计的项目要进行技术设计。技术设计应根据初步设计的批复意见、勘测设计合同要求,进一步勘测调查,分析比较,解决初步设计中尚未解决的问题,落实技术方案,计算工程数量,提出修正的施工方案,编制修正设计概算,批准后即作为施工图设计的依据。

(3)施工图设计

不论几阶段设计,都要进行施工图设计。

两阶段(或三阶段)施工图设计应根据初步设计(或技术设计)的批复意见、勘测设计合同，到现场进行详细勘查测量，确定路中线及各种结构物的具体位置和设计尺寸，确定各项工程数量，提出文字说明和有关图表资料，作出施工组织计划，并编制施工图预算，向建设单位提供完整的施工图设计文件。

施工图设计文件一般由以下十三篇及附件组成：①总说明书；②总体设计（只用于高速公路和一级公路）；③路线；④路基、路面及排水；⑤桥梁涵洞；⑥隧道；⑦路线交叉；⑧交通工程及沿线设施；⑨环境保护；⑩渡口码头及其他工程；⑪筑路材料；⑫施工组织计划；⑬施工图预算；⑭附件。

**4. 列入年度基本建设计划**

当建设项目的初步设计和概算报上级审查批准后，才能列入国家基本建设年度计划，这是国家对基本建设实行统一管理的手段。年度计划是年度建设工作的指令性文件，一经确定后，如果需要增加投资额或调整项目时，必须上报原审批机关批准。

项目列入国家基本建设年度计划后，建设单位根据国家发改委颁发的年度基本建设计划控制资金，按照初步设计文件编制本单位的年度基本建设计划。建设单位年度基本建设计划报经上级批准后，再编制物资、劳动力、财务计划。这些计划分别经过主管机关审查平衡后，作为国家安排生产和财政拨款（或贷款）的依据，并通过招投标或其他方式落实施工单位。

**5. 施工准备**

市政工程施工涉及面广，为了保证施工的顺利进行，建设单位、勘测设计单位、监理单位、施工单位和建设资金筹备银行等都应在施工准备阶段充分作好各自的准备工作。

建设单位应根据计划要求的建设进度组建专门的管理机构，办理登记及征地、拆迁等工作，做好施工沿线各有关单位和部门的协调工作，抓紧配套工程项目的落实，提供技术资料、建筑材料、机具设备的供应。

勘测设计单位应按照技术资料供应协议，按时提供各种图纸资料，做好施工图纸的会审及移交工作。

施工单位应首先熟悉图纸并进行现场核对，编制实施性施工组织设计和施工预算，同时组织先遣人员、部分机具、材料进场；进行施工测量，修筑便道及生产、生活用临时设施，组织材料及技术物资的采购、加工、运输、供应、储备；提出开工报告。

工程监理单位组织监理机构或建立监理组织体系，熟悉施工设计文件和合同文件；组织工程监理人员和设备进入施工现场；根据工程监理制度规定的程序和合同条款，对施工单位的各项施工准备工作进行审批、验收、检查，合格后，使其按合同规定要求如期开工。

**6. 工程施工**

施工准备工作完成后，施工单位必须按上级下达的开工日期或工程承包合同规定的日期开始施工。在建设项目的整个施工过程中，应严格执行有关的法律法规、施工技术规范规程，按照设计要求，确保工程质量，安全施工。坚持施工过程组织原则，加强施工管理，大力推广应用新技术、新工艺，尽量缩短工期，降低工程造价，作好施工记录，建立技术档案。

**7. 竣工验收、交付使用**

建设项目的竣工验收是公路工程基本建设全过程的最后一个程序。工程验收是一项十分细致而又严肃的工作，必须严格按照国家住建部颁发的《关于基本建设项目竣工验收暂行规定》和交通部颁发的《公路工程竣工验收办法》的要求，认真负责地对全部基本建设工程进行竣工验收。竣工验收包括对工程质量、数量、工期、生产能力、建设规模和使用条件的审查。对建设单位和施工企业编报的固定资产移交、清单、隐蔽工程说明和竣工决算(竣工验收时,建设单位必须及时编制竣工决算,核定新增固定资产的价值,考核分析投资效果)等进行细致检查。

当全部基本建设工程经过验收合格,完全符合设计要求后,应立即移交给生产部门正式使用。对存在问题要明确责任,确定处理措施和期限。

## 1.3 市政工程施工程序

为了编制合理的施工组织设计,必须了解市政施工程序。市政工程施工程序是指施工单位从接受施工任务到工程竣工验收阶段必须遵守的工作顺序。

市政工程施工程序主要包括接受施工任务即签订工程承包合同、施工准备工作、工程施工和竣工验收。

### 1.3.1 签订工程承包合同

施工单位接受施工任务通常有三种方式:一是上级主管部门统一布置任务,下达计划安排;二是经主管部门同意,自行对外接受任务;三是参加投标,中标而获得任务。现在,施工任务主要通过参加投标,通过建筑市场中的平等竞争而取得。

接受施工项目时,首先应该查证核实工程项目是否列入国家计划,必须有批准的可行性研究、初步设计(或施工图设计)及概(预)算文件方可签订施工承包合同,进行施工准备工作。

接受施工任务,以签订施工承包合同为准。凡接受工程项目,施工单位都必须同建设单位签订工程承包合同,明确各自的权利和义务,即明确双方的经济、技术责任,互相制约,共同保证按质、按量、按期完成建设项目的建设任务。合同一经签订,即具有法律效力,双方要严格履行合同。

施工承包合同内容一般包括:①简要说明;②工程概况;③承包方式;④工程质量;⑤开(竣)工日期;⑥工程造价;⑦物资供应与管理;⑧工程拨款与结算办法;⑨违约责任;⑩奖惩条款;⑪双方的配合协作关系等。

### 1.3.2 施工准备工作

施工单位接受施工任务后,即可着手进行施工准备工作。施工准备工作涉及面广,必须有计划、按步骤、分阶段地进行,才能在较短的时间内为工程开工创造必要的条件。

准备工作的基本任务是:了解施工的客观条件,根据工程的特点、进度要求,合理安排施工力量,从人力、物资、技术和施工组织等方面为工程施工创造一切必要的条件。施工准备工作的内容可以归纳如下。

**1. 技术准备**

(1)熟悉和核对设计文件及有关资料

设计文件是工程施工最重要的依据,组织技术人员熟悉和了解设计文件,是为了明确设计者的设计意图,掌握图纸、资料的主要内容及有关原始资料。此外,从设计到施工通常要间隔几年时间,勘测设计时的原始自然状况由于各种原因已经发生变化。因此,必须对设计文件和图纸进行现场核对。其主要内容有以下几方面。

①各项计划的布置、安排是否符合国家有关方针、政策和规定以及国家的整体布局;设计图纸、技术资料是否齐全;有无错误和相互矛盾。

②设计文件所依据的水文、气象、地质、岩土等资料是否准确、可靠、齐全。

③掌握整个工程的设计内容和技术条件,弄清设计规模、结构特点和形式。

④核对路线中线、主要控制点、转角点、水准点、三角点、基线等是否准确无误;重点地段的路基横断面是否合理;构造物的位置、结构形式、尺寸大小、孔径等是否适当;能否采用更先进的技术或使用新材料。

⑤路线或构造物与农用、水利、航道、公路、铁路、电信、管道及其他建筑物的相互干扰情况,干扰解决办法是否适当,干扰可否避免(对历史文物纪念地尤为重要)。

⑥对地质不良地段采取的处理措施是否先进合理,对防止水土流失和保护环境采取的措施是否适当、有效。

⑦施工方法、料场分布、运输工具、道路条件等是否符合工程现场实际情况。

⑧临时便桥、便道、房屋、电力设施、电信设施、临时供水、施工场地布置等是否合理。

⑨各项纪要、协议等文件是否齐全、完善。

⑩明确建设期限。

现场核对时,如发现设计有错误或不合理之处,应提出修改意见报上级机关审批,待核准批复后再进行现场测量、修改设计、补充图纸等工作。

(2)补充调查资料

进行现场补充调查,是为了优化和修改设计、编制实施性施工组织设计、因地制宜地布置施工场地等收集资料。调查的内容主要有:工程地点的地形、地质、水文、气候条件;自采加工材料场储量、地方材料供应情况、施工期间可供利用的房屋数量;当地劳动力情况、工业生产加工能力、运输条件和运输工具;施工场地的水源、水质、电源,以及生活物质供应情况;当地民俗风情、生活习惯等。

(3)编制实施性施工组织设计和施工预算

实施性施工组织设计是指导施工的重要技术文件。公路施工是野外作业,又是线型工程,各地自然地理状况和施工条件差异很大,不可能采用一种定形的、一成不变的施工方案和施工方法,每项工程的施工都需要通过深入细致的工作个别确定施工方案和施工方法,因此,施工阶段必须编制实施性施工组织设计,并编制相应的施工预算。

(4)组织先遣人员进场

公路施工需要调用大量人工、材料和机具。施工先遣人员的任务是:结合施工现场的实际情况,具体落实施工人员进场开工后在生产、生活等方面必须解决的问题。对施工中涉及其他部门的问题,做好联系、协调工作。及时与当地政府部门取得联系,争取地方政府对工程施工的支持。

**2. 施工现场准备**

经过现场核对后,依据设计文件和实施性施工组织设计,认真做好施工现场准备工作。

(1)征地及拆迁

划定工程建设用地,开始征用土地,拆迁房屋、电信及管线设施等各种障碍物(包括施工临时用地)。

(2)技术准备工作

进行施工测量,平整场地;建立工地实验室,进行各种建筑材料试验和土质试验,为施工提供可靠数据;落实各施工点的施工方案以及供水、供电设施;各种施工物资(包括建筑材料、机具设备、工具等)的调查与准备,进场后的堆放、保管及安全工作等。

(3)建立临时生活、生产设施

修建便道、便桥,搭盖工棚,选址修建构件预制场、沥青拌和基地、混凝土搅拌站等大型临时设施;临时供水、供电、供热及通信设备的安装、架设与试运行。

(4)人员、材料、机具陆续进场

施工准备工作基本完成后,即可组建施工机构,集结施工队伍,运送材料、机具并按计划存放和妥善保管等。当施工队伍进场后,应及时做好开工前的政治思想教育、技术学习和安全教育工作。

(5)提出开工被告

上述各项具体准备工作完成后,即可向建设单位或施工监理部门提出开工报告。开工报告必须按规定的格式填写,并按上级要求或合同规定的最后日期之前提出。

### 1.3.3 工程施工

组织施工应有以下基本文件:设计图纸、资料;施工规范和技术操作规程;各种定额;施工图预算;实施性施工组织设计;工程质量检验评定标准和施工验收规范;施工安全操作规程。

在开工报告批准后,才能开始正式施工。施工应严格按照设计图纸进行,如需要变更,必须事先按规定程序报经监理工程师或建设单位批准。按照施工组织设计确定的施工方法、施工顺序及进度要求进行施工。为了确保质量、安全操作,施工要严格按照设计要求和施工技术规范、验收规程进行。发现问题,及时解决。

市政工程施工是一项复杂的系统工程,必须科学合理地组织,建立正常、文明的施工秩序,有效地使用劳动力、材料、机具、设备、资金等。施工方案要因地制宜、结合实际,施工方法要先进合理、切实可行。施工中既要保证工程质量和施工进度,又要注意保护环境、安全生产,确保优质、高效、低耗、安全地全面完成施工计划任务。

### 1.3.4 竣工验收

市政工程基本建设项目的竣工验收是全面考核市政工程设计成果,检验设计和施工质量的重要环节。做好竣工验收工作,总结建设经验,对今后提高建设质量和管理水平有重要作用。市政工程施工单位在竣工验收阶段应做好以下几项工作。

**1. 竣工验收准备**

工程项目按设计要求建成后,施工单位应自行初检。初检时,要进行竣工测量,编制竣工图表；认真检查各分部工程，发现有不符合设计要求和验收标准之处应及时修改；整理好原始记录、工程变更设计记录、材料试验记录等施工资料；提出初检报告，按投资隶属关系上报。初检报告一般包括如下内容：

(1)初检工作的组织情况；

(2)工程概况及竣工工程数量；

(3)各单项工程检查情况和工程质量情况；

(4)检查中发现的重大质量问题及处理意见；

(5)遗留问题的处理意见和提交竣工验收时讨论的问题。

**2. 竣工验收工作**

施工单位所承担的工程全部完成后，经初检符合设计要求，并具备相应的施工文件资料，应及时报请上级领导单位组织竣工验收。

竣工验收的具体工作由验收委员会负责完成。验收委员会在听取施工单位的施工情况和初检情况汇报并审查各项施工资料之后，采取全面检查、重点复查的方法进行验收。对初检时有争议的工程及确定返工或补做的工程，应全面检查和复测。对高填、深挖、急弯、陡坡路段，应重点抽查。小桥涵及一般构造物，一般路段路基、路面及排水和安全设施等，可采取随机抽查的方式进行检查。检查过程中，必要时可采用挖探、取样试验等手段。

验收工作以设计文件为依据，按照国家有关规定，分析检查结果，评定工程质量等级，并经监理工程师签认。对需要返工的工程，应查明原因，提出处理意见，由施工单位负责按期修复。目前市政工程主要验收规范有《城镇道路工程施工与质量验收规范》(CJJ 1-2008)、《城市桥梁工程施工与质量验收规范》(CJJ 2-2008)、《给水排水管道工程施工及验收规范》(GB 50268-2008)等。

**3. 技术总结**

竣工验收通过后，施工单位应认真做好工程施工的技术总结，以利于不断提高施工技术水平和管理水平。对于施工中采用的新技术和重大技术革新项目，以及施工组织、技术管理、工程质量、安全工作等方面的成绩，应进行专题总结并在公司内推广。

**4. 建立技术档案**

技术档案包括设计文件、施工图表、原始记录、竣工文件、验收资料、专题施工技术总结等。在工程竣工验收后，由施工单位汇集整理、装订成册，按管理等级建档保存，以备今后查用。

## 习题

1.1 什么是基本建设项目？基本建设项目分类有哪些？

1.2 基本建设项目的组成有哪些？

1.3 市政工程项目建设包括哪些内容？

1.4 简述市政工程项目建设程序。

1.5 市政工程施工包括哪些基本内容？

# 第 2 章　市政工程施工组织设计概述

施工组织设计是施工准备阶段的一项非常重要的内容，其任务是实现基本建设计划和实际要求，对整个工程的施工选择科学的施工方案和合理的安排，作为施工全过程的依据，从而协调各施工单位和各工种之间、资源与时间之间、各资源之间的合理关系。在整个施工过程中，按照客观的经济、技术规律，做出合理、先进、科学的安排，使整个工程在施工中取得相对最优的效果。

## 2.1　概　述

### 2.1.1　市政工程施工组织设计概念

施工组织设计就是指在施工前，对市政工程建筑产品(一个建设项目或单位工程等)生产(施工)过程的生产诸要素，即直接使用的建筑工人、施工机械和建筑材料与构件等的合理组织。

施工组织设计就是要从工程的全局出发，按照客观的施工规律和当地的具体条件，统筹考虑施工活动的人力、资金、材料、机构和施工方法这五个因素后，对整个工程的施工进度和资源消耗等做出科学而合理的安排。市政工程施工组织的目的，是使工程建设在一定的时间上和空间内，实现有组织、有计划、有秩序的施工，以期达到市政工程施工的相对最优效果。即时间上耗工少，工期短；质量上精度高，功能好；经济上资金省，成本低。施工组织设计可以是对整个基本建设项目起控制作用的总体战略部署，也可以是对某一单位工程的具体施工作业起指导作用的战术安排。

施工组织设计是建设项目施工组织管理工作的核心和灵魂，是指导一个拟建工程进行施工准备和组织实施施工的基本的技术经济文件。它的任务是对具体的拟建工程的施工准备工作和整个的施工过程，在人力和物力、时间和空间、技术和组织上，做出一个全面而合理且符合好、快、省、安全要求的计划安排。

市政工程施工组织设计是市政工程基本建设项目在设计、招投标、施工阶段必须提交的技术文件，也是准备、组织、指导施工和编制施工作业计划的基本依据。因此，市政工程施工组织设计是市政工程基本建设管理的主要手段之一。

市政工程施工组织设计的具体任务是：

(1)确定开工前必须完成的各项准备工作。

(2)计算工程数量，合理部署施工力量，确定劳动力、机械台班、各种材料、构件的需要量和供应方案。

(3)确定施工方案,选择施工机具。

(4)安排施工顺序,编制施工进度计划。

(5)确定工地上的设备停放场、料场、仓库、预制场地的平面布置。

(6)制定确保工程质量及安全的有效技术措施。

此外,市政工程的施工总方案可以是多种多样的,我们应该依据市政工程具体任务的特点、工期要求、劳动力数量及技术水平、机械装备能力、材料供应以及构件生产、运输能力,地质、气候等自然条件及技术经济条件进行综合分析,从几个方案中选取出最理想的方案。

把上述各项问题加以综合考虑,并做出合理决定,形成指导施工生产的技术经济文件——施工组织设计。它本身是施工准备工作,也是指导施工准备工作、全面布置施工生产活动、控制施工进度、进行劳动力和机械调配的基本指导依据,对是否能多快好省地完成市政工程的施工生产任务起着决定性作用。

### 2.1.2 施工组织设计在市政工程中的重要性和作用

市政工程施工需要时间(工期),占用空间(场地),消耗资源(人工、材料、机具等),需要资金(造价),需要选择施工方法,确定施工方案等。

市政工程施工应遵循工程建设的客观规律,充分考虑市政工程施工的特点,运用先进的科学方法和手段组织施工,合理安排施工中的各种要素,使工程建设费用低、效率高、质量好,保证按期完成施工任务,实现有组织、有计划、有秩序的施工,以期达到整个市政工程施工的最佳效果。根据工程特点、自然条件、资源供应情况、工期要求等,做出切实可行的施工组织计划,并提出确保工程质量和安全施工的有效技术措施,这就是施工组织设计的任务。编制施工组织设计,本身就是施工准备工作的一项重要内容。也就是说,市政工程施工从准备工作开始,施工组织设计起着指导施工准备工作、全面布置施工活动、控制施工进度、进行劳动力和机械调配的作用,同时对施工活动内部各环节的相互关系和与外部的联系,确保正常的施工秩序起着有效的协调作用。总之,市政工程施工组织设计对于能否优质、高效、按时、低耗地完成市政工程施工任务起着决定性的作用。

施工组织设计是指导项目投标、施工准备和组织施工的全面性的技术经济文件,是指导现场施工的纲领。编制和实施施工组织设计是我国建筑施工企业一项重要的技术管理制度,它使施工项目的准备和施工管理具有合理性和科学性。它有以下作用:

(1)对于投标,施工组织设计既是投标文件的重要组成部分,又是组织施工的一个纲领性文件。其作用:一为投标服务,为工程预算的编制提供依据,向业主提供对要投标项目的整体策划及技术组织工作,为最终中标打下基础;二为施工服务,为工程项目最终能达到预期目标提供可靠的施工保障。

(2)统一规划和协调复杂的施工活动。做任何事情之前都不能没有通盘的考虑,不能没有计划,否则不可能达到预定目的。施工的特点综合表现为复杂性,如果施工前不对施工活动的各种条件、各种生产要素和施工过程进行精心安排,周密计划,那么复杂的施工活动就没有统一行动的依据,就必然会陷入毫无头绪的混乱状态,所以要完成施工任务,达到预定的目的,一定要预先制定好相应的计划,并且切实执行。对于施工单位来说,就是要编制生产计划;对于一个拟建工程来说,就是要进行施工组织设计。有了施工组织设计这种计划安排，复杂的施工活动就有了统一行动的依据，就可以据此统筹全局，协调方方面面的工作，保证施工活动有条不紊地进行，顺利完成合同规定的施工任务。

(3)对拟建市政工程施工全过程进行科学管理，施工全过程是在施工组织设计的指导下进行的。首先，在接受施工任务并得到初步设计以后，就可以开始编制建设项目的施工组织规划设计。施工组织规划设计经主管部门批准以后，再进行全场性施工的具体实施准备。随着施工图的出图，按照各工程项目的施工顺序，逐一制定各单位工程的施工组织设计，然后根据各个单位市政工程施工组织设计，指导实施具体施工的各项准备工作和施工活动。在施工工程的实施过程中，要根据施工组织设计的计划安排，组织现场施工活动，进行各种施工生产要素的落实与管理，进行施工进度、质量、成本、技术与安全的管理等，所以施工组织设计是对拟建市政工程施工全过程进行科学管理的重要手段。

(4)使施工人员心中有数，工作处于主动地位。施工组织设计根据工程特点和施工的各种具体条件科学地拟定了施工方案，确定了施工顺序、施工方法和技术组织措施，拟定了施工的进度；施工人员可以根据相应的施工方法，在进度计划的控制下，有条不紊地组织施工，保证拟建工程按照合同要求完成。

通过施工组织设计，我们对每一拟建工程在开工之前就了解它所需要的材料、机具和人力，并根据进度计划拟定先后使用的顺序，确定合理的劳动组织及施工材料、机具等在施工现场的合理布置，使施工得以顺利地进行，还可以合理地安排临时设施，保证物资保管和生产与生活的需要。根据施工方案大体估计到施工中可能发生的各种情况，从而预先做好各项准备工作，清除施工中的障碍，并充分利用各种有利的条件，对施工的各项问题予以最合理、最经济的解决。通过施工组织设计，还可以把工程的设计和施工、技术和经济、前方和后方有机地结合起来，把整个施工单位的施工安排和具体工程的施工组织得更好，使施工中的各单位、各部门、各阶段、各建筑物之间的关系更明确和协调。

总之，通过施工组织设计，就把施工生产合理地组织起来，规定了有关施工活动的基本内容，保证了具体工程的施工得以顺利进行。因此，施工组织设计的编制是具体市政工程施工准备阶段中各项工作的核心，在施工组织与管理工作中占有十分重要的地位。一个市政工程如果施工组织设计编制得好，能反映客观实际，符合建设项目的全面要求，并且认真地贯彻执行，施工就可以有条不紊地进行，使施工组织与管理工作经常处于主动地位，取得好、快、省、安全的效果。若没有施工组织设计或者施工组织设计脱离实际或者虽有质量优良的施工组织设计而未得到很好的贯彻执行，就很难正确地组织具体工程的施工，使工作经常处于被动状态，造成不良后果，难以完成施工任务及预定目标。

## 2.2　市政工程施工组织设计的编制原则与依据

### 2.2.1　编制市政工程施工组织设计的一般原则

中华人民共和国成立后，在第一个五年建设计划期间建设项目管理就开始重视施工组织设计工作。几十年来，积累了较丰富的经验，并逐步形成了我国施工组织应遵循的一套原则，归纳起来有以下几个方面：

**1. 严格执行基本建设法规和施工验收规范的原则**

为了保证基本建设顺利进行，缩短施工周期，提高工程质量，尽早发挥投资效益，国家在基本建设方面颁发了一系列有关法规、政策和规定，如没有勘察就不能设计，没有设计就不能施工，实施工程监理、进行质量监督等方针，国家还颁布了有关施工技术规范和验收规范。在编制施工组织设计时，应逐一得到贯彻落实。

**2. 严格遵守合同工期的原则**

根据合同工期来安排施工进度计划，针对工程特点，有效地集中施工力量，对工程量大的分项工程或对工期影响大的关键分部分项工程、关键工序，应加大机械设备、原材料和劳动力的投入，确保按计划完成，不影响后续工序的正常开工。

**3. 充分利用时间和空间的原则**

市政工程是一个形体庞大的空间结构，按照时间的先后顺序，对工程项目各个构成部分的施工要做好计划安排。换言之，就是在什么时间、用什么材料、使用什么机具设备，在结构空间的什么部位上进行施工，也就是时间与空间的关系。如何处理好这种关系，除了考虑工艺关系外，还要考虑组织关系。更重要的是要利用运筹学理论、系统工程原理处理这些关系。

**4. 最佳技术经济决策原则**

完成某些工程项目，存在着不同的施工方法，采用不同的施工技术，使用不同的机具和设备，要消耗不同的材料，导致不同的结果（工期、成本）。因此，对于此类工程项目的施工，可以从这些不同的施工方法、施工技术中，通过具体的计算、分析、比较，选择出最佳的技术经济方案，以达到降低成本和按期完工的目的。

**5. 专业化分工与紧密协作相结合的原则**

现代施工组织管理既要求专业化分工，又要求紧密协作，特别是采用流水施工组织原理和网络计划技术时尤其如此。处理好专业化分工与协作的关系，就是要减少或防止窝工，提高劳动生产率和机械效率，以达到提高工程质量、降低工程成本、缩短工程工期的目的。

**6. 采用先进技术，提高工业化、机械化施工水平原则**

严格执行建筑安装工程施工验收规范、施工操作规程，积极采用先进施工技术，确保工程质量和施工安全。努力贯彻建筑安装工业化的方针，加强系统管理，不断提高施工机械化和预制装配化程度，努力提高劳动生产率。先进的科学技术是提高劳动生产率、加快施工进度、提高工程质量、降低工程成本的重要源泉。同时，积极运用和推广新技术、新工艺、新材料、新设备，减轻施工人员的劳动强度，是现代化文明施工的标志。施工机械化是市政建设工程实现优质、快速的根本途径，扩大预制装配化程度和采用标准构件是安装施工的发展方向。只有这样，才能从根本上改变市政工程施工手工操作的落后面貌，实现快速施工。在组织施工时，应结合当时机具的实际配备情况、工程特点和工期要求，作出切实可行的布置和安排，注意机械的配套使用，提高综合机械化水平，充分发挥机具设备的效能。

**7. 供应与消耗的协调原则**

物资的供应要保证施工现场的消耗，既不能过剩也不能不足，即物资供应要与施工现场的消耗相协调。如果供应过剩，则要多占临时用地面积，多建存放库房，必然增加临时设备费用，同时物资积压过剩，存放时间就过长，必然导致部分物资霉烂、变质、失效，从而增加了材料费用的支出，最终造成工程成本的增加；如果物资供应不足，必然出现停工待料，影响施工的连续性，降低劳动生产率，既延长了工期又提高了工程成本。因此，在供应与消耗的关系上一定要坚持协调性原则。

**8. 组织连续均衡施工的原则**

市政工程施工受外界的干扰很大，要实现连续、均衡而紧凑的施工就必须科学、合理地安排施工计划。计划的科学性，就是对施工项目作出总体的综合判断，采用现代分析的方法，使施工活动在时间上、空间上得到最优的统筹安排，也就是施工优化。计划的合理性，是指对各个项目相互关系的合理安排，如施工程序和工序的合理确定等。要做到这些，就必须采用系统分析、流水作业、统筹方法、电子计算机辅助系统和先进的施工工艺等现代化科学技术成果。施工的连续性和均衡性对于施工物资的供应、减少临时设施、生产和生活的安排等都是十分必要的。安排工程计划时，尽量利用正式工程、原有建筑和设施作为施工临时设施，尽量减少大型临时设施的规模，在保证重点工程施工的同时，可以将一些辅助或附属的工程项目作适当穿插。还应考虑季节特点，努力提高施工生产力水平；一切从实际出发，做好人力、物力的综合平衡，组织均衡施工。一方面要避免施工断断续续，人力、机械等资源利用不足；另一方面，又要防止出现突击赶工的现象，尽可能地做到在总的工期内连续、均衡地施工，使各项活动有秩序、有节奏地进行。只有采取这些措施，才能使各专业机构、各工种工人和施工机械能够不间断地、有秩序地进行施工，尽快地由一个项目转移到另一个项目，从而实现在全年中能够连续、均衡而又紧凑地组织施工。

**9. 确保工程质量和安全生产的原则**

“百年大计，质量第一”是施工现场常见的一句标语口号，也是基本建设战线上特有的一句口号，这是根据建筑产品的经济价值高、使用寿命长等特点提出的。因此，在编制施工组织设计时，要认真贯彻“质量第一”和“安全生产”的方针，严格按照施工验收规范和施工操作规程的要求，制定具体的保证质量和安全的措施，以确保工程顺利进行。尤其是采用新工艺新技术时，更要注意。

**10. 认真调查研究的原则**

施工组织设计是具体指导施工的技术经济文件，编制前，编制人员应先进行调查了解，掌握第一手资料，然后综合分析，提出初步设想方针，并听取领导、技术人员和施工人员意见。对于施工组织总设计及有关重大技术措施方案，还应听取建设、设计、监理和施工协作单位的意见，这样编写出的施工组织设计能理论结合实际，有一定的深度和广度，比较切实可行。编制施工组织设计切忌闭门造车，内容应避免概念化、公式化和形式化。

### 2.2.2 市政工程施工组织设计的编制依据

施工组织设计是根据不同的施工对象、现场条件、施工条件等主客观因素，在充分调查分析的基础上编制的。不同类型建筑施工组织设计的编制依据有共同的地方，也存在着差异。具有共性的编制依据主要如下：

(1)国家和行业颁布的有关法规、规范和规程；

(2)合同有关条款；

(3)经批准的计划(可行性研究报告)和设计文件,包括计划任务书、设计图纸和工程量清单等；

(4)工程所在地区的自然条件资料,包括地形地貌资料、工程地质和水文地质资料、水文资料、气象资料等；

(5)工程所在地区的技术经济资料,包括供水、供电、交通运输、地方建筑材料等的供应情况；

(6)类似项目的施工经验资料；

(7)施工单位的施工技术力量和管理水平。

## 2.3 市政工程施工组织设计的类型及内容

市政工程施工组织设计要结合工程项目本身的规模、特点及实施阶段的不同分别编制。按工程项目的规模和特点,可以分为施工组织总设计、单位工程施工组织设计、分部分项工程施工方案或技术措施三类;按工程项目实施阶段可以划分为规划性施工组织设计、指导性施工组织设计和实施性施工组织设计三类。

### 2.3.1 按工程项目的规模、特点划分

**1. 施工组织总设计**

施工组织总设计是以整个建设项目(包括该项目的各单项工程、每个单项工程中的各单位工程及每个单位工程中的各分部分项工程)为对象编制的,是整个建设项目组织施工的全局性和指导性施工技术文件。一般在有了初步设计(或扩大初步设计)和总概算(或修正总概算)后,以负责该项目的总承包单位为主,由建设单位、设计单位和分包单位参与共同编制。它是整个建设项目总的战略部署,作为修建全工地性大型暂设工程和编制年度施工计划的依据。编制总体施工组织设计一般在工程中标之后开工之前,在重新评价投标阶段施工组织设计、获得进一步原始调查资料的基础上,由总承包单位的项目总工程师主持进行编制。

施工组织总设计的内容和深度视工程的性质、规模、建筑结构和施工复杂程度、工期要求及建设地区的自然经济条件不同而有所不同,但都应突出“总体规划”和“宏观控制”的特点,一般应包括以下一些主要内容:

(1)工程概况

简要叙述工程项目的性质、规模、特点、建造地点周围环境、拟建项目的单位工程情况(可列一览表)、建设总期限和各单位工程分批交付生产和使用的时间、有关上级部门及建设单位对工程的要求等已定因素的情况和分析。

(2)施工部署

主要有施工任务的组织分工和总进度计划的安排意见,施工区段的划分,网络计划的编

制，主要（或重要）单位工程的施工方案，及主要工种工序的施工方法等。

（3）施工准备工作计划

主要是做好现场测量控制网及征地、拆迁工作，大型临时设施工程的计划和定点，施工用水、用电、用气、道路及场地平整工作的安排，有关新结构、新材料、新工艺、新技术的试制和试验工作，技术培训计划，劳动力、物资、机具设备等需求量计划及做好申请工作等。

（4）施工总平面图

对整个建设场地作全面的总体规划。如施工机械位置的布置，材料构件的堆放位置，临时设施的搭建地点，各项临时管线通行的路线以及交通道路等。应避免相互交叉、往返重复，以有利于施工的顺利进行和提高工作效率。

（5）技术经济指标分析

用来评价上述施工组织总设计的技术经济效果，并作为今后总结、交流、考核的依据。

**2. 单位工程施工组织设计**

单位工程施工组织设计是以单位工程为对象，以施工图设计为基础，以施工组织总设计为依据，由承包单位编制的对单位工程的全面施工具有指导作用的技术、经济文件。由于单位工程的规模相对较小，施工图设计又很具体，编制时间相对充足，因此，单位工程的施工组织设计应比较具体、详细，既可作为编制分部、分项工程施工方案及季度、月度计划的依据，又是对施工进行科学管理、提高企业经济效益的重要手段。编制单位工程施工组织设计一般在拟建工程开工之前，由该单位工程的技术负责人组织人员进行编制。

单位工程施工组织设计的内容和深度应视工程规模、技术复杂程度和现场施工条件而定，一般有以下两种情况：

（1）内容比较全面的单位工程施工组织设计。常用于工程规模较大、现场施工条件较差、技术要求较复杂或工期要求较紧以及采用新技术、新材料、新工艺或新结构的项目。其编制内容一般应包括工程概况、施工方案、施工方法、施工进度计划、各项资源需求量计划、施工平面图、质量安全措施以及有关技术经济指标等。

（2）内容比较简单的施工组织设计。常用于结构较简单的一般性工程项目，施工人员比较熟悉，故其编制内容可以相对简化，一般只需明确主要施工方法、施工进度计划和施工平面图。

**3. 分部分项工程施工组织设计**

分部分项工程施工组织设计又称施工方案，是针对工程项目中某一比较复杂或采用新技术、新材料、新工艺、新结构的分部分项工程的施工而编制的具体施工方案，如复杂的基础工程、大体积混凝土工程、大面积软土地基处理、大跨度大吨位结构构件的吊装等。它是直接指导现场施工作业的技术性文件，内容应具体详尽。分部分项工程施工组织设计一般与单位工程施工组织设计的编制同时进行，并由单位工程的技术人员进行编制。

不论编制哪一类施工组织设计，都必须抓住重点，突出“组织”二字，对施工中的人力与物力、时间与空间、需要与可能、局部与整体、阶段与全过程、前方与后方等给予周密的安排。它不是单纯的技术性文件或经济性文件，而应当是技术与经济相结合的文件，其最终目的是提高经济效益。

从突出“组织”的角度出发，在编制施工组织设计时，应抓住三个重点：

(1)在施工组织总设计中是施工部署和施工方案,在单位工程施工组织设计中是施工方案和施工方法。前者重点是安排,后者重点是选择。这是解决施工中组织指导思想和技术方法问题。在编制过程中,应努力在安排和选择上优化。

(2)在施工组织总设计中是施工总进度计划,在单位工程施工组织设计中是施工进度计划。这是解决时间和顺序问题,应努力做到时间利用合理,顺序安排得当。巨大的经济效益寓于时间和顺序的组织之中,绝不能忽视。

(3)在施工组织总设计中是施工总平面图,在单位工程施工组织设计中是施工平面图。这是解决空间和施工投资问题,技术性和经济性都很强,涉及占地、环保、安全、消防、用电、交通和有关政策法规等问题,应做到科学、合理的布置。

施工组织设计的分类和内容,如表 2-1 所示。

**表 2-1 施工组织设计分类及内容**

| 分类<br>说明 | 施工组织总设计 | 单位工程施工组织设计 | | 分部分项工程施工组织设计(施工方案) |
|---|---|---|---|---|
| | | 单位工程施工组织设计 | 简明单位工程施工组织设计 | |
| 适用范围 | 大型建设项目或建筑群,有两个以上单位工程同时施工 | 单个建设项目,或技术较复杂,采用新结构、新技术、新工艺的单位工程 | 结构简单的单个建设项目或经常施工的标准设计工程 | 规模较大、技术较复杂或有特殊要求的分部分项工程 |
| 主要内容 | 1. 工程概况、施工部署及主要工种施工方案<br>2. 施工总进度计划及施工区段的划分<br>3. 施工准备工作计划、征地拆迁、大型临时设施工程计划;施工用水、用电、用气等安排;新结构、新工艺、新技术的试制和试验计划;劳动力、物资、机具设备需求量计划等<br>4. 施工总平面图<br>5. 主要技术、组织措施及冬、雨季施工措施<br>6. 技术、经济指标分析 | 1. 工程概况及特点<br>2. 施工程序、施工方案和施工方法<br>3. 施工进度计划<br>4. 施工资源需用量<br>5. 施工平面布置图<br>6. 施工准备工作<br>7. 主要技术、组织措施及冬、雨季施工措施 | 1. 工程特点<br>2. 施工进度计划<br>3. 主要施工方法和技术措施<br>4. 施工平面布置图<br>5. 施工资源需用量计划 | 1. 分部分项工程特点<br>2. 施工方法、技术措施及操作要求<br>3. 工序搭接顺序及协作配合要求<br>4. 工期要求<br>5. 特殊材料及机具需用量计划 |
| 编制与审批 | 以总承包单位为主,会同建设、设计、监理和分包单位共同编制,报主管部门审批 | 由承包施工单位组织编制,报监理和建设方审批 | 由承包施工单位组织编制,报监理和建设方审批 | 以单位工程施工负责人为主编制,报监理审核 |

### 2.3.2　按工程项目实施阶段划分

**1. 规划性施工组织设计**

这是设计单位在设计阶段编制的施工组织设计，也称初步施工组织设计。编制规划性施工组织设计必须结合结构设计计算和编制概、预算的需要，因为工程项目的结构设计与施工方法密切相关，不同的施工方法导致结构内力具有很大的差异；同时，施工方法不同，选择的施工机械也就不同，施工荷载也随之不同。施工方法、施工机械就构成了结构设计和内力计算的基本条件，也是编制概、预算的重要依据。

初步施工组织设计只能制定工程施工的轮廓计划，初步拟定施工方法、施工程序及施工时间安排。虽然初步施工组织设计不详细、不具体，但它是把工程设计计算付诸实施的战略性决策，应当力求切合实际。

**2. 指导性施工组织设计**

指导性施工组织设计是指施工单位在参加工程投标时，根据工程招标文件的要求，结合本单位的具体情况编制的施工组织设计。中标后，在施工开始之前，依据规划性施工组织设计，施工单位还要进行重新审查、修订或重新编制施工组织设计，这个阶段的施工组织设计称为指导性施工组织设计。

指导性施工组织设计是施工单位在深入了解和研究设计文件，以及调查复核现场情况之后着手编制的。因此，指导性施工组织设计比规划性施工组织设计更详细、具体、完善，更具有全面指导施工全过程的作用。

在指导性施工组织设计中，确定施工顺序，选定施工方法和施工机械，编制工程项目的进度计划、各种资源（劳动力、机具、材料、资金）需求量计划，制定采购、运输计划，安排施工准备工作计划，做部分施工设计（例如供水、供电设计，各种临时房屋设计等），进行施工现场总平面布置图设计和规划，最后提出保证工程质量、安全生产、缩短工期、降低成本的措施。

(1)指导性施工组织设计的作用

①确定最合适的施工方法和施工程序，以保证在合同工期内完成或提前完成施工任务；

②及时而周密地做好施工准备工作、供应工作和服务工作；

③合理地组织劳动力和施工机具，使其需要量没有骤增骤减的现象，同时尽量发挥其工作效率；

④在施工场地内最合理地布置生产、生活、交通等一切设施，最大限度地节约临时用地，节省生产时间，同时方便生活；

⑤施工进度计划及劳动力、机具、材料供应计划要详细到按月安排，以便于具体进行组织供应工作。

指导性施工组织设计是编制施工预算的主要依据，是组织施工的总计划，所以，应使其尽可能符合客观实际，并随时根据客观情况的变化进行不断调整和修改。

(2)指导性施工组织设计编制的要求

①编制指导性施工组织设计要做到“四个一致”。投标人的施工组织设计必须满足业主的要求。工程招标文件对编制施工组织设计一般都有很细致的规定，不符合规定的、违背业

主意图的投标书，被视为严重错误，作为废标处理。为了避免这种情况的出现，编制指导性施工组织设计必须做到“四个一致”，即与招标文件的要求一致，与设计文件的要求一致，与现场实际情况一致，与评标办法一致。

②施工组织设计要能反映企业的综合实力，施工方案应科学、合理、先进、可行，措施得力可靠。投标文件中施工组织设计的目的就是要让业主了解企业的组织和管理水平，反映企业的综合实力。施工组织设计中的施工方案、施工方法及各项保证措施反映了一个企业施工能力的强弱，施工经验丰富与否，能否让业主放心。为此，参加编制人员应掌握技术、管理方面的信息，了解施工现场情况，熟悉和了解当今国内外的先进施工机械、施工方法、施工工艺和新材料等，掌握施工程序及施工方法，科学合理地编制施工进度，安排施工顺序，优化配置劳动力和机械设备，做到在保证合同工期的前提下，充分发挥资源作用。

③指导性施工组织设计要注重表达方式的选择，做到图文并茂。在标书中的施工组织设计一定要有其独到的表达方式。如果太冗长，重点不突出，提纲紊乱、不一致，逻辑性不强，那么施工方法再先进，方案再科学，评委也不会给高分。

④施工组织设计应按程序审核和校对，消除低级错误（不应该出现的错误）。指导性施工组织设计的编制是一个紧张的过程，人们的注意力容易偏重在自己工作的狭窄方面，形成定式思维，对低级错误视而不见。消除低级错误的方法之一是依靠编制人员的细心和经验，按照程序自行检查校对。方法之二是要坚持换手检查和校对，很多低级错误换人检查很容易发现，换手检查效果非常明显。一般容易犯的低级错误有：关键名词口语化、简略化，不按招标文件写；开工、竣工时间与招标文件有差异，施工进度前后不一致（尤其是修改工期后，总有一部分工期遗漏改正）；摘抄其他标书时地名、工程名称不能完全改过来，多人编写的标书前后不一致。

**3. 实施性施工组织设计**

工程中标后，在指导性施工组织设计的基础上，对于单位工程和分部工程，施工过程中基层施工单位还要根据各分部工程（如桥梁工程中的基础工程、墩台工程，上部构造预制、安装工程）的具体情况，及分工负责施工的队伍或班组的人力、机具等配备情况，编制分部工程的施工方案或技术措施，称为实施性施工组织设计。

实施性施工组织设计是以指导性施工组织设计为依据，把指导性施工组织设计按年度、季度、月或将单位工程施工组织设计按各分部、分项工程分割后编制的。实施性施工组织设计基本上不改变指导性施工组织设计中所规定的施工方法、施工程序、施工工期及物资供应指标。但当执行后的实际情况与原计划产生偏离时，不应再机械地执行原计划，应对原计划作适当的调整，并采取某些必要的措施，制定出新计划交付下一阶段贯彻执行。编制实施性施工组织设计的目的是：将工程项目的总目标分解为许多子目标，总目标是管理的核心，子目标是管理的基础，时刻抓住子目标这个基础不放，把所有的管理工作重心移到这个子目标上。只要所有的子目标实现了，总目标也就自然实现了。实践中，将项目的总计划分解为年度、季度、月、旬计划，重点抓旬计划，以旬保月、以月保季、以季保年、以年保项目总计划的实现。

实施性施工组织设计的任务包括以下几方面：

（1）它是用来直接指挥施工的计划，因此应具体制定出按工作日程安排的施工进度计划，这是它的核心内容。

(2)根据施工进度计划，具体计算出劳动力、机具、材料等的日程需要量，并规定工作班组及机械在作业过程中的移动路线及日程。

(3)在施工方法上，要结合具体情况考虑到工程细目的施工细节，具体到能按所定施工方法确定工序、劳动组织及机具配备。

(4)工序的划分、劳动力的组织及机具的配备，既要适应施工方法的需要，也要考虑工作班组的组织结构和设备情况，要最有效地发挥班组的工作效率，便于实行分项承包和结算，还要切实保证工程质量和施工安全。

(5)要考虑到当发生意外情况时留有调节计划的余地。如因故中途必须停止计划项目的施工时，要准备机动工程，调动原计划安排的班组继续工作，避免窝工。

(6)实施性施工组织设计必须具体、详细，以达到指导施工的目的，但应避免过于复杂、繁琐。

**4. 特殊工程施工组织设计**

在某些特定情况下，针对工程的具体情况有时还需要编制特殊施工组织设计。

(1)某些特别重要和复杂，或者缺乏施工经验的分部、分项工程，为了保证其施工的工期和质量，有必要编制专门的施工组织设计。但是，编制这种特殊的施工组织设计，其开工与竣工的工期要与总体施工组织设计一致。

(2)对一些特殊条件下的施工，如严寒、雨季、沼泽地带和危险地区等，需要采取一些特殊的技术措施，有必要为之专门编制施工组织设计，以保证施工的顺利进行，以及质量要求和人员安全。

(3)某些施工时间较长的项目，即跨越几个年度的项目，在编制指导性施工组织设计或实施性施工组织设计时，不可能准确地预见到以后年度各种施工条件的变化，因而也不可能完全切实或详尽地进行施工安排。因此，需要对原定项目施工总设计在某一年进行进一步具体化或做相应的调整与修正。这时，就有必要编制年度的项目施工组织总设计，用以指导施工。

指导性项目施工组织设计是整个项目施工的龙头，是总体的规划。在这个指导文件规划下，再深入研究各个单位工程，从而制定实施性施工组织设计和特殊工程施工组织设计。在编制指导性施工组织设计时，可能对某些因素和条件未预见到，而这些因素或条件却是影响整个部署的。这就需要在编制了局部的施工设计组织后，有时还要对全局性的指导性施工组织设计作出必要的修正和调整。

## 习题

2.1　施工组织设计编制原则是什么？依据有哪些？

2.2　施工组织设计的类型有哪些？其内容都有哪些？

# 第3章　施工过程组织原理

市政工程施工过程的组织，是研究在工程施工过程中，如何实现工期短、效率高，产品产量多、质量好、成本低的目的。因此，施工过程的组织是进行管理工作的重要内容。

## 3.1　概　述

### 3.1.1　施工过程

施工过程是劳动者利用劳动工具作用于劳动对象完成某种产品的过程，是由一系列的施工活动组成的。施工过程的内容主要是劳动过程，如建筑安装工程，需要一定的工、料、机等；施工过程也包括自然过程，如水泥混凝土的自然养生过程，油漆涂料等自然干燥过程，此时施工过程是劳动过程与自然过程的结合。

施工过程按劳动性质与产品所起的作用，可分为施工准备过程、基本施工过程、辅助施工过程、施工服务过程。

**1. 施工准备过程**

指建筑产品在投入生产前，所进行的全部生产技术准备工作，如可行性研究、勘察设计、施工准备等。

**2. 基本施工过程**

指直接为完成产品而进行的生产活动，如在施工现场所进行的修筑道路、桥涵等工程。

**3. 辅助施工过程**

指为保证基本施工过程的正常进行所必需的各种辅助生产活动，如材料加工、机械设备维修等。

**4. 施工服务过程**

指为基本施工过程和辅助施工过程服务的各种服务过程，如物资材料(原材料、半成品、工具等)的供应、运输等。

### 3.1.2　施工过程的组成要素

为了正确合理组织生产、编制作业计划，科学制定建筑工程定额，首先应研究施工过程的组成。根据现行的《市政工程定额》规定，将市政工程划分为通用项目、道路工程、桥涵工程、隧道工程、给水工程、排水工程、燃气与集中供热工程、路灯工程八项，各项又分为若干目、节；对于独立大（中）桥工程分为打桩工程、钻孔灌柱桩工程、砌筑工程、钢筋工程、现浇混凝土工程、预制混凝土工程、立交箱涵工程、安装工程、临时工程、装饰工程等项，并相应分为若干目。

按照施工组织的要求，施工过程可以依次分解为下面几项。

**1. 动作**

动作是工人在劳动时一次完成的最基本的活动。完成一个动作所消耗的时间和占用的空间是制定定额的重要原始资料。

**2. 操作**

操作指工人为完成产品的组成部分所进行的生产活动，由若干相互关联的动作所组成。如“钢筋除锈”由拿起钢筋、插入沙盘、来回拖拉、取出钢筋等动作组成。

**3. 工序**

工序指同一工种在施工技术上相同、施工组织上不可分开的过程，也就是一个工人或作业小组在工作地利用机械工具对同一劳动对象连续进行生产。可以看出，工序在人工消耗、施工地点、施工工具及材料等因素方面均不发生变化，一旦上述因素中的一个因素发生变化，就表明工作已从一道工序转移到另一道工序。工序由若干操作组成，如“安装模板”工序由取运模板、拼装模板等操作组成。

**4. 操作过程**

操作过程可以独立完成某一分部分项工程，由若干在技术上相互关联的工序组成。如“预制钢筋混凝土构件”这一操作过程由安装模板、绑扎钢筋、制备混合料、浇筑混凝土、拆除模板、养生共六道工序组成。

在施工组织设计时，一般把工序作为最小的施工过程要素。

### 3.1.3　施工过程的组织原则

在市政工程项目施工过程中，影响施工组织的因素很多，致使组织管理灵活多样，但其目的都是一致的，即保证工程质量，按时完工，降低成本。合理组织施工过程的原则如下：

**1. 施工过程的连续性**

连续性指建筑产品在施工过程各阶段、各工序的进行过程中，在时间上是紧密衔接的，不发生不合理的中断现象，即在施工过程中，劳动对象始终处于被加工、检验状态，或处于自然过程中（如水泥混凝土的硬化）。施工过程的连续性包括了工艺本身的连续及施工组织的连续，只有采用先进的施工方法才能保证连续施工。在施工过程中保持和提高生产的连续性，可以降低成本，提高生产效率。施工过程的连续性要求凡是能平行进行的不同工序活动（在不同的施工段上）必须组织平行作业，平行性是连续性的必然要求（流水作业法即可体现这一特性）。施工过程的连续性与施工技术水平有关，同时也与施工组织工作的水平有关。

**2. 施工过程的协调性**

协调性又称比例性，指建筑产品在施工过程各阶段、各工序之间，在生产能力上要保持一定的比例关系，各环节间的劳动力数量、设备数量、生产能力等不发生脱节或不成比例的现象(如某专业队人数多,生产能力强,造成产品过剩,而另一专业队人数少,生产能力较差,产品供应跟不上,这就属于比例失调,施工过程中应当避免)。协调性在很大程度上取决于施工组织设计的正确性。在施工过程中,材料原因(如品种变化、货源改变等)、采用新工艺、自然因素的变化等的影响,都会使实际生产能力发生变化,造成产品比例失调。因此,施工组织工作必须根据变化了的情况,采取措施,及时调整各种比例关系,保证施工过程的协调性。协调性是保证施工生产顺利进行的前提,使施工生产过程中的人力和设备得到充分利用,避免产品在各个施工阶段和工序之间的停顿、等待,从而缩短施工工期。施工生产过程的协调性在很大程度上取决于施工组织设计的正确性。

**3. 施工过程的均衡性**

均衡性又称节奏性,指施工过程的各个环节都要按照施工计划的要求,在一定时间内,生产出一定的产品,使各作业班组的工作量相对稳定,不发生时松时紧的现象(即使用同一种材料、机械或半成品的项目不要安排在同一时间施工)。保证施工均衡性能充分利用时间,降低成本,有利于劳动力和机械设备的调配,保证工期及质量,便于劳动力和机械设备的调配。施工过程的均衡性与协调性存在密切的关系,要实现均衡性,应加强计划管理,做好各种准备工作,保持生产的比例性。

**4. 施工过程的经济性**

经济性指施工过程除满足技术要求外,必须注意经济效益,用最低的消耗获取最大的成果。施工过程的连续性、协调性、均衡性都通过经济性表现出来。

综上所述,施工过程组织的四项原则不是独立的,而是相互制约、相互关联的,施工组织过程中,连续性、协调性和均衡性保持得好,施工过程的经济性自然就能保证。

## 3.2 施工过程的时间组织

市政工程施工组织设计包括时间组织和空间组织两部分。时间组织就是要求在时间上,各作业班组之间按一定的顺序紧密衔接,在符合施工要求并充分利用设备条件下,尽量缩短工期。

空间组织主要解决作业单位的设置和工程项目的生产、生活、行政、运输等设施的空间分布问题。本章主要介绍施工过程的时间组织。

### 3.2.1 工程项目施工作业方式

市政工程产品的固定性和严格的施工程序,使施工的流动性大,对于市政工程建设的时间组织,是通过作业班组在施工对象间进行作业的运动方式来表现的。作业班组对施工对象的施工作业方式可分为顺序作业法、平行作业法、流水作业法三种,这三种作业方式可以单独使用,也可以综合运用。

**1. 顺序作业法**

顺序作业法是各施工段或各施工工程依次开工、依次完成的一种施工组织方式,即按次序一段段地或一个个施工过程进行施工。这种方法的优点是单位时间内投入的人力和物资资源较少，施工现场管理简单。但专业工作队的工作有间歇，工地物资资源消耗也有间断性，工期显然拉得很长。它适用于工作面有限、规模小、工期要求不紧的工程。

**例 3-1**　某路段要修 3 道圆管涵，各涵洞的工程量相等，每道涵洞分为 3 道工序，基础 4 人，洞身 8 人，洞口 6 人，各道工序的持续时间均为 2 天，按照顺序作业法完成任务。如图 3-1 所示。

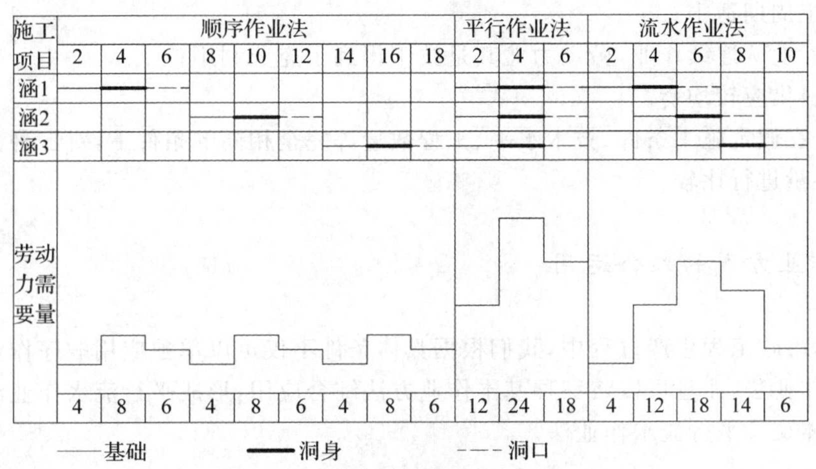


**图 3-1　三种作业方式施工进度图**

从图 3-1 可以看出，采用顺序作业法完成 $m$ 项任务的总工期是完成一项任务持续时间 $t$ 的 $m$ 倍，$T=m \cdot t$，只需要一个作业队组。其特点为：

(1)生产周期长；

(2)作业单位不能进行连续性施工，材料供应不连续；

(3)劳动力需要量少，但周期起伏不定，技工使用极不合理。

**2. 平行作业法**

平行作业法是全部工程的各施工段同时开工、同时完成的一种施工组织方式。这种方法的优点是工期短，充分利用工作面。但专业工作队数目成倍增加，现场临时设施增加，物资资源消耗集中，这些情况都会带来不良的经济效果。平行作业法适用于工期紧、工作面允许且资源充分的施工任务。

**例 3-2**　如例 3-1 的 3 道圆管涵，同时组织 3 个作业队，按照平行作业法完成任务。如图 3-1 所示。

从图 3-1 可以看出，采用平行作业法完成 $m$ 项任务的总工期和完成一项任务的持续时间相等，$T=t$，但劳动力需要量大，需要 $m$ 个作业队，其特点为：

(1)施工周期短；

(2)劳动力需要量大，工种技工使用极大不合理，人力出现高峰现象，造成窝工，增加生活福利设施的支出；

(3)作业单位不能进行连续性施工，材料供应不连续。

**3. 流水作业法**

流水作业法指当有若干任务时，将各项任务划分为若干工序，各工序由专业队进行操作，相同的工序依次进行，不同的工序平行进行的作业方法。

**例 3-3** 如例 3-1 的 3 道圆管涵，按照流水作业法完成任务。如图 3-1 所示。

从图 3-1 可以看出，采用流水作业法完成 $m$ 项任务的总工期比顺序作业法短，比平行作业法要长，需要一个作业队，其特点为：

(1)施工周期适中；

(2)各专业队连续作业，劳动力尤其是技工得到了充分利用；

(3)材料供应较均衡。

以上是在假定施工条件、技术水平、工程数量等完全相同的条件下，对三种方法的工期、劳动力需要量进行比较。

### 3.2.2 作业方式的综合运用

在实际市政工程生产过程中，我们根据具体条件不仅可以单独应用顺序作业法、平行作业法、流水作业法，而且可以将三种基本作业方法综合应用，形成平行流水作业法、平行顺序作业法、立体交叉平行流水作业法。

**1. 平行流水作业**

平行流水作业是在平行作业的基础上，进行流水作业组织的作业方法。采用这种方法克服了平行作业法的缺点，可以充分利用工作面，缩短工期，同时劳动力、材料、机械需要量可保持均衡。

**2. 平行顺序作业**

平行顺序作业法的实质是增加施工力量，从而缩短工期。它使平行作业法和顺序作业法的缺点更加突出，仅适用于突击赶工的情况。

**3. 立体交叉平行流水作业**

在施工工程中，当遇到工序多、工程量集中的大桥、立交等构造物时，可以充分利用有限的工作面，采用上、下、左、右全面施工的方法，达到缩短工期的目的。

## 习题

3.1 施工过程的组成及组织原则是什么？

3.2 施工作业方法有哪几种？哪种最科学？为什么？

# 第 4 章　流水施工组织

流水施工是指当施工任务含有若干个施工段时，其各个施工段相隔一定时间依次投入施工生产，相同工序依次进行，不同工序则平行进行的一种作业方法。它是一种科学、有效的工程项目施工组织方法，可以充分地利用工作时间和操作空间，减少非生产劳动消耗，提高劳动生产率，保证工程施工连续、均衡、有节奏地进行，从而对提高工程质量、降低工程造价、缩短工期有着显著的作用。

## 4.1　流水施工基本原理

### 4.1.1　流水施工基本概念

市政工程施工是一种复杂的生产过程，工程类型多、体积大、产品固定、露天作业、生产流动性大以及客观条件多变等特点，给施工组织增加不少困难，要使工程能保证质量，缩短工期，降低成本，提高效益，就必须科学地组织施工，因此施工组织是一项十分重要的工作。流水施工是指所有的施工过程按一定的时间间隔依次投入施工，各个施工过程陆续开工，陆续竣工，使同一施工过程的施工班组保持连续、均衡，不同施工过程尽可能平行搭接施工的组织方式。它能使生产过程具有连续性和均衡性，能合理地组织施工，取得较好的经济效果，在市政工程施工组织中常被广泛应用。

### 4.1.2　流水作业组织的基本方法

流水作业是一种科学的组织方法，可以使企业的生产能力充分地发挥，劳动力得到合理安排和使用，物质资源得到均衡使用，从而带来较好的经济效果。它是市政工程工程施工中采用的主要的施工组织方法。进行流水作业组织的基本方法为：

(1)把一个劳动对象尽可能地划分为劳动量大致相等的若干施工段，施工段可按自然形成或人为地进行划分，如以桥涵等结构物为界划分，或将路线工程进行人为的划分。

(2)将劳动对象的施工过程划分为若干工序或操作过程，每个工序或操作分别由按工艺原则建立的专业队组来完成。原则上讲，有多少道工序，就设立多少个专业队组，如某桥的桥台工程可划分为围堰、挖基、支模、基础、回填土五道工序，那么就可以设立五个专业队组进行流水施工。

(3)各个作业班组按照一定的施工顺序，携带必要的工具，由一个施工段转移到另一个施工段，反复完成同类工作。

(4)不同工种或同种作业班组完成的时间尽可能相互衔接起来,以缩短工期,降低成本,提高经济效益。

### 4.1.3 流水作业的主要参数

为了更好的说明流水作业的开展情况,我们引入一些量的描述,这些量称为流水参数。流水作业的主要参数可以分为空间参数、工艺参数、时间参数。

**1. 空间参数**

空间参数包括工作面、施工段数。

(1)工作面 $A$

在施工过程中,某工种的工人或某型号的机械设备所必须具备的活动空间称为工作面。它的大小表明在施工对象上能够布置工人或机械进行操作的数量,反映了施工过程在空间上布置的可能性。在确定工作面时应遵守安全技术和施工技术规范的要求,同时以最大限度发挥工人和机械的生产效益为目的。

(2)施工段数 $m$

为了多创造工作面,缩短工期,在组织施工时,把一个劳动对象尽可能地划分为劳动量大致相等的若干段,这些段称为施工段。施工段的数目一般用 $m$ 表示,它是流水施工的主要参数之一。

划分施工段的目的是组织流水施工。由于市政工程体形庞大,可以将其划分成若干个施工段,从而为组织流水施工提供足够的空间。在组织流水施工时,专业工作队完成一个施工段上的任务后,遵循施工组织顺序又到另一个施工段上作业,产生连续流动施工的效果。在一般情况下,一个施工段在同一时间内只安排一个专业工作队施工,各专业工作队遵循施工工艺顺序投入作业,同一时间在不同的施工段上平行施工,使流水施工均衡地进行。组织流水施工时,可以划分足够数量的施工段,充分利用工作面,避免窝工,尽可能缩短工期。

施工段的划分通常以主导工作的组织为依据进行,划分施工段时,应注意使各施工段上所消耗的劳动量(相差幅度不宜超过 10%~15%)大致相等,便于安排资源。施工段的分界同施工对象的结构界线取得一致,或设在对建筑结构整体性影响小的部位,以保证建筑结构的整体性。每个施工段要有足够的工作面,以保证相应数量的工人、主导施工机械的生产效率满足合理劳动组织的要求。施工段的数目要满足合理组织流水施工的要求,施工段数目过多,会降低施工速度,延长工期;施工段数目过少,不利于充分利用工作面,可能造成窝工。对于多层建筑物、构筑物或需要分层施工的工程,应既分施工段,又分施工层,各专业工作队依次完成第一施工层中各施工段任务后,再转入第二施工层的施工段上作业,依此类推,以确保相应专业队在施工段与施工层之间,组织连续、均衡、有节奏地流水施工。一般施工段数大于或等于作业队数目,使各队同一时间进入不同工作面进行流水施工。

**2. 工艺参数**

工艺参数包括工序数和流水强度。

(1)工序数 $n$

工序数也称为施工过程数,组织施工时,可以将分部分项工程划分为具有独特施工工艺特点的若干个施工过程(工序),每一个施工过程(工序)由一个专业队组进行施工。

工序应与工程项目的施工组织方法相适应,粗细程度与流水进度计划的目的一致。太细会使进度计划主次不分,太粗会使进度计划过于笼统。工序划分应使各工序的持续时间大致相等,使专业队组的分工比较合理。

(2)流水强度 $v$

流水强度又称流水能力,指每一施工过程在单位时间内所完成的工程量,等于专业队组的工人数或机械数与产量定额的乘积。流水强度越大,专业队组的工人或机械、材料的配置数量越多,工作面增大,工期相应缩短。

机械施工时的流水强度计算:

$$v_i = \sum_{i=1}^{x} R_i C_i \tag{4-1}$$

式中,$v_i$—工序 $i$ 的机械作业流水强度;

$R_i$—某种施工机械台班数;

$C_i$—该种施工机械台班产量定额;

$x$—投入同一施工过程的施工机械种类。

人工操作过程的流水强度计算:

$$v_i = R_i C_i \tag{4-2}$$

式中,$v_i$—工序 $i$ 的人工作业流水强度;

$R_i$—每一专业班组人数;

$C_i$—平均每个工人每班产量即产量定额。

**例 4-1**　某些铲运机铲运土方工程,推土机 1 台,$C=1562.5\ m^3$/台班,铲运机 3 台,$C=223.2\ m^3$/台班。求流水强度。

**解:** $v_i = \sum_{i=1}^{x} R_i C_i = 1 \times 1562.5 + 3 \times 223.2 = 2232.1$($m^3$/台班)。

**例 4-2**　人工开挖土方工程,$C=22.2\ m^3$/工日,$R=5$ 人。求流水强度。

**解:** $v_i = R_i C_i = 5 \times 22.2 = 111$($m^3$/工日)。

**3. 时间参数**

时间参数是指在组织流水施工时,用以表达施工在时间安排上所处状态的参数。每个施工过程的完成都需要消耗时间。在组织流水作业时,用流水参数来表达流水作业在时间排列上所处的状态,时间参数包括流水节拍和流水步距。

(1)流水节拍 $t$

流水节拍指某个施工过程在一个施工段上的持续时间。在施工段确定后,流水节拍的大小影响着施工的总工期,关系着投入的工、料、机等资源量的多少。

计算流水节拍的方法有多种,通常可以根据合同的阶段工期计算,根据投入的工人数或机械数计算,也可根据有关定额和施工经验及实际的劳动生产率计算。流水节拍的大小必须满足工作面的要求,否则不能发挥人工、机械的效能,甚至无法作业。组织者可以通过改变投入的施工力量来调整流水节拍值的大小,条件不同时应逐段计算。

为了避免施工专业队组转移工作地点时耽误作业时间,尽量利用下班或午间休息完成转移工作,流水节拍应取整数或半天的整倍数。由于在其他条件一定的情况下,流水节拍愈短则工期愈短,理论上讲,流水节拍愈短愈好,但实际上,由于受到作业面的限制,流水节拍的长短有一定的界限,每一种施工过程都有其最小流水节拍,即在一个施工段上完成一道工序可能的最短延续时间,若小于此值,不能发挥人、机械的足够效能。

其数值的确定,可按以下各种方法进行。

①定额计算法:根据各施工段的工程量、能够投入的资源量(工人数、机械台班数和材料数量),按下式计算:

$$t_i = \frac{Q_i}{S_i R_i N_i} \tag{4-3}$$

式中,$t_i$—某专业施工队在第 $i$ 施工段的流水节拍;

$Q_i$—某专业施工队在第 $i$ 施工段要完成的工程量;

$S_i$—某施工队的计划产量定额;

$R_i$—某专业施工队投入的工作人数或机械台数;

$N_i$—某施工队的工作班数。

②工期倒排计算法:这种方法适用于采用新工艺、新方法和新材料没有定额可循的工程。具体如下:

a. 根据工期倒排进度,确定某施工过程的工作延续时间;

b. 确定某施工过程在某施工段上的流水节拍

$$t = \frac{T}{m} \tag{4-4}$$

(2)流水步距 $B$

流水步距指两个相邻的施工队先后进入同一个施工段进行流水施工的时间间隔,也就是开始时间之差。流水步距以 $B_{i,i+1}$ 表示。

确定流水步距的原则如下:

①应保证相邻两个施工过程之间工艺上有合理的顺序,不发生前一个施工过程尚未全部完成,后一个施工过程便提前介入的现象;

②应使各个施工过程的专业工作队连续施工,不发生停工现象;

③要保证工程质量,考虑各个施工过程之间必需的技术和组织间歇时间,并满足安全生产的要求,确定某施工过程在某施工段上的流水节拍。

在施工段和流水节拍确定后,流水步距值的大小影响总工期的长短,流水步距值越大,总工期越长。流水步距数与工序数相关,为 $n-1$ 个。

(3)流水间歇时间

①技术间歇时间:指在同一施工段的相邻两个施工过程之间必需的工艺技术间隔时间,如混凝土灌注后的养护时间和砂浆抹面的养生时间等。技术间歇时间以 $J_{i,i+1}$ 表示。

②组织间歇时间:是指由于施工组织上的需要,同一段相邻两个施工过程在规定流水步距之外所增加的必要的时间间隔,如施工人员、机械设备的转移,回填土前地下管道检查验收等。组织间歇时间以 $Z_{i,i+1}$ 表示。

## 4.2　流水施工类型

在施工过程中，由于各种具体因素的影响，流水参数会产生一定的差异，流水作业按流水参数的特性可分为有节拍流水和无节拍流水两大类。

### 4.2.1　有节拍流水

有节拍流水指相同的工作（工序）在各个不同的施工段上的流水节拍相等，但不同工作（工序）的流水节拍不完全相等，即 $t_i$＝常数。

有节拍流水分为全等节拍流水、成倍节拍流水、分别流水三类。

**1. 全等节拍流水**

全等节拍流水也称稳定流水，指组成流水作业的工作（工序）的流水节拍彼此完全相等的流水作业。

由于全等节拍流水的流水节拍相等，所以流水步距相等，且流水节拍和流水步距也相等，即 $t_i=t_j=B_{ij}$＝常数。全等节拍流水是一种理想的组织方式，在安排施工时，各作业队都能够连续作业，实现了紧凑、连续、均衡的施工，但在实际生产过程中很少遇到这种情况。

**例 4-3**　如图 4-1，有 3 项任务（施工段），每项任务划分为 A、B、C、D 四项工作（工序），各工作（工序）的流水节拍均为 2，流水步距为 2。

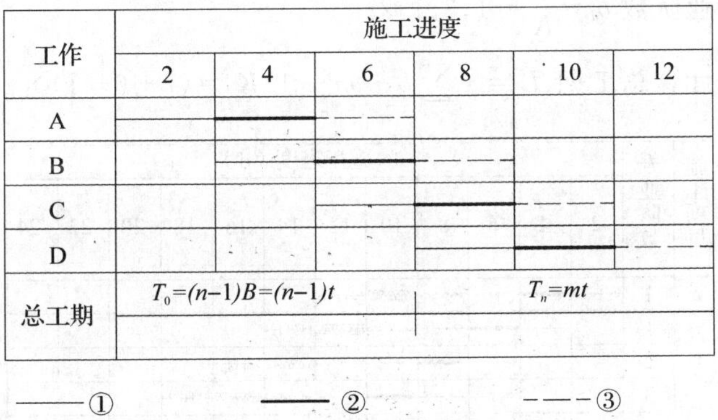

| 工作 | 施工进度 | | | | | |
|---|---|---|---|---|---|---|
| | 2 | 4 | 6 | 8 | 10 | 12 |
| A | | | | | | |
| B | | | | | | |
| C | | | | | | |
| D | | | | | | |
| 总工期 | $T_0=(n-1)B=(n-1)t$ | | | $T_n=mt$ | | |

——①　　━━②　　– – –③

**图 4-1　全等节拍流水进度图**

全等节拍流水的总工期为：

$$T=T_0+T_n=(n-1)B+mt=(m+n-1)t \tag{4-5}$$

式中，$T_0$—流水开展期；

$T_n$—末道工序在各施工段上的持续时间；

$n$—工作（工序）数；

$m$—任务（施工段）数；

$B$—流水步距。

图 4-1 的总工期 $T=(3+4-1)\times2=12$。

### 2. 成倍节拍流水

成倍节拍流水指相同工序在不同施工段上的流水节拍相等，但不同工序的流水节拍不相等，存在最大公约数。$t_i$＝常数，$t_{ij} \neq B \neq$常数。

由于成倍节拍流水工序的流水节拍不相等，所以如果完全按照全等节拍流水进行组织施工，会使各作业队间歇作业，形成窝工，并且作业面闲置。因此，应采取一定的方法步骤，使各作业队能够连续、均衡地施工。

进行成倍节拍流水组织的步骤如下：

(1)计算各工序的流水节拍的最大公约数 $K$，作为各工序共同遵守的“公共流水步距”。

(2)计算各工序的专业队数 $b_i\left(b_i=\dfrac{t_i}{K}\right)$，为保证均衡施工，各工序的流水节拍是公共流水步距 $K$ 的多少倍，相应就安排多少个专业队组，各个专业队组的开始间隔时间为 $K$。

(3)计算所采用的施工队数目总和，将其看成工序数 $n(n=\sum b_i)$，将 $K$ 作为流水步距，按全等节拍流水组织施工。

(4) 计算总工期 $T$。因为此时工序数是 $\sum b_i$，流水步距是 $K$，按全等节拍流水计算

$$T=(\sum b+m-1)K \tag{4-6}$$

**例 4-4** 如图 4-2 是按成倍节拍流水进行组织施工的。已知要完成 6 项任务，每项任务划分为 5 道工序，由于条件限制，各工序的流水节拍：a 为 2 d，b 为 6 d，c 为 2 d，d 为 4 d。根据上述步骤可计算得：

(1)各工序流水节拍的最大公约数 $K=2$。

(2)各工序的专业队数 $b_i=\dfrac{t_i}{K}=1,3,1,2$。

(3) $\sum b_i=7$，计算总工期 $T=(\sum b+m-1)K=(7+6-1)\times 2=24$ d。

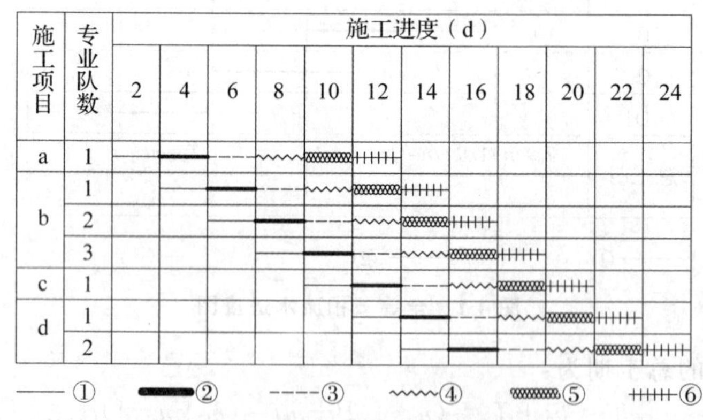


图 4-2　成倍节拍流水进度图

### 3. 分别流水

分别流水指相同工序的流水节拍在各个施工段上保持不变，但不同工序的流水节拍不同，且无最大公约数的流水作业。即 $t_i$＝常数，$t_i \neq t_j$，$B \neq$常数。

由于分别流水的流水步距不是常数，所以总工期一般不是采用公式法计算得到，而是采

用作图法确定。在组织施工时，首工序与末工序可以根据工艺等相关条件，设计成连续或间歇式施工。如图 4-3，流水节拍 $t_a=2$，$t_b=3$，$t_c=1$，总工期 $T=12$ d。

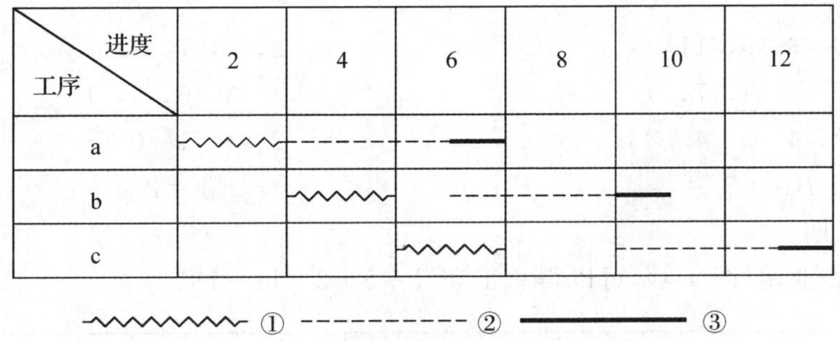


**图 4-3　分别流水施工进度图**

## 4.2.2　无节拍流水

无节拍流水指相同工序的流水节拍在各个施工段上不同，不同工序的流水节拍相互也不同，且不成比例关系的流水作业。即 $t_i\neq$常数，$t_i\neq t_j$，$B\neq$常数。

在工程项目施工过程中，桥涵等结构物及大型土石方等集中性工程使市政工程沿线的工程量分布不均衡，施工专业队在机具和劳动力固定的条件下，流水节拍不可能相等，其流水作业大多是无节拍流水。

在组织流水施工时，总工期采用作图法确定，各相邻工序之间尽量紧凑衔接，保证总工期最小。为避免“干干停停”和“停工待面”可用“潘特考夫斯基”法进行连续作业组织。

潘特考夫斯基法又叫“相邻队组累加数列错位相减取大差法”，具体计算方法如下：

(1)求各工序流水节拍的累加数列；

(2)将数列错位相减，取最大值，求最小流水步距；

(3)求总工期。

**例 4-5**　已知某工程分为 4 个施工段和 3 道施工工序，各工序在各施工段上的流水节拍见表 4-1，试进行连续性组织。

**表 4-1　某项目流水节拍表**

| 工　序 | 施工段上的流水节拍(d) | | | |
|---|---|---|---|---|
| | ① | ② | ③ | ④ |
| A | 3 | 3 | 3 | 2 |
| B | 2 | 2 | 3 | 2 |
| C | 3 | 3 | 3 | 2 |

**解**：由上表得知，$m=4$，$n=3$。

(1)将各工序流水节拍依次累计叠加，求出累加数列

A：3，6，9，11

B：2，4，7，9

C:3,6,9,11

(2)将后一数列向右错一位,相减,求流水步距

$B_{AB}$:

```
  3, 6, 9, 11
-    2, 4, 7, 9
---------------
  3  4  5  4  -
```

$B_{AB}=5$

$B_{BC}$:

```
  2, 4, 7, 9
-    3, 6, 9, 11
---------------
  2  1  1  0  -
```

$B_{BC}=2$

(3)求总工期

绘制流水作业图(图 4-4),可以得总工期 $T=5+2+11=18$。

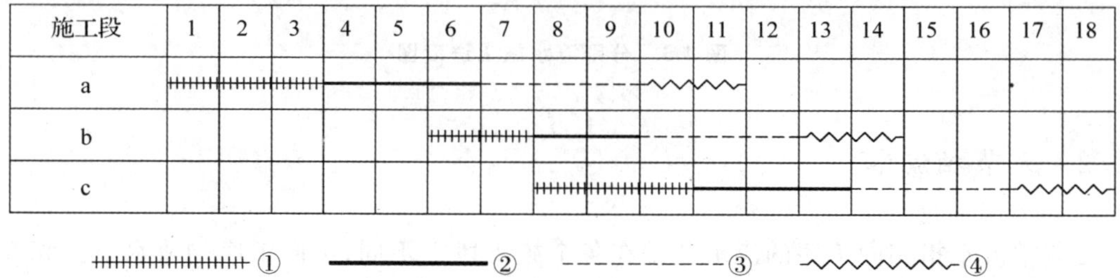


图 4-4 无节拍流水施工进度图

在进行流水施工组织,确定流水步距时,应注意工序间的工艺关系及各工序的开工要素,只有工序在具备工作面和生产力等开工要素后,才能够投入生产,才能够进行进度安排。

### 4.2.3 施工任务的排序

流水作业进行连续性施工组织,可以取得良好的经济效益,却不一定能够保证工期最短,但在工期最短的情况下,不一定不能够实现连续性施工。

假设有 $m$ 项内容相同的任务,每项任务有 $n$ 道相同的工序,我们要研究如何安排施工顺序,才能够取得最短的工期。

**1. 两道工序、多项任务的施工顺序**

假定工程只有两道工序 A、B,各工程均先进行 A 工序,待 A 完工后进行 B 工序。为了使总工期最短,可以运用约翰逊—贝尔曼法则。约翰逊—贝尔曼法则的基本思想是:在各工序的持续时间(流水节拍)中选择最小值,先行工序持续时间短的排在前面施工,后续工序持续时间短的排在后面施工。运用法则时,注意每列只选一次,若被选数值在先行工序,从前面排,反之从后面排。下面通过具体算例说明解决问题的步骤。

**例 4-6** 某工程划分为 6 个施工段,每段分为两道工序,各工序在各段的持续时间(流水节拍)如表 4-2 所示,确定其总工期最短的最佳施工顺序。

表 4-2　某项目流水节拍表

| 工序＼施工段 | ① | ② | ③ | ④ | ⑤ | ⑥ |
|---|---|---|---|---|---|---|
| A | 3 | 2 | 4 | 6 | 2 | 6 |
| B | 5 | 1 | 3 | 4 | 3 | 6 |

**解**:我们采用填表来确定施工顺序,首先绘制表 4-3,再根据约翰逊—贝尔曼法则要求进行填制,具体步骤如填表顺序。

表 4-3　施工顺序表

| 填表顺序＼施工顺序 | 1 | 2 | 3 | 4 | 5 | 6 |
|---|---|---|---|---|---|---|
| 1 | | | | | | ② |
| 2 | ⑤ | | | | | |
| 3 | | ① | | | | |
| 4 | | | | | ③ | |
| 5 | | | | ④ | | |
| 6 | | | ⑥ | | | |
| 列中最小数 | 2 | 3 | 6 | 4 | 3 | 1 |
| 施工段号 | ⑤ | ① | ⑥ | ④ | ③ | ② |

按⑤①⑥④③②绘制施工进度图(图 4-5)。

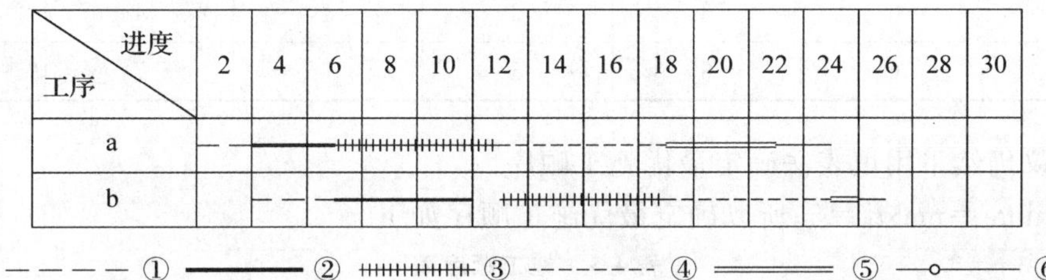


图 4-5　流水施工进度图

根据图 4-5 可知,按照⑤①⑥④③②施工,总工期为 25 d,而按照①②③④⑤⑥施工,总工期为 29 d,如图 4-6 所示。

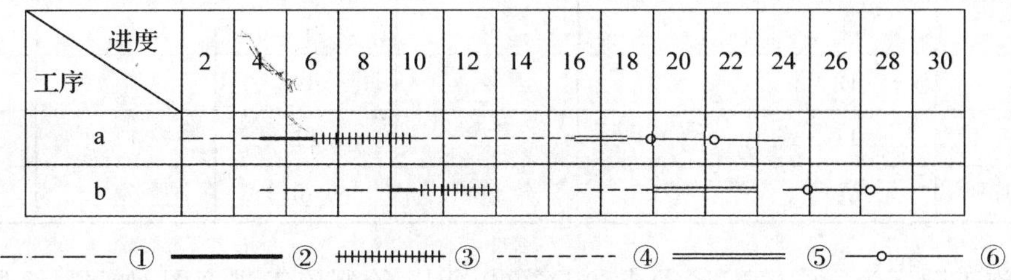


图 4-6　流水施工进度图

**2. 三道工序、多项任务的施工顺序**

如果工程有三道工序，我们不能直接运用约翰逊—贝尔曼法则，对于这类问题，如果符合下列两种情况中的一种，即可以采用简单的方法合并工序的持续时间，再利用约翰逊—贝尔曼法则获得最小工期。这两种情况是：

(1)第一道工序 A 的最小施工周期大于或等于第二道工序 B 的最大施工周期，即$\min(t_A)\geqslant\max(t_B)$；

(2)第三道工序 C 的最小施工周期大于或等于第二道工序 B 的最大施工周期，即$\min(t_C)\geqslant\max(t_B)$。

如果三道工序多项任务符合上述条件之一，就可按下面简单方法来解决问题。具体步骤为：

①将各施工段的第一道工序与第二道工序上的施工周期依次加在一起；

②将各施工段的第二道工序与第三道工序上的施工周期依次加在一起；

③将①、②两步得到的施工周期序列看作两道工序的施工周期；

④按两道工序多项任务的计算方法，用约翰逊—贝尔曼法则求出最优顺序；

⑤求出的最优顺序就是三道工序的最优顺序，绘制施工进度图，确定总工期。

**例 4-7** 某工程有 6 个施工段，3 道工序，各工序在各施工段上的流水节拍如表 4-4 所示，试确定其最优施工顺序。

**表 4-4 流水节拍表**

| 施工段 / 工序 | ① | ② | ③ | ④ | ⑤ | ⑥ |
|---|---|---|---|---|---|---|
| A | 7 | 4 | 2 | 5 | 3 | 6 |
| B | 5 | 3 | 2 | 4 | 4 | 2 |
| C | 6 | 6 | 5 | 7 | 7 | 9 |

**解**：建议仍然采用填表法确定最优施工顺序。

因为 $\min t_C=\max t_B=5$，所以确定最优施工顺序如下：

**表 4-5 施工顺序表**

| 施工段 / 工序 | ① | ② | ③ | ④ | ⑤ | ⑥ |
|---|---|---|---|---|---|---|
| A | 7 | 4 | 2 | 5 | 3 | 6 |
| B | 5 | 3 | 2 | 4 | 4 | 2 |
| C | 6 | 6 | 5 | 7 | 7 | 9 |
| $t_A+t_B$ | 12 | 7 | 4 | 9 | 7 | 8 |
| $t_B+t_C$ | 11 | 9 | 7 | 11 | 11 | 11 |
| 施工顺序 | ③ | ② | ⑤ | ⑥ | ④ | ① |

最优施工顺序为③②⑤⑥④①或③⑤②⑥④①，绘制施工进度图，如图 4-7 所示，按③②⑤⑥④①顺序，$T=44$。

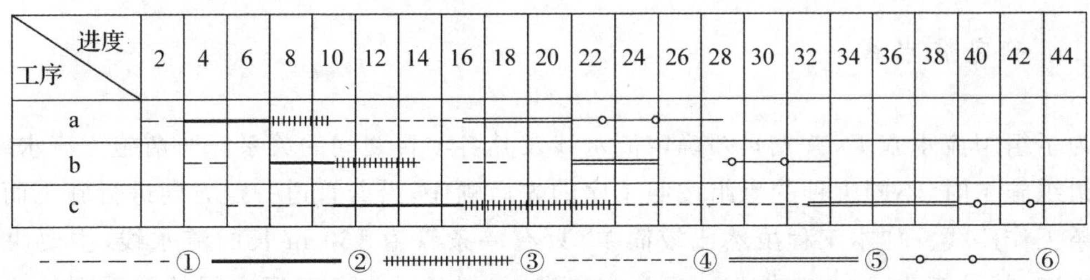


图 4-7　流水施工进度图

当三道工序、多项任务不满足上述条件时，我们仍然按照上述原理，将工序的工期合并，并利用约翰逊—贝尔曼法则进行排序，所得结果是最优顺序或很接近，其误差不超过 3%。因此约翰逊—贝尔曼法则可以用到三道工序、多项任务的排序，但对于不满足条件的情况，应慎重一些，采用穷举法找出最优施工顺序。

**3. 多道工序、多道任务的施工顺序**

当有 $m$ 项任务，每项任务有多道（$n>3$）工序时，我们仍然可以依相同的原理将工序的工期合并，分别应用约翰逊—贝尔曼法则求出相应的工期，并从中选择最小值，确定最优施工顺序。

约翰逊—贝尔曼法则是一经验法则，给我们提供了一种思想，利用这一思想，我们找到了一个在不增加资源和额外投入的条件下，而将工期缩短的方法。虽然由于计算机的广泛应用，利用排列组合的方法可以很快地计算出最优施工顺序，但约翰逊—贝尔曼法则作为一种思想仍提倡使用。

## 4.3　流水施工的应用

本节实例如图 4-8 所示，为某道路排水工程系统中的新建路管道工程，由某施工队用流水施工法组织施工。其主要依据是该工程的设计图纸（包括工程设计图和各有关通用图纸）和施工预算中的人工用量分析及其他有关资料，其组织施工方法如下：

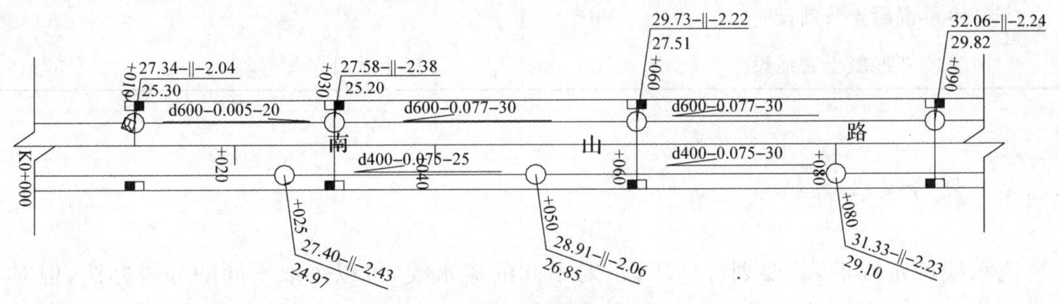


图 4-8　某道路管道工程图

### 4.3.1 确定流水线

为了组织流水施工，首先必须确定流水线及其各项目之间的关系。所谓施工流水线，是指为组织施工时，不同工种的班组按照工序的先后顺序，沿着管道一定方向进行施工而形成的一条工作路线。如本工程虽然比较简单，只有一条管道160 m长的流水线，主要决定其流水方向，从检查1＃→4＃或4＃→1＃方向进行，但是其中各工序之间的关系则是比较复杂的。例如在施工图预算中是一个项目，但在施工中，由于施工先后顺序与操作方法等不同，必须分成几个项目，因此在组织流水施工时，要妥善安排其先后的顺序关系，不能混在一起。如挖土分抓斗机挖土(管道)和人工挖土(连管)，挡土板分支撑与拆除，混凝土基础分基座和管座及混凝土拌和三项，砌砖墙、砂浆抹面等均分检查井和进水井两项，回填土分管道与连管等。因此在组织流水法施工时，为了协作配合，必须把一个专业班组分在几个流水施工组中协同工作，或者在可能的条件下，一个专业班组在同一条流水线中担任几个专业的施工任务。

根据施工预算中的人工用量分析表，本工程的流水线主要由以下各施工项目组成，见表4-6。

**表4-6 某项目人工用量分析表**

| 项目人工用量数 | | 项目人工用量数 | |
|---|---|---|---|
| 1. 抓斗机挖土 | 174.9 | 11. 砖检查井 | 33.7 |
| 2. 人工挖土 | 18.9 | 12. 砖砌进水井 | 6.3 |
| 3. 横板支撑(安装) | 73.0 | 13. 检查井砂浆抹面 | 21.2 |
| 4. 横板支撑(拆除) | 49.8 | 14. 进水井砂浆抹面 | 4.2 |
| 5. 碎石垫层 | 22.2 | 15. 检查井盖座安装 | 1.3 |
| 6. 浇捣混凝土基座 | 31.2 | 16. 沟槽回填土(沟管) | 124.2 |
| 7. 浇捣混凝土管座 | 49.2 | 17. 沟槽回填土(连管) | 15.0 |
| 8. 混凝土搅拌 | 44.4 | | |
| 9. ϕ800 混凝土管铺设 | 39.5 | | |
| 10. ϕ3000 混凝土管铺设 | 4.8 | 以上共计 | 713.8 |

### 4.3.2 划分施工段($m$)

流水线确定以后，就要划分施工段，对不同的流水线，可以采取不同的分段办法，但对一条流水线内的各个项目只能采用统一的分段，否则就无法组成一条流水线。在一条流水线内的各个项目，如在统一分段不可能使各个项目工程量大致相等时，则应照顾主导的和劳动力较多的项目，首先使这些项目每段工程量能大致相等。本工程分段简单，以检查井划分为四段，其工程量每段也大致相等。

### 4.3.3　组织施工过程($n$)

施工过程是根据施工项目在流水线上先后施工的次序来组织施工。如本工程开始施工的是挖土及支撑，最后结束的是回填土及拆撑，所以必须把挖土及支撑、回填土及拆撑分别组成两个混合施工过程，浇捣混凝土必须要基座完成以后，再进行管道敷设，其后才能浇捣混凝土管座。因此，必须把混凝土拌和、浇捣混凝土基座和碎石垫层等组合成一个施工过程，管道敷设和浇捣混凝土管座组成另一个施工过程，此外还有检查井、进水井的砌砖墙及砂浆抹面、盖座安装、连管埋设等零星工作，可合并为一个施工过程。这样本工程共有五个施工过程，主要内容及工日数见表 4-7。

**表 4-7　施工过程及用工工日数表**

| 编号 | 施工过程 | 施工项目及用工工日数 | | 合计工日数 | 每段工日数 |
|---|---|---|---|---|---|
| 1 | 挖土及支撑 | (1)抓斗机挖土 | 174.9 | 247.9 | 62 |
| | | (2)横板支撑(安装) | 73.0 | | |
| 2 | 碎石垫层及混凝土基座 | (1)碎石垫层 | 22.2 | 116.7 | 29 |
| | | (2)浇捣混凝土基座 | 31.2 | | |
| | | (3)混凝土搅拌 | 44.4 | | |
| | | (4)人工挖土 | 18.9 | | |
| 3 | 混凝土管座及管道敷设 | (1)浇捣混凝土管座 | 49.2 | 108.5 | 27 |
| | | (2)ϕ800 混凝土管铺设 | 39.5 | | |
| | | (3)ϕ3000 混凝土管铺设 | 4.8 | | |
| | | (4)沟槽回填土(连管) | 15.0 | | |
| 4 | 砌砖墙及砂浆抹面 | (1)砖检查井 | 33.7 | 66.7 | 17 |
| | | (2)砖砌进水井 | 6.3 | | |
| | | (3)检查井砂浆抹面 | 21.2 | | |
| | | (4)进水井砂浆抹面 | 4.2 | | |
| | | (5)检查井盖座安装 | 1.3 | | |
| 5 | 回填土及拆撑 | (1)沟槽回填土(沟管) | 124.2 | 174.0 | 43 |
| | | (2)横板支撑(拆除) | 49.8 | | |
| | | | | 713.8 | 178 |

### 4.3.4　确定流水节拍($t_i$)

施工过程确定之后，就可以确定该施工过程在每一段上的作业时间(即流水节拍 $t_i$)。流水节拍取决于两个方面：每段工日数和班组的人数。其计算公式为：

流水节拍($t_i$)＝每段工日数/班组人数

或

每段工日数＝流水节拍($t_i$)×班组人数

根据表 4-7，本项目施工过程共分为 5 项，每项的工日数也已确定，因此确定流水节拍($t_i$)主要从两个方面考虑班组人数(即劳动组织)，一是班组人数不能太多，一定要保证每一个工人所占有为充分发挥劳动率所必要的最小工作面，所以流水节拍不能定得太短。二是班组人数不能太少。所以，流水节拍也不能太长，因此必须从两个方面来考虑比较合适的流水节拍。从本工程情况来看，流水节拍可以定为 4 天，则每个施工过程(或施工班组)的人数为：

(1)挖土及支撑：62/4≈16(人)；

(2)碎石垫层及混凝土基座：29/4≈7(人)；

(3)混凝土管座及管道敷设：27/4≈7(人)；

(4)砌砖墙及砂浆抹面：17/4≈5(人)；

(5)回填土及拆撑：43/4≈11(人)。

### 4.3.5 确定流水步距(*K*)

流水步距的大小对工期起着很大的影响，在施工段不变的条件下，流水步距大，工期长，流水步距小，工期短，因此流水步距应该与流水节拍保持一定的关系。当固定节拍时，流水步距即等于流水节拍，但当为成倍节拍流水时，流水步距应为各流水节拍 $t_i$ 的最大公约数。确定流水步距时，还应考虑各施工过程之间是否要有必要的技术性间隔，如有，应予以考虑。

本工程可以确定为固定节拍进行流水施工，因此流水步距＝流水节拍＝4 天。

### 4.3.6 计算流水施工总工期(*T*)

施工段数 $m=4$，施工过程 $n=5$，流水节拍 $t_i=4$，流水步距 $K=4$。

因此，施工总工期 $T=(n-1)\times K+m\times t=(5-1)\times 4+4\times 4=32$ 天。

用流水施工法组织施工如图 4-8 所示。

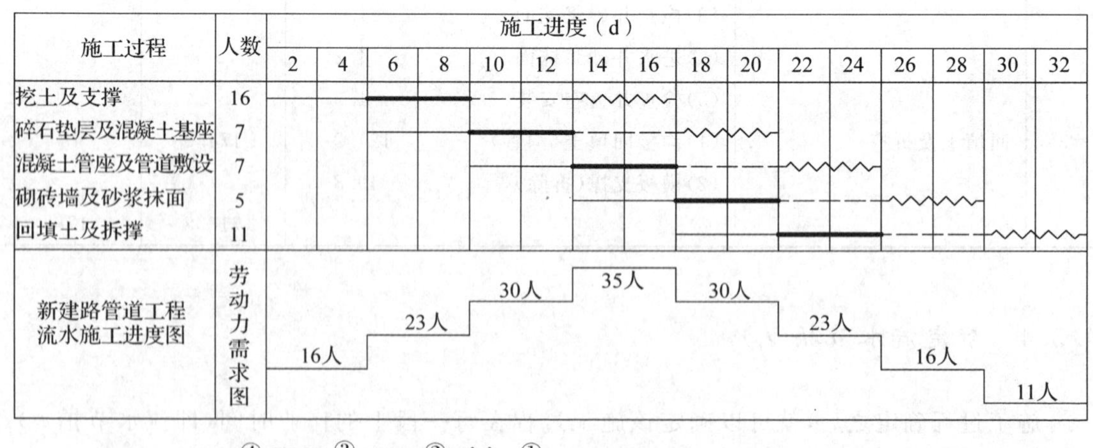


**图 4-9 某新建道路管道工程流水施工进度图**

## 习题

4.1　组织施工的方法有哪些？各有何特点？

4.2　流水施工组织的参数包含哪些内容？

4.3　流水施工的基本方式有哪些？

4.4　固定节拍流水施工、成倍节拍流水施工、分别节拍流水施工各有哪些特点？

4.5　什么是无节拍流水？有何特点？

4.6　如表 4-8，采用流水作业施工，计算总工期（紧凑法和潘特考夫斯基法），并对工期进行比较，说明实际工程中用哪一种组织方式更科学合理。

**表 4-8　采用流水作业施工，计算总工期并比较**

| 施工过程 | 作业时间 | | | | |
|---|---|---|---|---|---|
| | ① | ② | ③ | ④ | ⑤ |
| a | 5 | 3 | 4 | 5 | 5 |
| b | 4 | 5 | 4 | 3 | 3 |
| c | 4 | 3 | 4 | 4 | 3 |
| d | 6 | 5 | 6 | 5 | 3 |

# 第5章　网络计划技术

为了适应生产发展和关系复杂的科学研究工作开展的需要，自20世纪50年代以来，国外陆续采用了一些计划管理的新方法，网络计划技术就是其中之一。它由箭杆和节点组成，用来表达各项工作的先后顺序和相互关系。这种方法逻辑严密，主矛盾突出，有利于计划的优化调整和计算机的应用，因此在工业、农业、国防和关系复杂的科学研究计划管理中都得到广泛的应用。我国从20世纪60年代中期开始引进这种方法，经过多年的实践与应用，得到了不断的推广和发展。

## 5.1　概　述

市政工程项目施工过程是一个十分复杂的过程，我们必须采用科学化、现代化的管理方法对其进度进行有效的管理，而传统的进度计划法存在着许多不足，很难适应现代化的大生产。网络计划工作要求明确，责任清晰，有利于贯彻执行各级岗位责任制，提高计划管理工作的质量及工作效率，克服了传统的横道图、垂直图的缺点。因此，在我国道路工程项目管理中正在大力推广和运用网络计划技术。

### 5.1.1　网络计划技术的发展

网络计划技术是利用网络计划图进行管理的一种方法。网络计划图简称网络图，是由箭线和节点组成的用来表示工作流程的有向、有序的网状图形，是在20世纪50年代后期，在美国发展起来的管理方法，包括关键线路法(CPM)和计划评审法(PERT)。

1955年，美国杜邦·奈莫斯公司提出设想，规定每一项活动的起讫时间，并按工作顺序绘制成网状图形。1956年，开发出计算机程序，用来合理安排工程项目的进度计划，即关键线路法(CPM)。1958年，他们将此方法用于一个价值1000万美元的化工厂建厂工作的计划安排，使整个工程的工期缩短4个月。接着又把此法用于编制设备检测维修计划，使设备因维修而停产的时间由原来的125小时缩短到78小时，取得了巨大的成绩。杜邦公司采用CPM安排施工和维修工程等计划，仅一年就节约了近100万美元，5倍于公司用于研究开发CPM所用的经费。

1958年，美国海军特种计划局在研制北极星导弹核潜艇时，提出控制进度的另一先进的计划方法——计划评审法(PERT)。北极星导弹核潜艇计划的规模庞大，有8家总承包公司、250家分包公司、3000家三包公司、9000多家厂商，协调工作十分复杂，应用此法后，不但使原定6年的研制时间提前2年完成，并节约了大量资金，效果很好。20世纪60年代后，美国采用PERT组织了阿波罗登月计划，使人类的足迹在1969年第一次踏上了地球，也使 PERT 法声誉大震。

CPM 和 PERT 的主要差别是对工作的作业时间的估计方法不同:CPM 只估计一个时间,因建筑施工中不确定因素少,所以一般多采用此法;PERT 使用三种时间估计法,即最长时间、最短时间、最可能时间,然后再推算出一个作业时间,因科研和试验工作的不确定因素多,所以一般多采用此法。这两种方法被创造出来后,因成效巨大,很快便风靡世界,被各行各业所采用。为适应各种计划管理的需要,又以此为基础,研制出了其他一些网络计划法,如搭接网络计划技术(DLN)、图形评审技术(GERT)、风险评审技术(VERT)等。

在我国,是从 20 世纪 60 年代开始引入的,著名的数学家华罗庚教授发表了第一篇介绍网络法的文章,在吸收国外网络计划技术的基础上,结合我国实际情况将 CPM、PERT 统一定名为统筹法,并在全国进行指导与推广,取得显著效果。

### 5.1.2　网络计划技术的特点

与传统的进度计划相比较,网络计划技术具有以下的特点:

(1)从工程整体出发,统筹安排,明确反映各工作间的先后顺序和相互制约、相互依赖的关系。

(2)通过时间参数的计算,能找出关键工作与非关键工作,及各项工作的机动时间,使管理人员能够抓住主要矛盾,采取技术措施进行有效控制与监督,合理安排人员、材料、机械等资源,以降低成本,缩短工期。

(3)能够进行优化比较,并通过优化,找出最佳方案。

(4)可以利用计算机进行时间参数计算从而提高管理效率。

### 5.1.3　网络计划的分类

网络计划技术在几十年的应用和发展中,形成了多种网络模型。根据不同的原则,可将网络计划分为下列类型:

**1. 按性质分类**

(1)肯定型网络计划(CPM):工作、工作之间的关系、工作持续时间都是肯定的。

(2)非肯定型网络计划(PERT):工作、工作之间的关系、工作持续时间有一项或多项不肯定。各工作持续时间有三个值,即最长时间 $a$、最短时间 $b$、最可能时间 $m$。

**2. 按节点和箭线含义分类**

(1)单代号网络计划:节点表示工作,箭线表示工作之间的关系。

(2)双代号网络计划:箭线表示工作,节点表示工作的衔接瞬间。

**3. 按有无时间坐标分类**

(1)时标网络计划:以时间坐标为尺度绘制的网络计划,实箭线的长度表示该工作的工期。

(2)非时标网络计划:不以时间坐标为尺度绘制,实箭线的长度不表示该工作的工期。

**4. 按层次分类**

(1)总网络计划:以整个任务为对象编制。

(2)局部网络计划:以任务的某一部分为对象编制。

**5. 按最终控制目标分类**

(1)单目标网络计划:只有一个最终目标(终点节点)的网络计划。

(2)多目标网络计划:具有若干个独立的最终目标(终点节点)的网络计划。

**6. 按工程复杂程度分类**

(1)简单网络计划:工作数在500道以内的网络计划。

(2)复杂网络计划:工作数在500道以外的网络计划。

**7. 按工作的衔接特点分类**

(1)普通网络计划:工作关系按首尾衔接关系绘制。

(2)搭接网络计划:按各种搭接关系绘制。

(3)流水网络计划:能够反映流水施工的特点。

## 5.2 双代号网络计划图的绘制

### 5.2.1 双代号网络计划图的组成

双代号网络计划是目前应用较为普遍的一种网络计划,它表示一项工程任务或一个计划中各项工作的先后顺序、衔接关系和所需时间及资源,它的工作用两个代号表示。双代号网络图由箭线、节点、线路三个要素组成,如图5-1所示。

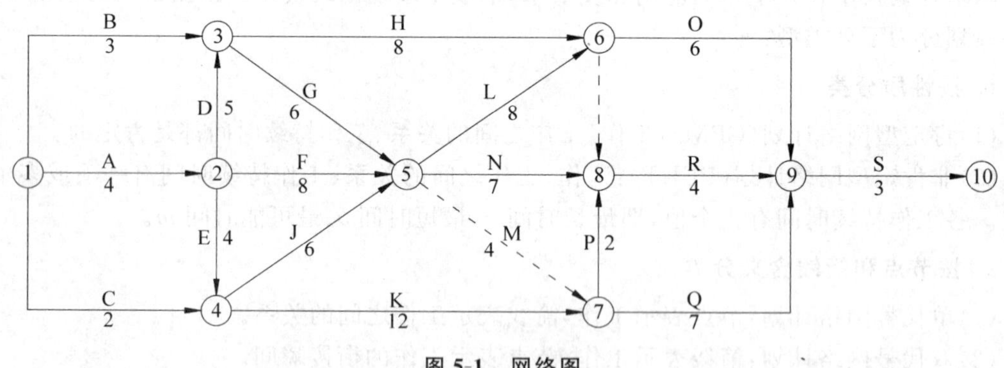


**图5-1 网络图**

在图5-1中,——→表示具体的工作内容,○表示工作的关系,箭线下方的数表示工作的持续时间,箭线上方的数表示工作的日资源需要量。

**1. 箭线**

(1)箭线表示工作,又表示施工方向、施工顺序。工作可以是一道工序,也可以是分项分部工程、构造物、单位工程等。箭尾表示工作的开始，箭头表示工作结束，箭线表示工作内容。

(2)实箭线：表示工作既消耗时间又消耗资源，用"→"表示，如混凝土构件的自然养护、预应力混凝土的张拉等过程都需要时间。

(3)紧前工作、紧后工作、先行工作、后继工作、平行工作。当连续施工时，箭线会连续画，就某工作而言，紧靠其前面的工作称为紧前工作，紧靠其后面的工作称为紧后工作，该项工作称为本工作，所有在其前面完成的工作称为先行工作，所有在其后面的工作称为后续工作。

(4)在无时标的网络图中，箭线的形状、长短、粗细与工作的持续时间无关，为了整齐，一般用直线或折线绘制箭线。

(5)虚箭线：表示的工作既不消耗时间又不消耗资源，用"--→"表示。它是虚拟的，在工程中实际并不存在，因此无工作名称。

**2. 节点**

节点是网络图中两项工作的交接点，用圆圈表示。

(1)节点是两项工作交接点，既不消耗时间又不消耗资源，表示前一项工作的结束，同时也表示后一项工作的开始，代表工作之间的逻辑关系。

(2)起点节点、终点节点、箭头节点、箭尾节点。网络图中第一个节点叫起点节点，最后一个节点叫终点节点，箭线头部的节点叫箭头节点，箭线尾部的节点叫箭尾节点。

(3)在网络图中，可能有许多箭线指向同一节点，对于该节点来讲，这些箭线称为内向箭线；也可能有许多箭线从同一节点发出，对于该节点来讲，这些箭线称为外向箭线。起点节点只有外向箭线，终点节点只有内向箭线，其他节点既有内向箭线又有外向箭线。

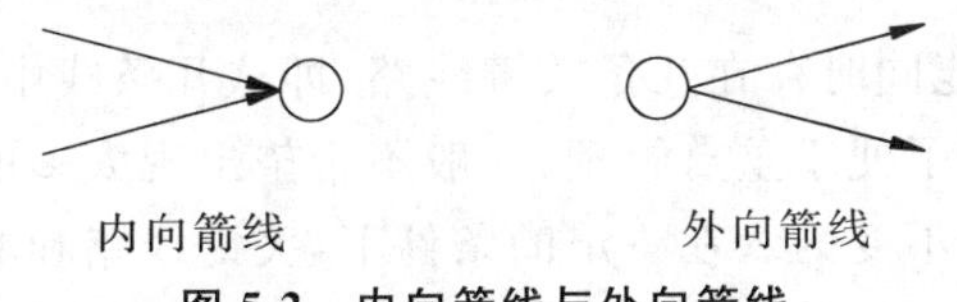


**图 5-2　内向箭线与外向箭线**

(4)节点编号

为便于检查和计算，每个节点均应统一编号，一条箭线前后两个节点的号码就是该箭线表示的工作代号。节点编号可以不连续，但不能重复，且箭尾节点的号码要小于箭头节点的号码。一项工作的表示方法如图 5-3 所示。

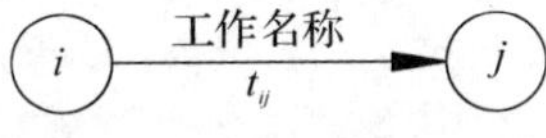


**图 5-3　工作的表示方法**

在满足节点编号原则的条件下，可采用水平编号法、垂直编号法、删除箭线法对节点进行编号。

水平编号法即从网络图的起点开始，由左到右按箭线顺序逐行编号；垂直编号即从网络图的起点开始由上至下逐列按原则进行编号；删除箭线法即先对起点编号后，画去该节点引出的全部箭线，对网络图中剩下的没有箭线进入的节点依次编号，直到全部节点编完为止。

**3. 线路**

网络图中从起点节点开始，沿箭线方向连续通过一系列箭线与节点，最后到达终点节点所经过的通路，称为线路。每一条线中都有自己确定的完成时间，它等于该线中上各项工作持续时间的总和，称为线路时间。称时间最长的线路为关键线路或主要线路，其余为非关键线路。位于关键线路上的工作称为关键工作，其完成的早晚直接影响整个计划工期的实现。因此，关键线路一般用粗线（或双箭线）来突出表示。位于非关键线路上的工作称为非关键工作，它具有机动时间（即时差）。利用非关键工作的机动时间可以科学、合理地调配资源及对网络计划进行优化。

例如，在图 5-4 中，一共有 5 条线路：1—2—4—6、1—2—4—5—6、1—3—4—6、1—3—4—5—6 和 1—3—5—6，线路时间分别为 8 天、6 天、16 天、14 天、13 天。其中线中 1—3—4—6 持续时间最长，称其为关键线路。其上的工作 1—3、3—4、4—6 均为关键工作。

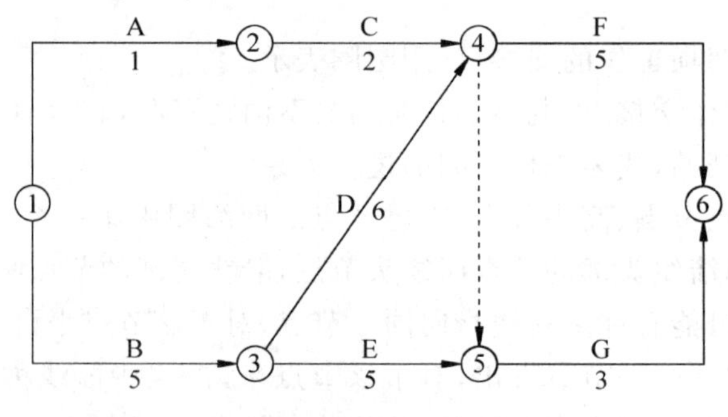


**图 5-4　线路说明示例图**

在网络图中，有时可能同时存在几条关键线路，即这几条线中上的持续时间相同且是线路持续时间的最大值。为了便于重点管理，一般不希望出现太多的关键线路。

关键线路并不是一成不变的。在一定的条件下，关键线路和非关键线路可以相互转化。例如，当采用了一定的技术组织措施，缩短了关键线路上各工作的持续时间就有可能使关键线路发生转移，使原来的关键线路变成了非关键线路，而原来的非关键线路却变成关键线路。

## 5.2.2　双代号网络图的绘制

**1. 项目的分解**

项目的分解是指根据网络计划的管理要求和编制需要，将项目分解为网络计划的基本组成单元——工作的过程。

项目分解一般可按其性质、组织结构或运行规律来划分。如按准备阶段、实施阶段，按全局与局部，按专业或工艺作业内容，按工作责任或工作地点等进行分解。分解时应根据具体情况决定分解的粗细程度，一般应遵循先粗后细、由局部到总体的原则来进行分解。

**2. 工作的逻辑关系分析及表示**

工作间的逻辑关系就是指各工作在进行作业时，客观上存在的一种先后顺序关系。在绘制网络图时，工作的逻辑关系分析是一个十分重要的环节，它要求根据施工工艺和施工组织的特定要求，确定出各工作之间的相互依赖和相互制约的关系，以方便绘制网络图。

(1)工艺关系

工艺关系是指由施工工艺决定的各工作之间的先后顺序关系。当一个工程的施工方法确定之后，工艺关系也就随之被确定下来。如果违背这种关系，将不可能进行施工，或造成质量、安全事故，导致返工和浪费，故工艺关系具有不可改变性。图 5-5 是某基础工程网络计划，其中 5 道工作的先后关系完全是由工艺要求决定的，是绝对不能改变的。例如，如果不做完基础，填土工作就不能进行。

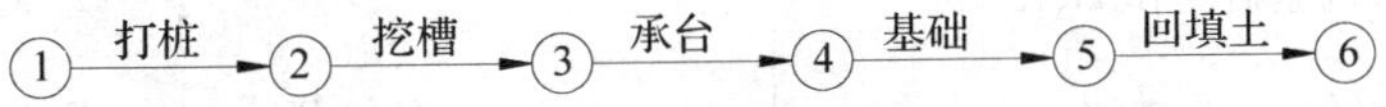

①—打桩→②—挖槽→③—承台→④—基础→⑤—回填土→⑥

**图 5-5　基础工程工艺关系示例**

(2)组织关系

组织关系是指在施工过程中，由于人力、机械、材料和构件等资源的组织安排需要而形成的一种人为安排的各工作之间的先后顺序关系。不同的组织安排可以产生不同的施工效果，所以组织关系存在优化的问题。图 5-6 是一个工程上砌砖的先后顺序，严格地说，水暖沟与砌基础，女儿墙与隔墙砖等都是可以按另外的顺序安排的，一层砖、二层砖与三层砖之间本来还有其他工作，但是在工程施工中，为了表示瓦工的流水，往往把它们人为地联系在一起。

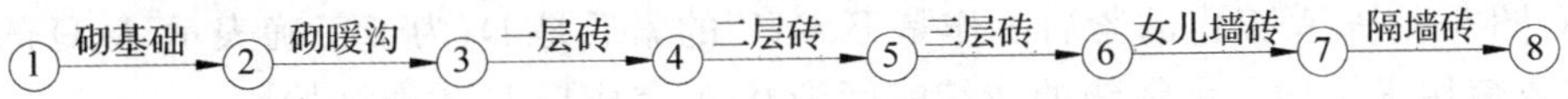

①—砌基础→②—砌暖沟→③—一层砖→④—二层砖→⑤—三层砖→⑥—女儿墙砖→⑦—隔墙砖→⑧

**图 5-6　砌砖工程组织关系示例**

### 5.2.3　双代号网络计划图绘制方法

**1. 工作关系及其表示**

如表 5-1 所示。

**表 5-1　双代号网络工作关系表示方法示意表**

| 序号 | 工作关系 | 网络图中的表示方法 |
| --- | --- | --- |
| 1 | A、B 工作依次施工 | 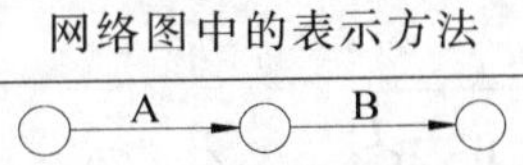 ○—A→○—B→○ |
| 2 | B、C 在 A 后同时进行 | 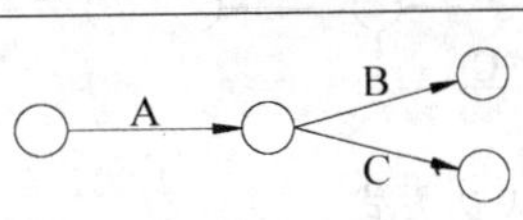 ○—A→○，其后分出 B→○、C→○ |
| 3 | A、B 完工后进行 C | 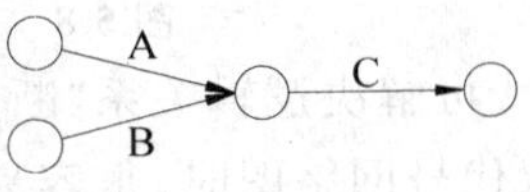 ○—A→、○—B→ 汇于○—C→○ |
| 4 | A、B 完工后同时进行 C、D | 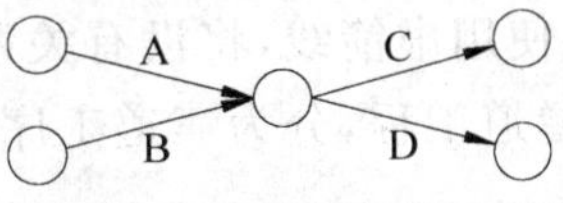 ○—A→、○—B→ 汇于○，其后分出 C→○、D→○ |

续表

| 序号 | 工作关系 | 网络图中的表示方法 |
| --- | --- | --- |
| 5 | A 的紧后工作 C、D<br>B 的紧后工作 D | A C B D |
| 6 | A 的紧后工作 C、D<br>B 的紧后工作 D、E | A C D B E |
| 7 | A 完成后，B、C 同时开始；<br>D 在 B、C 后开始；C 后 E 开工；<br>F 在 D、E 后开始 | A C E B D F |

**2. 虚箭线的作用**

虚箭线是在绘制双代号网络图中，根据工作关系的需要增设的箭线，它不是一项正式的工作，只是为了正确表达逻辑关系，防止发生代号混乱。虚箭线的作用如下：

(1)虚箭线用于解决工作间的逻辑关系。

在右图 5-7 中，A 工作的紧后工作是 B、D，C 的紧后是 D，为了正确表示 A、D 的工作关系，就需要使用虚箭线。虚箭线的持续时间为 0，A 完成后 D 才能开始。

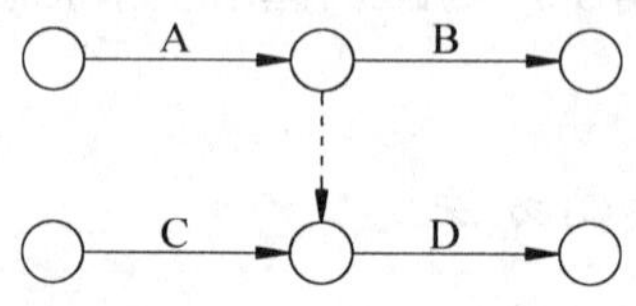


**图 5-7　虚箭线的使用**

(2)当两项或两项以上工作同时开始并同时完成时，必须引入虚箭线，以避免造成错误。如图 5-8 所示。

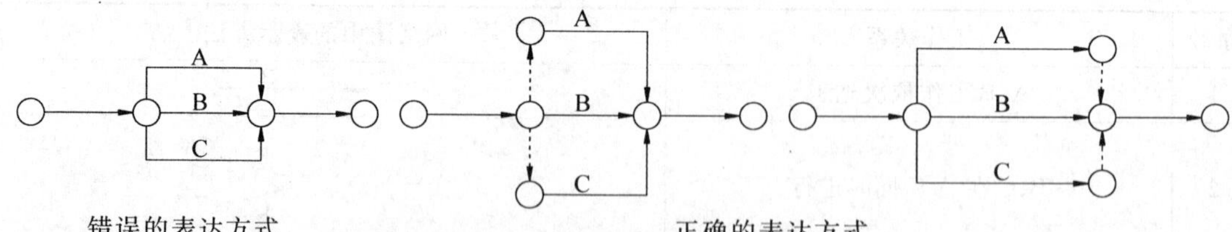


**图 5-8　网络图中常见的错误与正确画法**

(3)虚箭线可解决逻辑关系“断路”。

在绘制双代号网络图时，很容易将原本没有逻辑关系的工作联系到一起，为避免发生此种错误，就要使用虚箭线，将没有关系的工作隔开。

例如某隧道工程，分为三道工序，掘进 A、支模 B、衬砌 C，分三段交叉施工，如果绘制成

5-9 图，就是把没有关系的第二段的掘进工作 $A_2$ 与第一段的衬砌工作 $C_1$ 连在一起，同样还有 $A_3$ 和 $C_2$。所以要引进虚箭线，将不该发生逻辑关系的工作隔断，如图 5-10。这种断路法在组织分段流水施工时应用非常广泛。

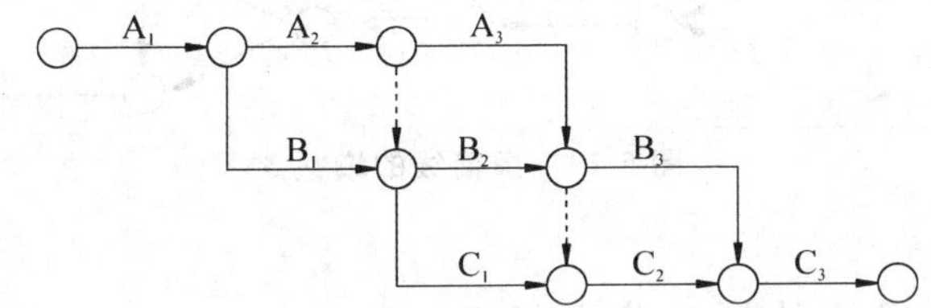


图 5-9 虚箭线的常见用法 1

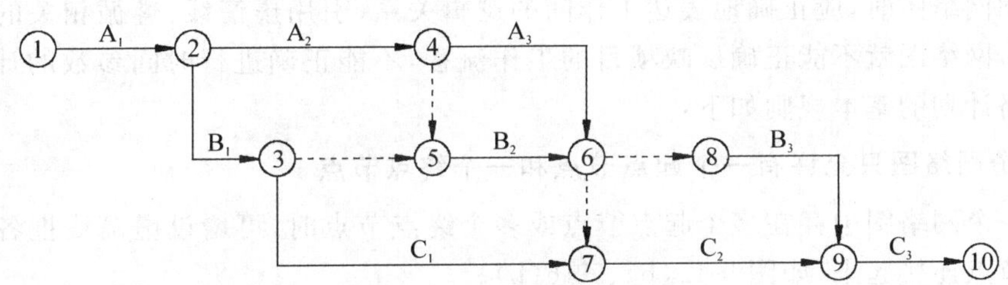


图 5-10 虚箭线的常见用法 2

(4)虚箭线在不同工程项目之间工作有联系时的应用。

甲、乙两项独立工程施工时，应分别绘制双代号网络图，但如果两工程的某些工作存在联系时，如利用同一台机械或班组进行施工时，可以用虚箭线来表示它们的互相关系。

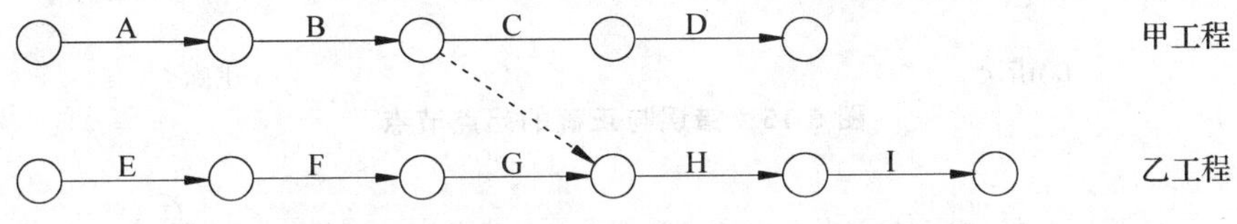


图 5-11 虚箭线在不同工程项目间的应用

### 3. 虚箭线的增设与删除

从虚箭线的作用可以看出，虚箭线在双代号网络图中是很重要的，在绘制网络图时，通常是先主动增设虚箭线，待网络图构成后，再删除不必要的虚箭线。删除多余虚箭线的方法有：

(1)如果虚箭线是进入一个节点的唯一一条虚箭线，则一般可将这个虚箭线删除，如图 5-12。

图 5-12 虚箭线的增减 1

当虚箭线是为了区分两个节点间同时开始同时结束的工作时，虚箭线不能删除，如图 5-13。

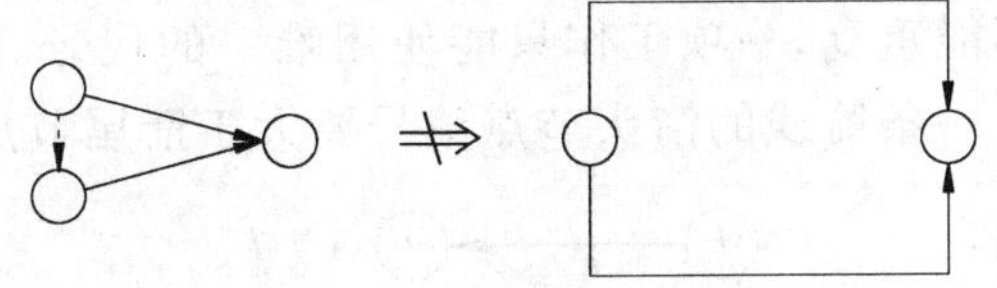


图 5-13 虚箭线的增减 2

(2)当一个节点有两条虚箭线进入时,可以消除其中的一条,但不能改变原有的逻辑关系,如图 5-14。

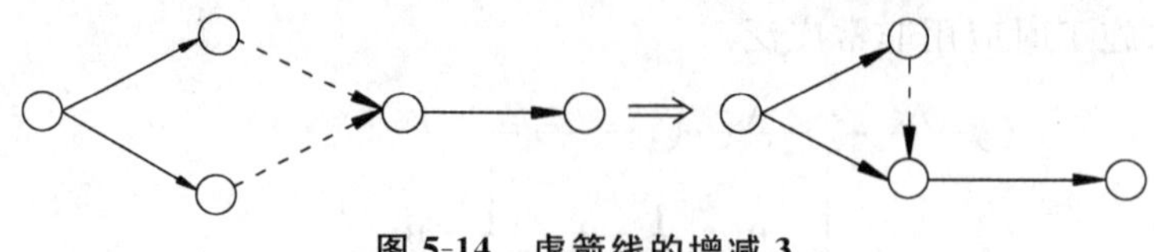

**图 5-14　虚箭线的增减 3**

## 5.2.4　绘制双代号网络计划的基本规则

在绘制网络图时,应正确地表达工作间的逻辑关系,引用虚箭线,遵循相关的绘图基本原则,否则,网络图就不能正确反映项目的工作流程,不能正确进行时间参数的计算。绘制双代号网络计划的基本规则如下:

### 1. 一个网络图只允许有一个起点节点和一个终点节点

如果一个网络图中存在多个起点节点或多个终点节点时,可增设虚箭线把各个起点节点或终点节点连接起来,如图 5-15(b)、5-16(b)。

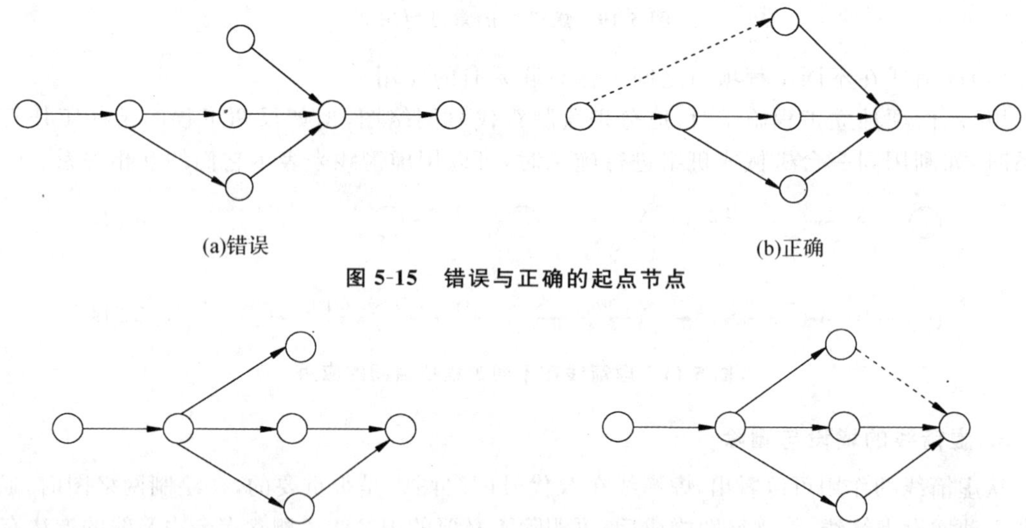

(a)错误　(b)正确

**图 5-15　错误与正确的起点节点**

(a)错误　(b)正确

**图 5-16　错误与正确的终点节点**

### 2. 一对节点之间只能有一条箭线

在双代号网络中,一条箭线和两个代号表示一项工作,如果一对节点之间存在多条箭线,就无法分清这两个代号表示哪一项工作,如出现这种情况,应引进虚箭线。

网络图的节点编号不能重复,一项工作只能使用唯一的代号。不允许出现相同编号的节点或相同代码的工作。一条箭线的箭头节点编号要大于箭尾节点编号,如图 5-17。

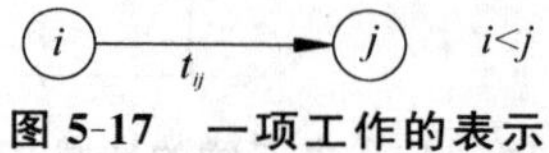


**图 5-17　一项工作的表示**

**3. 网络图中不允许出现循环线路**

在网络图中，从一个节点出发顺着某一线路又能回到原出发点的线路称为循环线路，如图 5-18(a)。循环线路表示的工作关系是错误的，在工艺顺序上是相互矛盾的，无法反映出先行工作与后继工作，在计算时间参数时也只能循环进行，无法得出结果。遇到这种情况，表示绘制工作的逻辑关系有误，应按工作本身的逻辑顺序连线，取消循环线路，如图 5-18(b)。

图 5-18　错误的循环线路

**4. 在网络图中不允许出现无箭头的线段和双向箭头的箭线**

一条箭线表示表示一项工作，同时也表示工作的施工方向，箭头的方向就是工作的施工前进方向，因此在网络图中不允许出现无箭头的线段和双向箭头的箭线。

**5. 在网络图中尽量避免使用反向箭线**

在绘制网络图时，使用反向箭线很容易造成工作逻辑关系的混乱，出现循环线路，尤其在时标网络计划中，时间是不可逆的，更不允许出现反向箭线。

**6. 网络布局应合理**

网络计划布局应合理，使图面整齐美观，避免箭线交叉，当箭线的交叉不可避免时，可用“暗桥”、“断线”法处理，如图 5-19。

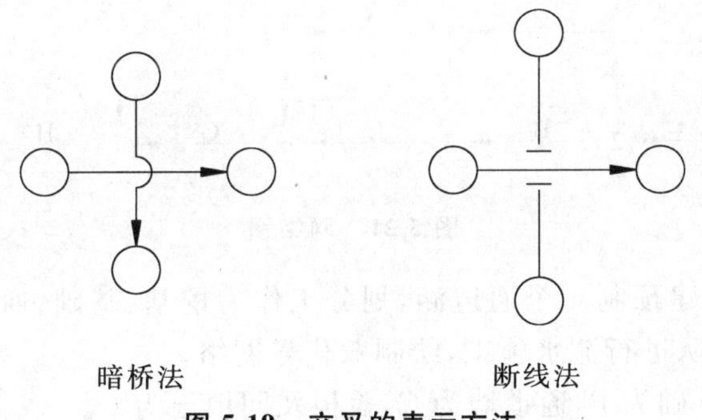


图 5-19　交叉的表示方法

## 5.2.5　双代号网络计划图的绘制

在绘制双代号网络计划图的时候，可按照下述步骤进行。

(1)工程任务分解。首先应清晰地显示出整个计划的内容，将一个工程项目根据要求分解成若干单项工作。

(2)确定施工方法。

(3)确定各单项工作的关系。

(4)确定各单项工作的持续时间。

(5)资料列表。

(6)绘制双代号网络计划草图。

(7)整理成图。

**例 5-1** 某工程各工作关系如下表,试绘出双代号网络图。

| 工作代号 | A | B | C | D | E | F | G | H | I |
|---|---|---|---|---|---|---|---|---|---|
| 工作名称 | 准　备 | 测　量 | 土方工程 | 路基工程 | 安装排水 | 清　杂 | 路面施工 | 路肩施工 | 清　场 |
| 紧后工作 | B | C | D、E、F | G、H | G | H | I | I | — |

**解:**根据工作关系表,先找出常见的逻辑关系,绘图时,注意其绘制方法,即可很顺利地绘制出该草图,整理后得出网络图。

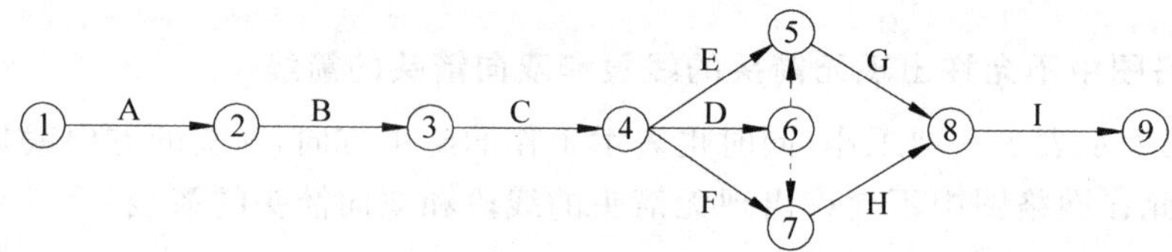

**图 5-20　网络图**

**例 5-2** 根据下表的工作关系绘制双代号网络图。

| 工序代号 | A | B | C | D | E | F | G | H |
|---|---|---|---|---|---|---|---|---|
| 紧前工序 | — | A | A | B、C | B | D | D、E | F、G |
| 持续时间 | 1 | 3 | 1 | 6 | 2 | 4 | 2 | 4 |

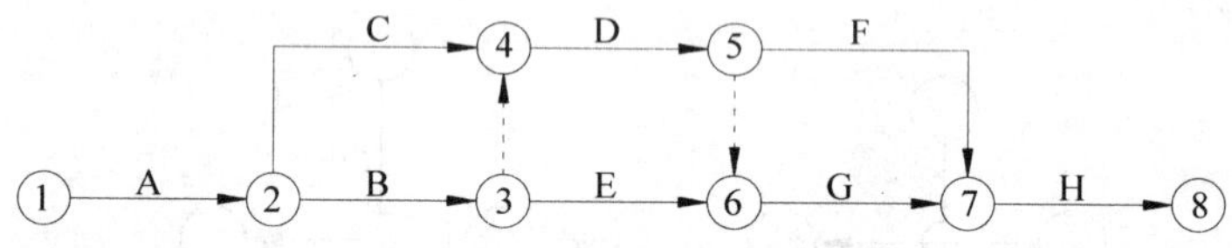

**图 5-21　网络图**

**例 5-3** 某工程需建预制 4 个通道涵,划分工作为挖基、基础、通道墙、盖板及回填土 4 项,分别组织 4 个作业队进行流水施工,绘制双代号网络。

**解:**设挖基为 A,基础为 B,通道墙为 C,盖板及回填土为 D。

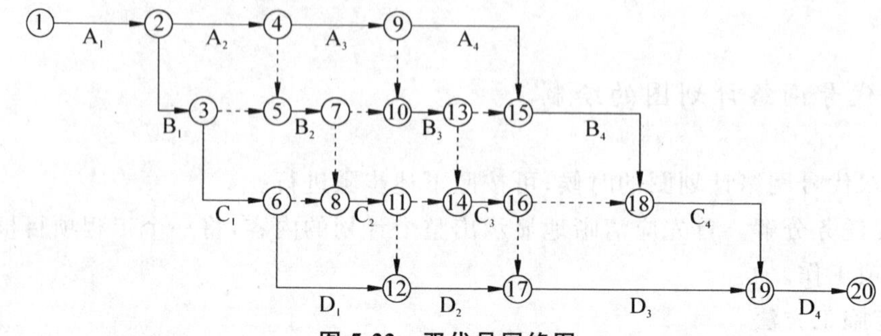

**图 5-22　双代号网络图**

# 5.3 双代号网络计划时间参数的计算

计算网络计划时间参数是确定机动时间和关键线路的基础，是确定计划工期的依据，同时也是进行网络计划的调整与时间、资源、费用优化的前提。

网络计划的时间参数按其特性可分为两类，第一类为控制性参数，第二类为协调性参数。控制性参数包括节点时间参数和工作(序)时间参数，协调性参数指工作(序)的机动时间，即时差。

为简化起见，网络计划的时间参数计算统一假定工作(序)的持续时间是已知的，工作的开始时间与结束时间都以时间单位的终了时刻为计算标准。计算方法可采用图算法、表算法，对复杂的网络图应采用电算法，在此只介绍图算法。

## 5.3.1 工作(序)时间参数计算

工作(序)时间参数包括最早可能开始时间($ES$)、最早可能结束时间($EF$)、最迟必须结束时间($LF$)、最迟必须开始时间($LS$)，此外还要计算工作的总时差($TF$)和自由时差($FF$)。以网络图中的工作为对象进行计算。

**1. 工作的最早可能开始时间($ES$)**

工作的最早可能开始时间是指一项工作在具备一定的开工条件后，可以开始工作的最早时间。在此时刻，紧前工作都已结束。

在计算时，我们从起点开始，沿箭线方向逐项工作依次计算到终点。与起点节点相连的工作的最早可能开始时间 $ES=0$，其他工作的最早可能开始时间是紧前各工作的最早可能开始时间分别与相应工作的持续时间之和的最大值。

$$ES_{ij}=\max\{ES_{hi}+t_{hi}\} \tag{5-1}$$

其中，$ES_{hi}$—紧前工作最早可能开始时间；

$t_{hi}$—紧前工作持续时间。

**2. 工作的最早可能结束时间($EF$)**

工作在最早时间开始，必对应在最早结束时间结束，即与工作的最早可能开始时间对应，有工作最早可能结束时间。其计算如下

$$EF_{ij}=ES_{ij}+t_{ij} \tag{5-2}$$

网络计划的总工期为与终点节点相连的各工作的最早可能结束时间的最大值，$T_n=\max\{EF_{jn}\}$。

**3. 工作的最迟必须结束时间($LF$)**

工作的最迟必须结束时间指一项工作在不影响工程按总工期结束的条件下，最迟必须结束的时间，它必须在紧后工作开始前完成。

在计算时，从终点节点开始逆箭线方向至起点节点止，与终点节点相连的各工作的最迟必须结束时间一般就是计划工期，若另有规定就取规定工期，其他工作的最迟必须结束时间

是紧后各工作的最迟必须结束时间分别与相应工作的持续时间之差的最小值。

$$LF_{hi}=\min\{LF_{ij}-t_{ij}\} \tag{5-3}$$

**4. 工作的最迟必须开始时间(*LS*)**

在正常情况下，与工作最迟必须结束时间相对应，有工作最迟必须开始时间，为工作的最迟必须结束时间减去工作持续时间。

$$LS_{ij}=LF_{ij}-t_{ij} \tag{5-4}$$

**5. 总时差(*TF*)**

工作的总时差指在不影响紧后工作的最迟开始时间的条件下，工作所拥有的最大的机动时间。

$$TF_{ij}=LS_{ij}-ES_{ij}=LF_{ij}-EF_{ij} \tag{5-5}$$

**6. 自由时差(*FF*)**

自由时差指在不影响紧后工作的最早可能开始时间的条件下，工作所拥有的最大的机动时间。

$$FF_{ij}=ES_{jk}-ES_{ij}-t_{ij}=ES_{jk}-EF_{ij} \tag{5-6}$$

由时差的概念可知，自由时差是总时差的构成部分，因此总时差为0的工作，自由时差必为0，可不必专门计算，但自由时差为0的工作，总时差却不一定为0。如例5-4中③→⑥工作。

**例 5-4** 见图5-23(a)，计算工作的时间参数、时差。

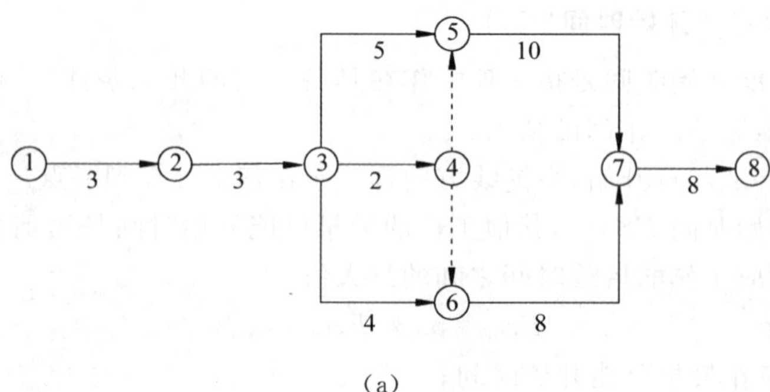


(a)

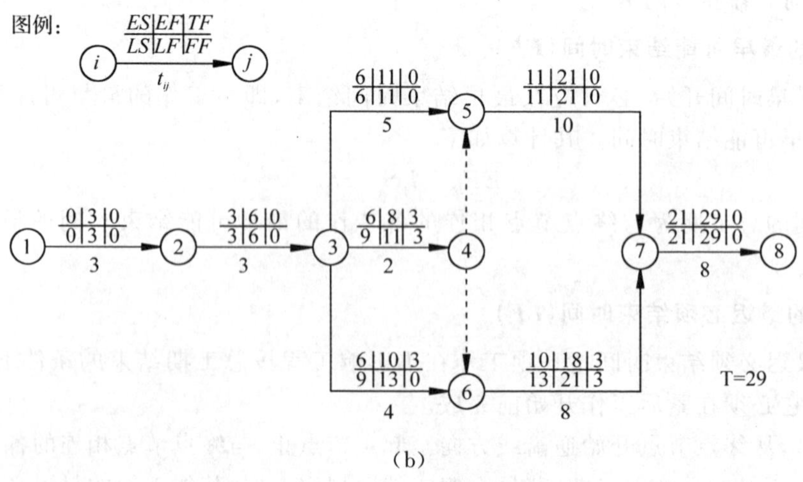


(b)

**图 5-23 例题用图**

(1)首先,计算 $ES$、$EF$

与起点节点相连的①→②

$ES_{12}=0,EF_{12}=ES_{12}+t_{12}=0+3=3$;

$ES_{23}=EF_{12}=ES_{12}+t_{12}=3,EF_{23}=ES_{23}+t_{23}=3+3=6$;

$ES_{34}=ES_{23}+t_{23}=EF_{23}=6,EF_{34}=ES_{34}+t_{34}=6+2=8$;

$ES_{35}=ES_{23}+t_{23}=EF_{23}=6,EF_{35}=ES_{35}+t_{35}=6+5=11$;

$ES_{36}=ES_{23}+t_{23}=EF_{23}=6,EF_{36}=ES_{36}+t_{36}=6+4=10$;

$ES_{45}=ES_{34}+t_{34}=EF_{34}=8,EF_{45}=ES_{45}+t_{45}=8+0=8$;

$ES_{46}=ES_{34}+t_{34}=EF_{34}=8,EF_{46}=ES_{45}+t_{45}=8+0=8$;

$$ES_{57}=\max\begin{cases}ES_{35}+t_{35}=EF_{35}=11\\ES_{45}+t_{45}=EF_{45}=8\end{cases}=11,EF_{57}=ES_{57}+t_{57}=11+10=21;$$

$$ES_{67}=\max\begin{cases}ES_{36}+t_{36}=EF_{36}=10\\ES_{46}+t_{46}=EF_{46}=8\end{cases}=10,EF_{67}=ES_{67}+t_{67}=10+8=18;$$

$$ES_{78}=\max\begin{cases}ES_{57}+t_{57}=EF_{57}=21\\ES_{67}+t_{67}=EF_{67}=18\end{cases}=21,EF_{78}=ES_{78}+t_{78}=21+8=29;$$

$T=29$。

(2)计算 $LS$、$LF$

与终点节点相连的工作⑦→⑧

$LF_{78}=29,LS_{78}=LF_{78}-t_{78}=29-8=21$;

$LF_{67}=LF_{78}-t_{78}=LS_{78}=21,LS_{67}=LF_{67}-t_{67}=21-8=13$;

$LF_{57}=LF_{78}-t_{78}=LS_{78}=21,LS_{57}=LF_{57}-t_{57}=21-10=11$;

$LF_{46}=LF_{67}-t_{67}=LS_{67}=13,LS_{46}=LF_{46}-t_{46}=13-0=13$;

$LF_{45}=LF_{57}-t_{57}=LS_{57}=11,LS_{45}=LF_{45}-t_{45}=11-0=11$;

$LF_{36}=LF_{67}-t_{67}=LS_{67}=13,LS_{36}=LF_{36}-t_{36}=13-4=9$;

$LF_{35}=LF_{57}-t_{57}=LS_{57}=11,LS_{35}=LF_{35}-t_{35}=11-5=6$;

$$LF_{34}=\min\begin{cases}LF_{45}-t_{45}=LS_{45}=11\\LF_{46}-t_{46}=LS_{46}=13\end{cases}=11,LS_{34}=LF_{34}-t_{34}=11-2=9;$$

$$LF_{23}=\min\begin{cases}LF_{35}-t_{35}=LS_{35}=6\\LF_{36}-t_{36}=LS_{36}=9\\LF_{34}-t_{34}=LS_{34}=11\end{cases}=6,LS_{23}=LF_{23}-t_{23}=6-3=3;$$

$LF_{12}=LF_{23}-t_{23}=LS_{23}=3,LS_{12}=LF_{12}-t_{12}=3-3=0$。

(3)计算 $TF$

$TF_{12}=LS_{12}-ES_{12}=0-0=0$;

$TF_{23}=LS_{23}-ES_{23}=3-3=0$;

$TF_{34}=LS_{34}-ES_{34}=9-6=3$;

$TF_{35}=LS_{35}-ES_{35}=6-6=0$;

$TF_{36}=LS_{36}-ES_{36}=9-6=3$;

$TF_{45}=LS_{45}-ES_{45}=11-8=3$;

$TF_{46}=LS_{46}-ES_{46}=13-8=5$;

$TF_{57}=LS_{57}-ES_{57}=11-11=0$；

$TF_{67}=LS_{67}-ES_{67}=13-10=3$；

$TF_{78}=LS_{78}-ES_{78}=21-21=0$。

(4)计算 $FF$

$FF_{12}=ES_{23}-EF_{12}=3-3=0$；

$FF_{23}=ES_{34}-EF_{23}=ES_{35}-EF_{23}=ES_{36}-EF_{23}=6-6=0$；

$FF_{34}=ES_{45}-EF_{34}=8-8=0$；

$FF_{35}=ES_{57}-EF_{35}=11-11=0$；

$FF_{36}=ES_{67}-EF_{36}=10-10=0$；

$FF_{57}=ES_{78}-EF_{57}=21-21=0$；

$FF_{67}=ES_{78}-EF_{67}=21-18=3$。

由以上计算可知，当 $TF=0$ 时，则 $FF$ 必为 0；反之，当 $FF=0$ 时，$TF$ 不一定为 0。

### 5.3.2 节点时间参数计算

节点时间参数是以节点作为研究对象进行计算的，节点时间表示工作开始或结束的瞬间，包括节点的最早可能开始时间[即节点最早时间($ET$)]和节点的最迟必须结束时间[即节点最迟时间($LT$)]。

**1. 节点的最早时间($ET$)**

节点的最早时间指以计划起始节点的时间为起点，沿着各条线路达到每一个节点时刻。它表示该节点的紧前工作全部完成，其紧后工作最早可能开始的时间。

在计算时，我们从起点节点开始，沿箭线方向依次计算每一个节点，直至终点节点。规定起点节点的最早时间 $ET=0$，其他节点的最早时间是紧前各节点的最早时间分别与相应工作的持续时间之和的最大值。用公式表示为：

$$ET_j=\max\{ET_i+t_{ij}\} \tag{5-7}$$

终点节点的最早时间就是网络计划的总工期 $ET_n=T_n$。

下面以例 5-5 说明节点的最早可能开始时间的计算方法与步骤。

**例 5-5** 见图 5-23(a)，计算节点最早时间 $ET$。

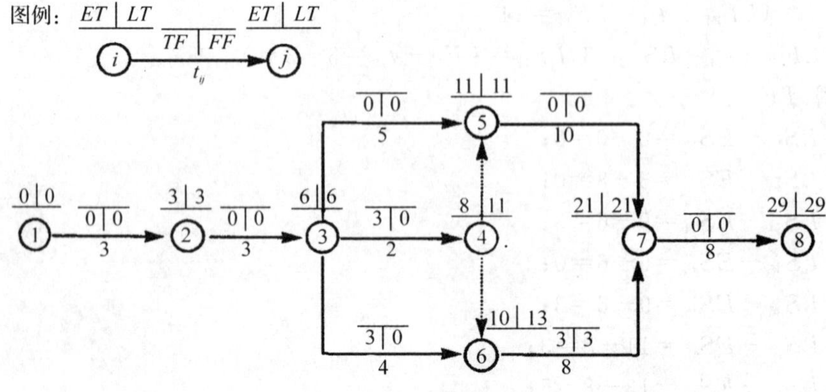


**图 5-24 例题用图**

首先,起点节点最早可能开始时间

$ET_1=0$;

$ET_2=ET_1+t_{12}=0+3=3$;

$ET_3=ET_2+t_{12}=3+3=6$;

$ET_4=ET_3+t_{34}=6+2=8$;

$$ET_5=\max\begin{cases}ET_4+t_{45}=8+0=8\\ET_3+t_{35}=6+5=11\end{cases}=11;$$

$$ET_6=\max\begin{cases}ET_3+t_{36}=6+4=10\\ET_4+t_{46}=8+0=8\end{cases}=10;$$

$$ET_7=\max\begin{cases}ET_5+t_{57}=11+10=21\\ET_6+t_{67}=10+8=18\end{cases}=21;$$

$ET_8=ET_7+t_{78}=21+8=29$。

计划工期为 29 天。

**2. 节点的最迟时间($LT$)**

节点的最迟时间指计划内工期确定的情况下,从网络计划终点节点开始,逆向推算即得各节点的最迟实现时间。它表示该节点前各工作的结束不能迟于这个时间,如果迟于这个时间,就会影响计划工期。

在计算时,从终点节点开始逆箭线方向至起点节点止,终点节点的最迟时间一般就是计工期,即该节点的最早时间,若另有规定就取规定工期,其他节点的最迟时间是紧后各节点的最迟时间分别与相应工作持续时间之差的最小值。用公式表示为:

$$LT_i=\min\{LT_j-t_{ij}\}\tag{5-8}$$

同样以图 5-24 来说明节点的最迟必须结束时间($LT$)的计算方法和步骤。

**例 5-6**　见图 5-24,计算节点最迟必须结束时间 $LT$。

首先终点节点 8 的最迟必须结束时间

$LT_8=ET_8=T_n=29$;

$LT_7=LT_8-t_{78}=29-8=21$;

$LT_6=LT_7-t_{67}=21-8=13$;

$LT_5=LT_7-t_{57}=21-10=11$;

$$LT_4=\begin{cases}LT_6-t_{46}=13-0=13\\LT_5-t_{56}=11-0=11\end{cases}=11;$$

$$LT_3=\begin{cases}LT_6-t_{36}=13-4=9\\LT_4-t_{34}=11-2=9\\LT_5-t_{35}=11-5=6\end{cases}=6;$$

$LT_2=LT_3-t_{23}=6-3=3$;

$LT_1=LT_2-t_{12}=3-3=0$。

**3. 时差的计算**

在进行时差计算时也应计算工作的总时差与自由时差。我们知道节点的最早可能开始时间表示该节点的紧前工作全部完成,其紧后工作最早可能开始的时间;节点的最迟必须结束时间表示该节点前各工作的开工不能迟于这个时间，如果迟于这个时间，就会影响计划工期，故可根据节点参数计算工作的总时差与自由时差。

其中

$$TF_{ij}=LT_j-ET_i-t_{ij} \tag{5-9}$$

$$FF_{ij}=ET_j-ET_i-t_{ij} \tag{5-10}$$

仍以图 5-24 为例，计算其总时差与自由时差。

$TF_{12}=LT_2-ET_1-t_{12}=3-0-3=0, FF_{12}=ET_2-ET_1-t_{12}=3-0-3=0$；

$TF_{23}=LT_3-ET_2-t_{23}=6-3-3=0, FF_{23}=ET_3-ET_2-t_{23}=6-3-3=0$；

$TF_{34}=LT_4-ET_3-t_{34}=11-6-2=3, FF_{34}=ET_4-ET_3-t_{34}=8-6-2=0$；

$TF_{35}=LT_5-ET_3-t_{35}=11-6-5=0, FF_{35}=ET_5-ET_3-t_{35}=11-6-5=0$；

$TF_{36}=LT_6-ET_3-t_{36}=13-6-4=3, FF_{36}=ET_6-ET_3-t_{36}=11-6-4=1$；

$TF_{57}=LT_7-ET_5-t_{57}=21-11-10=0, FF_{57}=ET_7-ET_5-t_{57}=21-11-10=0$；

$TF_{67}=LT_7-ET_6-t_{67}=21-10-8=3, FF_{67}=ET_7-ET_6-t_{67}=21-10-8=3$；

$TF_{78}=LT_8-ET_7-t_{78}=29-21-8=0, FF_{78}=ET_8-ET_7-t_{78}=29-21-8=0$。

### 5.3.3 关键线路及其确定

计算网络图时间参数的目的之一是找出关键线路，从而使管理人员抓住主要矛盾，以便合理地调配人力和物资资源，避免盲目赶工，使工程按照计划安排有条不紊地进行。

为找出关键线路，首先要了解线路与关键线路等基本概念。

**1. 线路**

所谓线路是指网络计划图中顺箭线方向由开始节点至结束节点的一系列节点箭线组成的通路。在一个网络计划图中，存在着多条线路，也可能只有一条线路，一条线路中包含着若干项工作。

**2. 线路长度**

线路中包含的各项工作的持续时间之和就是这条线路的线路长度，也就是线路的总持续时间。

**3. 关键线路**

网络图的各条线路所包含的工作是不相同的，因此各条线路的线路长度也是不相同的，我们把线路长度最长的线路称为关键线路。在关键线路中，没有任何机动时间，线路上任何工作的持续时间发生变化都会影响到工期，是按期完成计划任务的关键所在。

**4. 关键工作**

关键线路上的各项工作都是关键工作，关键工作的总时差为 0。

**5. 非关键线路**

网络图中除关键线路以外的线路都是非关键线路，在非关键线路上都存在着时差。非关键线路包含的若干项工作并非全部是非关键工作，其中存在时差的工作是非关键工作。在任何线路中，只要有一个非关键工作存在，它的总长度就会小于关键线路，它就是非关键线路。

**6. 关键线路的确定**

确定关键线路的方法很多，如线路枚举法、关键工作法、关键节点法。

(1)线路枚举法

在网络计划图中，找出其包含的所有线路，并算出线路长度，通过最长的线路找出关键线路。

如在图5-23中，存在的线路共有4条：1—2—3—5—7—8，线路长度为29天；1—2—3—4—5—7—8，线路长度为26天；1—2—3—6—7—8，线路长度为26天；1—2—3—4—6—7—8，线路长度为24天。因此，可以判断出图5-23网络计划的关键线路是1—2—3—5—7—8，总工期为29天。

(2)关键工作法

依次连接网络图中总时差为零的工作，使其组成一条由起点节点到终点节点的通路，此通路就是关键线路。

仍以图5-23的网络计划为例，依次找出关键工作，1—2，2—3，3—5，5—7，7—8，组成的通路1—2—3—5—7—8就是关键线路。

(3)关键节点法

计算出双代号网络图的节点参数后，就可以通过关键节点法找出关键线路。当节点的最早时间与最迟时间相等时，此节点就是关键节点，但相邻关键节点间连接的工作不一定都是关键工作，尤其是一个关键节点遇到与多个关键节点相连而可能出现多个关键线路时，所以必须加以辨认。

两个关键节点关键线路的条件是：箭尾节点时间＋工作持续时间＝箭头节点时间，关键工作确定后，关键线路亦确定了。

**7. 关键线路的特性**

(1)在一个网络图中，关键线路不一定只有一条，有时可能有多条。

(2)关键线路上各工作的总时差均为0，自由时差也为0。

(3)关键线路与非关键线路并不是固定不变的，当非关键线路的总时差用完，就会转化为关键线路；当非关键线路延长的时间性超过它的总时差，关键线路就转变为非关键线路。

## 5.4 时间坐标网络计划

我们以前介绍的是一般双代号网络计划，只是在箭线的下方标出各项工作的持续时间，箭线的长度与工作的持续时间无关，采用这种网络计划，修改方便，但不直观，不能直接从图上看出各项工作的开始与结束时间及时差，为了克服以上不足，产生了双代号时间坐标网络计划。

时间坐标网络计划是在一般双代号网络计划的上方或下方增加时间坐标，箭线的长度表示工作的持续时间，简称时标网络计划。

### 5.4.1 时间坐标网络计划的绘制方法

时标网络计划可按节点最早时间、节点最迟时间、优化时间直接绘制。

**1. 按节点最早时间绘制时标网络**

**例 5-7** 以例 5-5 为例，按节点最早时间绘制时标网络。

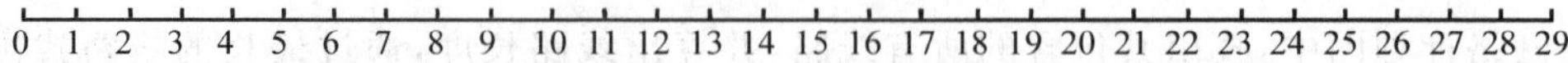


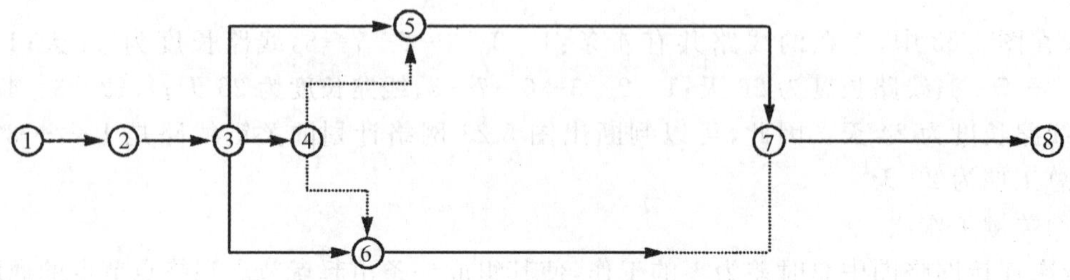


**图 5-25 最早时标网络图**

画法步骤：

(1)求出一般双代号网络计划各节点的时间参数、时差，并确定关键线路，作为绘制时标网络计划的基础依据。如例 5-5。

(2)按计划工期作出时间坐标，按节点最早时间标画出关键线路。如图 5-25。

(3)按节点最早时间标画出非关键线路。

注意：

(1)所有节点，按节点最早时间画在相应的坐标处，节点的纵向位置没有时间含义。

(2)由起点节点开始，顺箭线方向绘制到终点节点，工作用实箭线表示，实箭线长度表示工作持续时间；机动时间用虚箭线表示，虚箭线补在实线的右侧，虚工作用虚箭线表示。

**2. 按节点最迟时间绘制时标网络**

仍以上例来按节点最迟时间绘制时标网络。

画法步骤：

(1)求出一般双代号网络计划各节点的时间参数、时差，并确定关键线路，作为绘制时标网络计划的基础依据。如例 5-5。

(2)按计划工期作出时间坐标，按节点最迟时间标画出关键线路。如图 5-26。

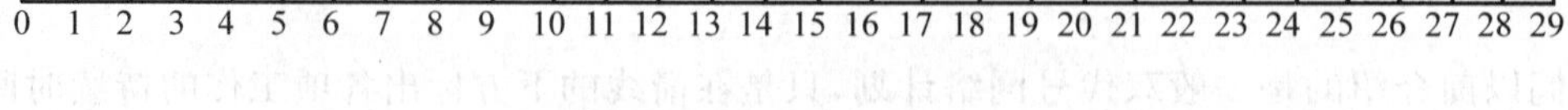


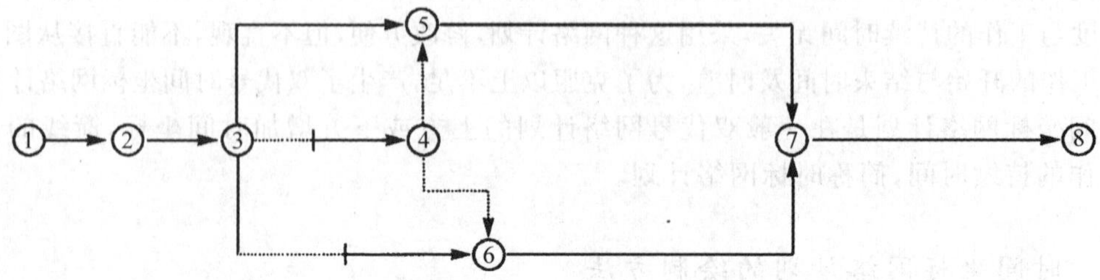


**图 5-26 最迟时标网络图**

(3)按节点最迟时间标画出非关键线路。

注意：

(1)所有节点，按节点最迟时间画在相应的坐标处，节点的纵向位置没有时间含义。

(2)由终点节点开始，逆箭线方向绘制到起点节点，工作用实箭线表示，实箭线长度表示工作持续时间；机动时间用虚箭线表示，虚箭线补在实线的左侧，虚工作用虚箭线表示。

由图 5-25、图 5-26 可以看出，按节点最早时间绘制时标网络的工作安排是前紧后松，图中的机动时间表示工作的自由时差；按节点最迟时间绘制时标网络的工作安排是前松后紧，图中的机动时间不代表工作的时差。

### 5.4.2　时间网络计划的特点和应用

时间坐标网络图以时间为横坐标，绘制各项工作的箭线，并使箭线的长度直接反映工作的持续时间，在图上直接显示出工作的开始与结束时间及时差，并能显示出关键线路。

**1. 时标网络计划的特点**

时标网络图能够表达进度计划中各项工作之间恰当的时间关系，使网络计划易于理解，方便应用，有利于管理人员进行分析优化。

时间网络计划的特点是：

(1)时标网络计划接近横道图，能直观反映出整个计划的时间进程。

(2)时标网络计划箭线的长度直接反映工作的持续时间，能直接反映出各项工作的开始和结束时间、机动时间及关键线路，在执行过程中，可以随时检查出将要开始、正在进行和已经结束的工作。

(3)时标网络计划能够表示哪些工作需要同时进行，所以可以方便管理人员确定同一时间内对劳动力、材料、机械设备等资源的需要量。

(4)优化调整后的网络时标计划可以直接作为进度计划下达到执行单位。

(5)时标网络计划的调整比较麻烦，当情况发生变化导致某些工作不能正常进行，要对时标网络进行修改时，就会改变节点的位置和箭线的长度，这样往往需要改变整个网络计划。

**2. 时标网络计划的应用**

(1)当需编制工程项目少，工艺过程较简单的进度计划时，可采用时标网络计划，能边计算、边绘制、边调整。

(2)对于大型复杂的工程，先用时标网络计划绘出分部工程的网络计划，再综合绘制简单的总网络计划，或先编制总网络计划，每隔一段时间，对将要开工的分部工程编制出详细的网络计划，在执行过程中，如有变化，修正子网络计划即可，不必改动总网络计划。

(3)时间坐标的单位视具体情况确定，可以是天、月、季度等，并在时间坐标上扣除休息日。

## 5.5 单代号网络计划

单代号网络计划是用节点表示工作,箭线表示工作之间关系的一种网络计划。

### 5.5.1 单代号网络图的组成

**1. 节点**

在单代号网络图中,一个节点表示一项具体的工作,可以用圆圈或方框表示,工作的名称、持续时间、代号都标注在圆圈内。

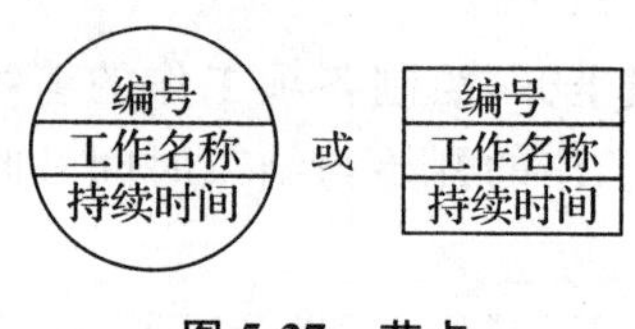


**图 5-27 节点**

**2. 箭线**

在单代号网络图中,箭线表示工作之间的关系,箭线的箭头方向表示工作的施工方向。

**3. 节点的代号**

一个节点只能有一个代号,不能重复,箭头节点的编号应大于箭尾节点的编号。

### 5.5.2 单代号网络图的绘制

**1. 工作逻辑关系的表示**

单代号网络图逻辑关系的表示方法如表 5-2 所示。

**表 5-2 单代号网络图逻辑关系**

| 序号 | 工作关系 | 单代号网络图表示 |
|---|---|---|
| 1 | A 的紧后工作 B |  |
| 2 | A 的紧后工作 B、C | 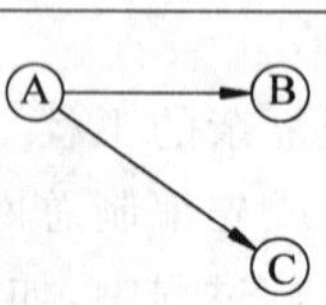 |
| 3 | A 的紧后工作 C<br>B 的紧后工作 C | 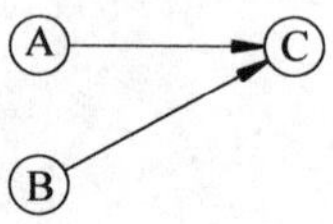 |

续表

| 序号 | 工作关系 | 单代号网络图表示 |
|---|---|---|
| 4 | A 的紧后工作 C、D<br>B 的紧后工作 D | |
| 5 | A 的紧后工作 C、D<br>B 的紧后工作 C、D | |
| 6 | A 的紧后工作 C、D<br>B 的紧后工作 D、E | |

**2. 网络图绘制的基本原则**

(1)单、双代号网络图所表示的内容是一致的，仅绘图符号的意义不同，所以双代号网络图绘图的基本原则单代号网络图都适用。

(2)如果有若干项工作同时开始或同时结束，应引入一个始节点或终节点。引入的节点是虚拟节点，持续时间是 0。

**例 5-8**　根据下表绘制单代号网络图。

| 工作名称 | A | B | C | D | E | F | G | H | I | J |
|---|---|---|---|---|---|---|---|---|---|---|
| 紧后工作 | — | — | A、B | B | B | C、D | C、D、E | D、E | F | F、G、H |
| 持续时间 | 3 | 5 | 3 | 5 | 4 | 5 | 4 | 3 | 4 | 5 |

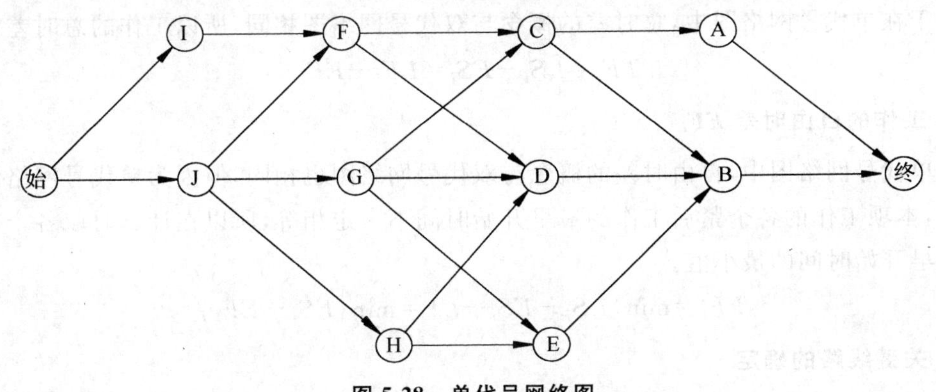


**图 5-28　单代号网络图**

### 5.5.3 单代号网络图时间参数的计算

单代号网络图的时间参数只有工作(工序)时间参数,包括工作的最早开始时间 $ES$、最早结束时间 $EF$、工作的最迟开始时间 $LS$、最迟结束时间 $LF$,及总时差 $TF$、自由时差 $FF$。时间参数的含义、计算目的、计算方法、步骤和公式与双代号网络图基本相同。

**1. 工作的最早开始时间 $ES_i$**

在计算工作的最早开始时间时,我们从起点开始,沿箭线方向逐项工作依次计算到终点。开始节点的最早开始时间 $ES_1=0$;计算其他节点时,只看内向箭线,其值等于紧前工作的最早开始时间与其持续时间之和的最大值,即紧前工作的最早结束时间的最大值。

$$ES_j=\max\{ES_i+t_i\}=\max\{EF_i\} \tag{5-11}$$

**2. 工作的最早结束时间 $EF_i$**

$$EF_i=ES_i+t_i \tag{5-12}$$

终点节点的最早结束时间 $EF_n$ 是单代号网络计划的计划工期,$EF_n=T_n$。

**3. 工作的最迟必须结束时间 $LF_i$**

计算工作的最迟必须结束时间时,从终点节点开始,逆箭线方向逐项工作依次计算到起点。终点节点的最迟必须结束时间 $LF_n=T_n=EF_n$;计算其他节点时,只看外向箭线,其值等于紧后工作的最迟必须结束时间与其持续时间之差的最小值,即紧后工作的最迟必须开始时间的最小值。

$$LF_i=\min\{LF_j-t_j\}=\min\{LS_j\} \tag{5-13}$$

**4. 工作的最迟必须开始时间 $LS_i$**

$$LS_i=LF_i-t_i \tag{5-14}$$

**5. 工作的总时差 $TF_i$**

由于在单代号网络图中,总时差的概念与双代号网络图相同,所以工作的总时差为:

$$TF_i=LS_i-ES_i=LF_i-EF_i \tag{5-15}$$

**6. 工作的自由时差 $FF_i$**

在单代号网络图中,自由时差的概念与双代号网络图也相同,但因为单代号网络图无节点参数,本项工作的各个紧后工作的最早开始时间不一定相等,所以在计算时取各个紧后工作的最早开始时间的最小值。

$$FF_i=\min\{ES_j-ES_i-t_i\}=\min\{ES_j-EF_i\} \tag{5-16}$$

**7. 关键线路的确定**

单代号网络图主要采用关键工作法确定关键线路,方法与双代号网络图相同。

**例 5-9** 计算图 5-29 所示的单代号网络图的时间参数,确定关键线路。

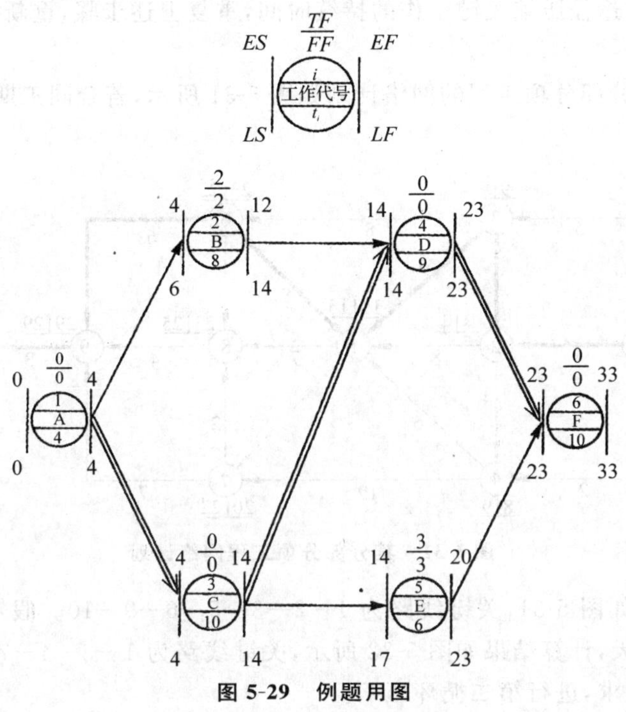


图 5-29　例题用图

## 5.6　网络计划的优化

### 5.6.1　工期优化

**1. 措施方法**

(1)在不影响工艺的条件下,将连续施工的工作调整为平行工作。

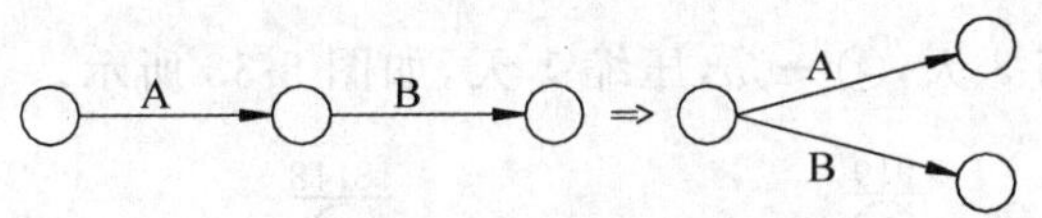


图 5-30　顺序施工调整为平行施工

(2)将顺序作业的工作调整为流水作业。

(3)缩短关键工作的持续时间。

(4)延长非关键工作的持续时间,节省资源,投入关键线路。

(5)推迟非关键工作的开始时间,利用时差,进行时间优化。

(6)从计划外调资源。

**2. 基本方法**

可采用循环优化法。计算工期,确定关键线路,比较计划工期与合同工期,求出需缩短的时间，采取适当的途径压缩关键工作的持续时间，重复上述步骤，重新确定关键线路，直至工期满足要求。

**例 5-10** 某一分部分项工程的网络计划如图 5-31 所示，若合同工期为 28 天，试进行时间优化。

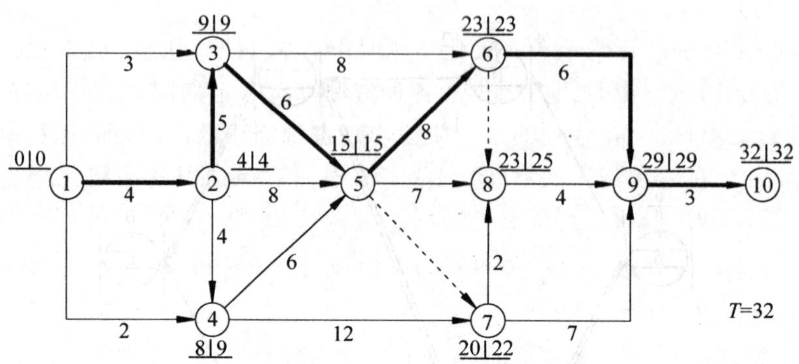


**图 5-31 某分部分项工程网络计划**

计算时间参数如图 5-31，关键线路为 1—2—3—5—6—9—10。假定选③→⑤、⑤→⑥分别压缩 2 天和 3 天，计算结果如图 5-32 所示，关键线路为 1—3—4—7—9—10，工期为 30 天，仍不满足合同要求，进行第二循环压缩。

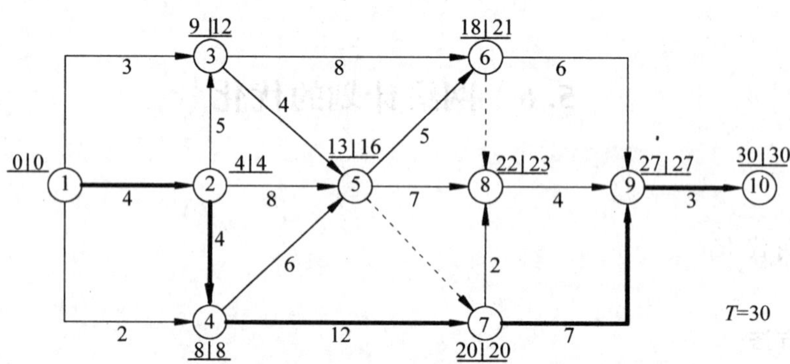


**图 5-32 计算结果 1**

假定选④→⑦，压缩 3 天，④→⑤，压缩 1 天，如图 5-33 所示。

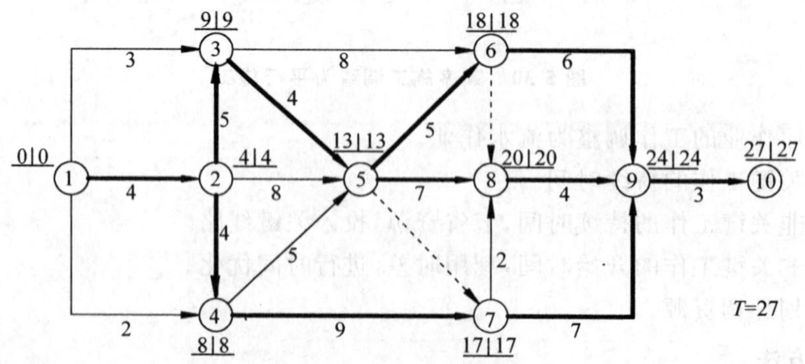


**图 5-33 计算结果 2**

此时满足合同的要求，关键线路为 1—2—3—5—6—9—10、1—2—3—5—8—9—10、1—2—4—7—9—10。

### 5.6.2　资源优化

前面对网络计划的计算与调整都假定资源(劳动力、材料、机械、资金)的供应是完全充分的，但大多情况下，在一定时间内提供的各种资源都有一定的限额。一项好的工程计划要合理使用现有的资源，避免在计划的某个阶段出现资源需求的高峰，而在另一阶段出现资源需求的低谷。因此，在编制完成网络计划后，应该根据资源情况对网络计划进行调整，寻求规定工期和资源供应之间相互协调和适应的一种途径。

资源优化目标：工期固定，资源均衡；资源有限，工期最短。

**1. 工期固定，资源均衡**

工期固定，资源均衡是指在项目的计划工期不超过有关规定的情况下，尽量做到各阶段的资源需要量均衡，避免出现资源需求的高峰或低谷。我们可以利用削峰填谷法来实现这一目的。

最理想的情况是资源需要量曲线是一水平线，但要得到这种理想的计划是不可能的，事实上资源的均衡就是要接近单位时间内资源的平均数量。

削峰填谷法原则：

(1)优先推迟资源强度小的非关键工作，即单位时间内资源需要量最小的非关键工作。

(2)当资源强度相同时，优先推迟时差大的非关键工作。

步骤：

①计算网络计划的节点参数、总工期，确定关键线路。

①按节点最早时间绘制时标网络计划、资源需要量曲线。

②按照原则进行调整。

**例 5-11**　某工程的网络计划如图 5-34，试进行工期固定下的资源均衡调整。

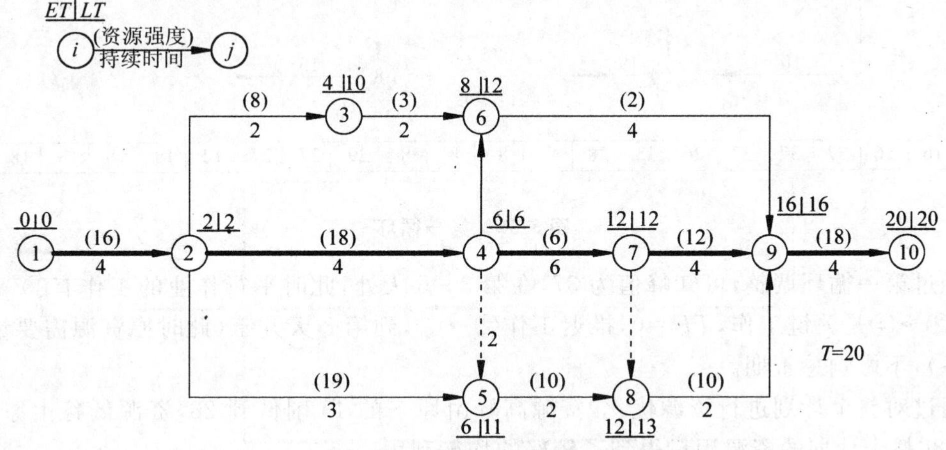


**图 5-34　某工程的网络计划**

(1)按节点最早时间绘制时标网络计划、资源需要量曲线。

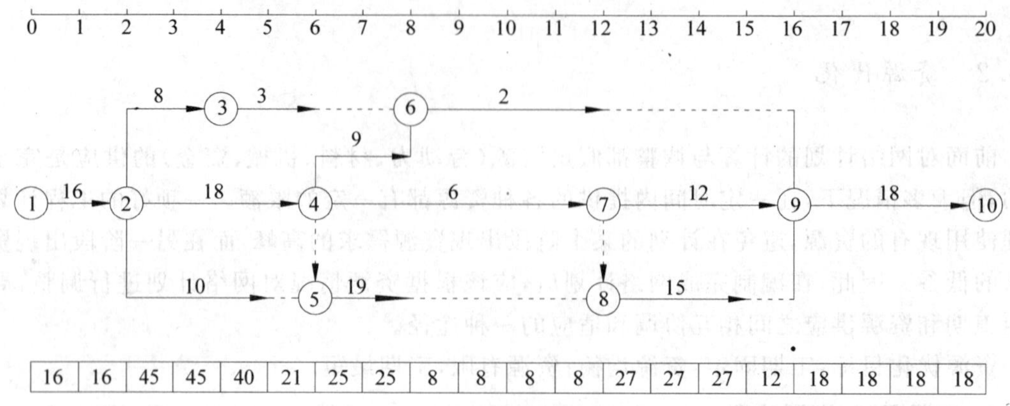


图 5-35 时标网络计划

每天资源需要量

$R_m$=(16×2+45×2+40×1+21×1+25×2+8×4+27×3+12×1+18×4)/19=22.63

不均衡系数 $K=R_{max}/R_m$=45/22.63=1.99。

(2)调整

峰值为 45,在第 3、4 天,此时平行的工作有②→③、②→④、②→⑤,根据调整原则,调②→③。

推迟②→③开工时间,在第 5 天开工。

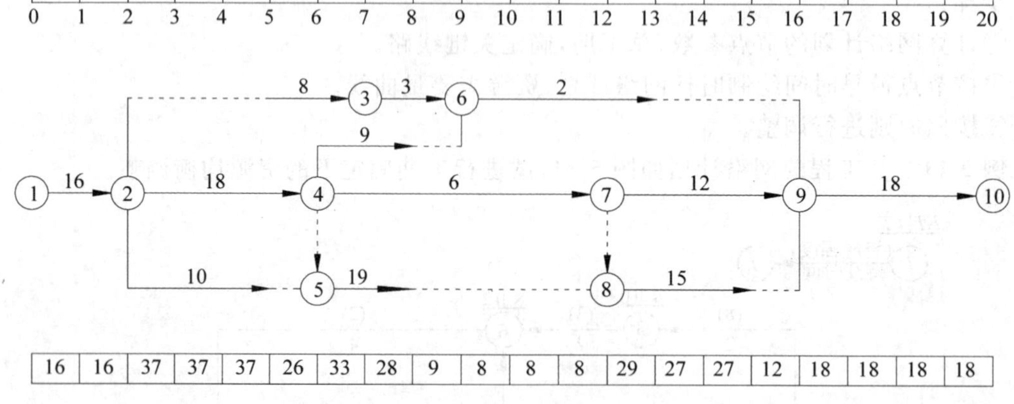


图 5-36 第一循环

经过第一循环调整,可知峰值为 37,在第 3～5 天处,此时平行作业的工作有②→④、②→⑤、②→④是关键工作,$TF=0$,推迟工作②→⑤,到第 8 天开工(此时原资源需要量为 9,是低谷),不影响总工期。

通过对整个计划进行资源优化,资源高峰由原来的 45 削低到 28,资源低谷由原来的 8 填到 18,整个计划的资源用量得到了较好的均衡利用。

优化后的每天最大资源需要量为 $R_{max}=28$,$R_m=22.63$。

不均衡系数 $K=R_{max}/R_m$=28/22.63=1.24。

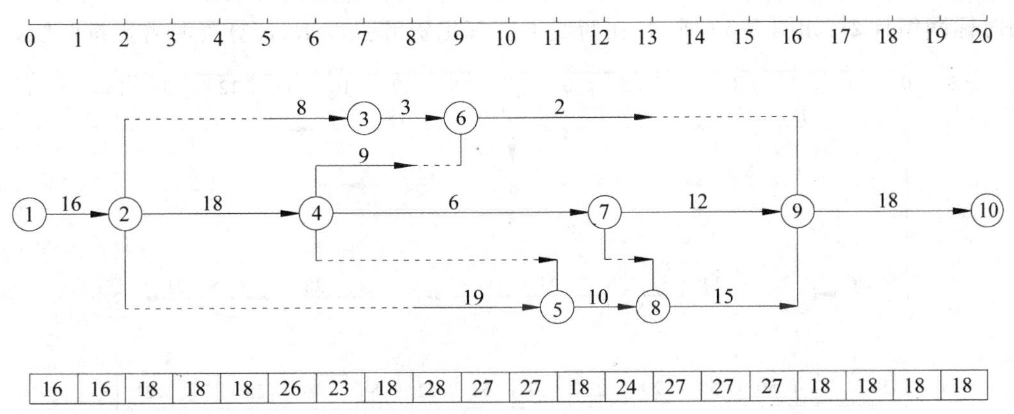


图 5-37　第二循环

**2. 资源有限，工期最短**

当一项工作的资源供应有限时，就要根据有限的资源去安排工作，常用的方法为备用库法。

备用库法的原理为：假设工作所需的资源都在资源库中，任务开始后，从库中取出资源，按照一定的原则，给即将开始的工作分配资源，并考虑尽可能的最优组合，分配不到资源的工作就推迟开始。当工作结束后，资源仍然返回到资源库中，当库中的资源满足一项或若干项即将开始的工作的要求时，从库中取出资源，进行分配。如此反复，直至所有的工作都分配到资源为止。

资源安排原则：(1)优先安排机动时间小的工作；(2)当机动时间相同时，优先安排持续时间短的工作。

步骤：(1)计算网络计划的节点参数、总工期，确定关键线路。(2)按节点最早时间绘制时标网络计划，计算资源需要量曲线。(3)逐日检查备用库中的资源，根据库存的资源情况和优先安排原则安排某些工作。循环进行此过程，直至资源的每日需要量满足资源的供应限量为止。

**例 5-12**　某工程的网络计划如图 5-38 所示，试用备用库法求出在资源限量不超过 40 的条件下，进行合理的进度安排。

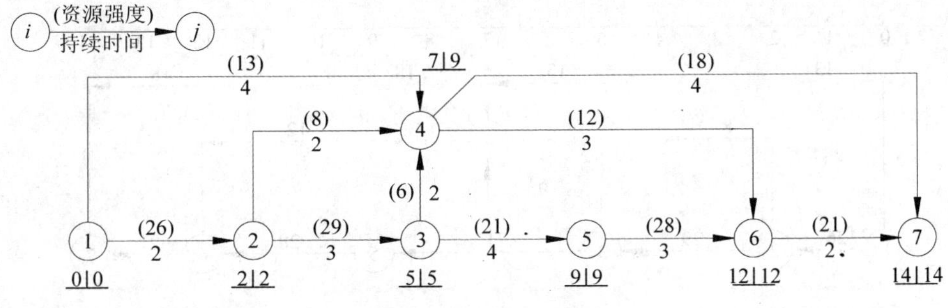


图 5-38　网络计划

**解**:(1)如图 5-38,计算网络计划的节点参数、总工期,确定关键线路。按节点最早时间绘制时标网络计划,如图 5-39 所示,在箭线上方标出资源强度 $R$,计算资源需要量曲线。

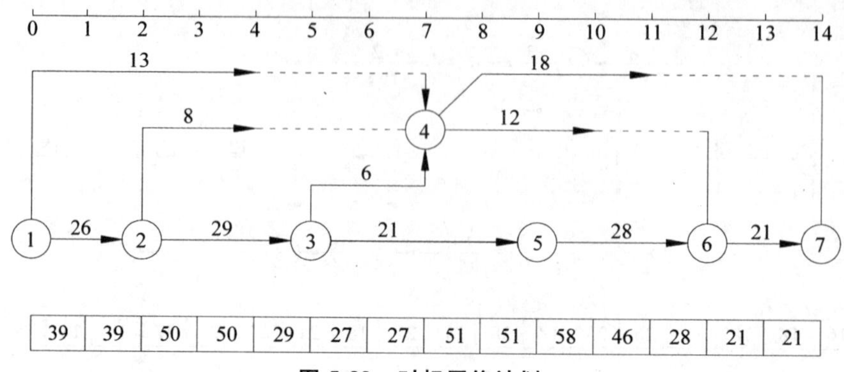


**图 5-39　时标网络计划**

在资源限量不超过 40 的条件下,进行合理的进度安排。由图 5-39 知,$t_2$—$t_4$ 资源用量为 50,超过 40。在此段时间,有①—④、②—④、②—③三项工作平行进行,根据优先安排原则,先安排关键工作②—③,其次②—④,而①—④开始时间,根据资源限量,将其推迟到 $t_5$ 开始,所以节点④被推迟到 $t_9$,其紧后工作最早在 $t_9$ 开始。在 $t_9$—$t_{10}$ 段,资源量原为 58,有④—⑦、④—⑥、⑤—⑥三项工作平行进行,根据优先安排原则和资源限量要求,安排④—⑥、⑤—⑥开始,推迟④—⑦到 $t_{12}$ 与⑥—⑦同时开始,资源满足要求,但工期为 16 天。如图 5-40 所示。

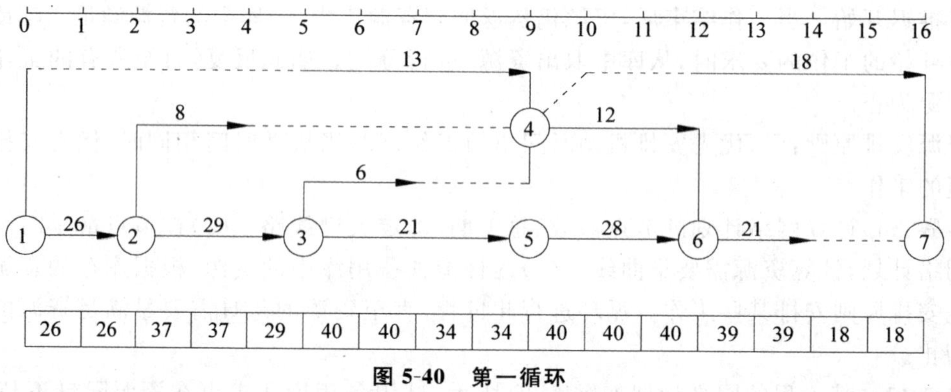


**图 5-40　第一循环**

如果根据实际情况,工作可以中断,如图 5-40 中将①—④在 $t_2$—$t_4$ 处中断,④—⑦在 $t_9$—$t_{12}$ 处中断,就可以得到不延长总工期,同时满足资源限量的要求。如图 5-41 所示。

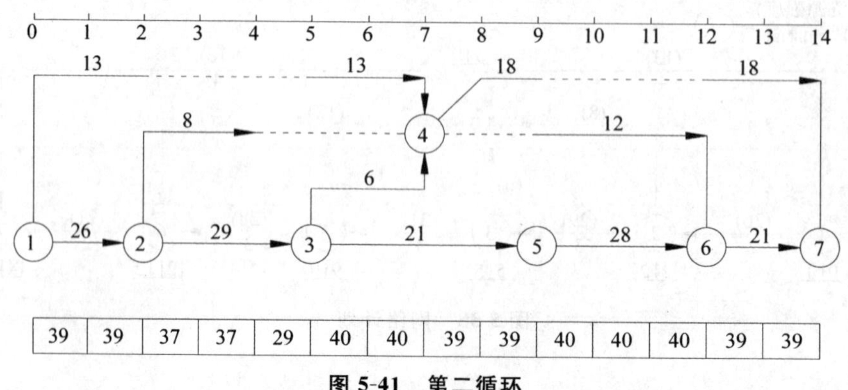


**图 5-41　第二循环**

计划经过调整后，各工作的开始与结束时间都不宜再变，否则资源又可能超出供应限量。

## 习题

5.1　什么是网络图？一般网络图由哪些内容组成？

5.2　双代号网络图和单代号网络图的基本要素是什么？分别表示什么含义？

5.3　双代号网络图的时间参数有哪些？分别如何计算？

5.4　工作总时差和自由时差的含义分别是什么？

5.5　什么是关键线路？如何确定关键线路？

5.6　单代号网络图的时间参数有哪些？分别如何计算？

5.7　时标网络图的优点有哪些？如何绘制？施工过程的组成及组织原则是什么？

5.8　根据下表绘制双代号网络图和单代号网络图。

| 工作代号 | A | B | C | D | E | F | G | H | I | J |
|---|---|---|---|---|---|---|---|---|---|---|
| 紧前工作 | | A | B | A | B | C、D | C | C、E | F、G、H | I |

5.9　根据下表绘制双代号网络图和单代号网络图。

| 工作代号 | A | B | C | D | E | F | G | H | I | J |
|---|---|---|---|---|---|---|---|---|---|---|
| 紧前工作 | | | A | A | A、B | B | C | C、D、E | F | G、H |

5.10　根据下表绘制双代号网络图和单代号网络图。

| 工作代号 | A | B | C | D | E | F | G | H | I | G | K | L | M | N | O | P | Q |
|---|---|---|---|---|---|---|---|---|---|---|---|---|---|---|---|---|---|
| 紧后工作 | B | C、L | D | E | F | G、Q | H | I | J | K | | D、M | N | E、O | F、P | Q | I |

5.11　根据下表绘制双代号网络图，计算时间参数、总工期，确定关键线。

| 工作代号 | A | B | C | D | E | F | G | H |
|---|---|---|---|---|---|---|---|---|
| 紧前工作 | | A | B | B | B | C、D | E、C | F、G |
| 时间 | 1 | 3 | 1 | 6 | 2 | 4 | 2 | 4 |

5.12　根据下表绘制双代号网络图，计算时间参数、总工期，确定关键线。

| 工作代号 | A | B | C | D | E | F | G | H | I | J |
|---|---|---|---|---|---|---|---|---|---|---|
| 紧后工作 | B、C、D | E | F | G | H | I、H | I | J | J | |
| 工作时间 | 10 | 10 | 20 | 30 | 20 | 20 | 30 | 30 | 50 | 10 |

5.13 某项目包括4条道路,3个队流水施工,工期如下表,试进行最优排序,按最优排序绘制流水图并计算时间参数。

| 施工段<br>工序 | 甲 | 乙 | 丙 | 丁 |
|---|---|---|---|---|
| 小桥路基 | 22 | 15 | 36 | 24 |
| 路面基层 | 15 | 18 | 18 | 15 |
| 路面面层 | 30 | 22 | 26 | 35 |

5.14 绘制下表的双代号网络图,确定 $T=40$ 时的优化措施并绘制工序最早开始时间时标网络图。

| 工序代号 | ①—②<br>A | ①—③<br>B | ②—③<br>C | ②—④<br>D | ③—④<br>E | ③—⑤<br>F | ④—⑤<br>G |
|---|---|---|---|---|---|---|---|
| 正常时间 | 20 | 25 | 10 | 12 | 5 | 15 | 10 |
| 极限时间 | 17 | 25 | 8 | 6 | 4 | 13 | 5 |

# 第 6 章　市政工程施工准备工作

为了保证工程项目顺利地实施，必须做好施工准备工作。施工准备工作是施工组织工作的重要组成部分，是对拟建工程目标、资源供应和施工方案的选择、空间布置和时间安排等诸方面进行施工决策的依据。

## 6.1　概　述

施工准备工作是组织施工的首要工作，是施工组织的一个重要阶段，是对拟建工程生产要素的供应、施工方案的选择，以及其空间布置和时间安排等诸多方面进行的施工决策。准备工作的好坏直接关系到各项建设工作能否顺利进行，能否按预期的目的使施工生产达到高产、优质、低耗的要求，能否保质保量地如期完成各项施工任务，因此，施工准备工作对于充分调人的积极因素，合理地组织人力、物力，加速工程进度，提高工程质量，降低工程成本，节约投资和原材料等，都起着重要的作用。

没有做好必要的准备就贸然施工，必然会造成现场混乱、交通阻塞、停工窝工，不仅浪费人力、物力、时间，而且还可能酿成重大的质量事故和安全事故。因此，开工前必须做好必要的施工准备工作，有合理的施工准备期，研究和掌握工程特点、工程施工的进度要求，摸清工程施工的客观条件，合理地部署施工力量，从技术、组织和人力、物力等各方面为施工创造必要的条件。

### 6.1.1　施工准备工作的概念

道路工程项目总的程序按照决策、设计、施工和竣工验收四大阶段进行。其中施工阶段又分为施工准备、路基施工、路面施工和附属工程施工阶段。

施工准备工作是指施工前为了保证整个工程能够按计划顺利施工，在事先必须做好的各项准备工作，具体内容包括为施工创造必要的技术、物资、人力、现场和外部组织条件，统筹安排施工现场，以便施工得以好、快、省、安全地进行，是施工程序中的重要环节。

### 6.1.2　施工准备工作的意义

施工准备工作是企业搞好目标管理、推行技术经济责任制的重要依据，同时又是土建施工和设备安装顺利进行的根本保证。因此，认真做好施工准备工作，对于发挥企业优势、合理供应资源、加快施工速度、提高工程质量、降低工程成本、增加企业经济效益、赢得社会信誉、实现企业管理现代化等具有重要意义。

不管是整个的建设项目，还是单项工程，或者是其中的任何一个单位工程，甚至单位工程中的分部、分项工程，在开工之前，都必须进行施工准备。施工准备工作是施工阶段的一个重要环节，是施工项目管理的重要内容。施工准备的根本任务是为正式施工创造良好的条件。

施工准备工作不只限于开工前的准备，而应贯穿于整个施工过程中，随着施工生产活动的进展，在每一个施工阶段，都要根据各阶段的特点及工期等要求，做好各项施工准备工作，才能确保整个施工任务的顺利完成。

施工准备工作的进行需要花费一定的时间，似乎推迟了建设进度，但实践证明，施工准备工作做好了，施工不但不会慢，反而会更快，而且也可以避免浪费，有利于保证工程质量和施工安全，对提高经济效益，亦具有十分重要的作用。

### 6.1.3 施工准备工作的分类

**1. 按施工项目施工准备工作的范围不同分类**

施工项目的施工准备工作按其范围的不同，一般可分为全场性施工准备、单位工程施工条件准备和分部分项工程作业条件准备三种。

(1)全场性施工准备

全场性施工准备是以整个建设项目或一个施工工地为对象而进行的各项施工准备工作。其特点是施工准备工作的目的、内容都是为全场性施工服务的，不仅要为全场性施工活动创造有利条件，而且要兼顾单位工程的施工条件准备。

(2)单位工程施工条件准备

单位工程施工条件准备是以单位工程为对象而进行的施工条件准备工作。其特点是施工准备工作的目的、内容都是为单位工程施工服务的，但它不仅要为该单位工程在开工前做好一切准备，而且还要为分部分项工程做好施工准备工作。

(3)分部分项工程作业条件准备

分部分项工程作业条件的准备是以一个分部分项工程或冬雨期施工项目为对象而进行的作业条件准备，是基础的施工准备工作。

**2. 按施工阶段分类**

施工准备工作按拟建工程所处的不同施工阶段，一般可分为开工前的施工准备和各分部分项工程施工前的准备两种。

(1)开工前施工准备

开工前施工准备是在拟建工程正式开工之前所进行的一切施工准备工作。其目的是为拟建工程正式开工创造必要的施工条件。它既可能是全场性的施工准备，也可能是单位工程施工条件准备。

(2)各分部分项工程施工前的准备

各分部分项工程施工前的准备是在拟建工程正式开工之后，在每一个分部分项工程施工之前所进行的一切施工准备工作。其目的是为各分部分项工程的顺利施工创造必要的施工条件。又称为施工期间的经常性施工准备工作，也称为作业条件的施工准备。它带有局部性和短期性，又带有经常性。

综上所述，施工准备工作不仅在开工前的准备期进行，还贯穿于整个过程中，随着工程的进展，在各个分部分项工程施工之前，都要做好施工准备工作。施工准备工作既要有阶段性，又要有连贯性。因此，施工准备工作必须有计划、有步骤、分阶段进行，它贯穿于整个工程项目建设的始终。在项目施工过程中，首先，要求准备工作一定要达到开工所必备的条件方能开工；其次，随着施工的进程和技术资料的逐渐齐备，应不断增加施工准备工作的内容，加深深度。

## 6.2　技术资料准备

施工技术准备工作是工程开工前期的一项重要工作，其主要工作内容有以下几方面。

### 6.2.1　图纸会审，技术交底

图纸会审、技术交底是基本建设技术管理制度的重要内容。工程开工前，在总工程师的带领下集中有关技术人员仔细审阅图纸，将不清楚或不明白的问题汇总通知业主、监理及设计单位及时解决。图纸会审由建设单位（监理单位）负责召集，是一次正式会议，各方可先审阅图纸，汇总问题，在会议上由设计单位解答或各方共同确定。测量复核成果，对所有控制点、水准点进行复核，与图纸有出入的地方及时与设计人员联系解决。

技术交底一般分为设计技术交底、施工组织设计交底、试验专用数据交底、分部分项或工序安全技术交底等几个层次。工程开工后，对每一工序由总工程师组织技术人员向施工人员及作业班组交底。

### 6.2.2　调查研究，收集资料

市政工程涉及面广，工程量大，影响因素多，所以施工前必须对所在地区的特征和技术经济条件进行调查研究，并向设计单位、勘测单位及当地气象部门收集必要的资料。主要包括以下几方面：

（1）有关拟建工程的设计资料和设计意图、测量记录和水准点位置、原有各种地下管线位置等。

（2）各项自然条件资料，如气象资料和水文地质资料等。

（3）当地施工条件资料，如当地材料价格及供应情况，当地机具设备的供应情况，当地劳动力的组织形式、技术水平，交通运输情况及能力等资料。

### 6.2.3　编制施工组织设计

施工组织设计是施工前准备工作的重要组成部分，又是指导现场准备工作、全面部署生产活动的依据，对于能否全面完成施工生产任务起着决定性作用，因此在施工前必须收集有关资料,编制施工组织设计。

**1. 道路施工组织设计的特点**

(1)道路工程要用许多材料混合加工,因此道路的施工必须和采掘、加工、储存这些材料的基地工作密切联系。组织路面施工时,也应考虑混合料拌和站的情况,包括拌和站的规模、位置等。

(2)在设计路面施工进度时必须考虑路面施工的特殊要求。例如,沥青类路面不宜在气温过低时施工,这就需安排在温度相对适宜的时间内施工。

(3)路面施工的工序较多,合理安排工序间的衔接是关键。垫层、基层、面层以及隔离带、路缘石等工序的安排,在确保养生期要求的条件下,应按照自下而上、先主体后附属的顺序进行。

**2. 道路施工组织设计的编制程序**

(1)根据设计道路的类型,进行现场勘察与选择,确定材料供应范围及加工方法。

(2)选择施工方法和施工工序。

(3)计算工程量。

(4)编制流水作业图,布置任务,组织工作班组。

(5)编制工程进度计划。

(6)编制人、材、机供应计划。

(7)制定质量保证体系、文明施工及环境保护措施。

**3. 编制施工预算**

施工预算是施工单位内部编制的预算,是单位工程在施工时所需人工、材料、施工机械台班消耗数量和直接费用的标准,以便有计划、有组织地进行施工,从而达到节约人力、物力和财力的目的。其内容主要包括以下两方面:

(1)编制说明书包括编制的依据、方法、各项经济技术指标分析,以及新技术、新工艺在工程中应用等。

(2)工程预算书主要包括工程量汇总表、主要材料汇总表、机械台班明细表、费用计算表、工程预算汇总表等。

## 6.3 组织准备

### 6.3.1 组建项目经理部

施工项目经理部是指在施工项目经理领导下的施工项目经营管理层,其职能是对施工项目实行全过程的综合管理。施工项目经理部是施工项目管理的中枢,是施工企业内部相对独立的一个综合性的责任单位。

**1. 项目经理部的设置原则**

项目经理部的机构设置要根据项目的任务特点、规模、施工进度、规划等方面的条件确定，其中要特别遵循三个原则：

(1)项目经理部功能必须完备。

(2)项目经理部的机构设置必须根据施工项目的需要实行弹性建制，一方面要根据施工任务的特点确定设立什么部门，另一方面要根据施工进度和规划安排调节机构的人数。

(3)项目经理部的机构设置要坚持现代组织设计的原则，首先要反映出施工项目目标的要求，其次要体现精简、效率、统一的原则，及分工协作的原则和责任权利统一原则。

**2. 项目经理部的机构设置**

施工项目经理部的设置和人员配备要根据项目的具体情况而定，一般应设置以下几个部门(如图 6-1 所示)。

(1)工程技术部门：负责执行施工组织设计，组织实施，计算统计，施工现场管理，解决和处理工程进展中随时出现的技术问题，调度施工机械，协调各部门间以及与外部单位间的关系。

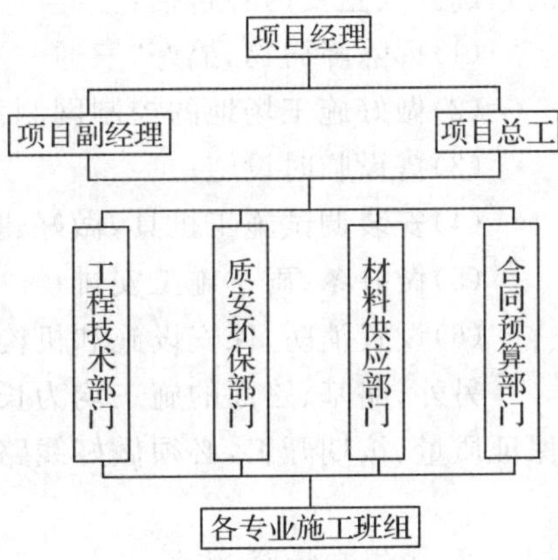


图 6-1　项目部管理体系

(2)质安环保部门：负责施工过程中质量的检查、监督和控制工作，以及安全文明施工、消防保卫和环境保护等工作。

(3)材料供应部门：要在开工前就提出材料、机具供应计划，包括材料、机具计划量和供应渠道；在施工过程中，要负责施工现场各施工作业层间的材料协调，以保证施工进度。

(4)合同预算部门：主要负责合同管理、工程结算、索赔、资金收支、成本核算、财务管理和劳动分配等工作。

## 6.3.2　组建专业施工班组

**1. 选择施工班组**

如在路面施工中，面层、基层和垫层除构造有变化外，工程量基本相同。因此，我们便可以根据不同的面层、基层、垫层，不同的工作内容选择不同的施工队伍，按均衡的流水作业施工。

**2. 劳动力的调配**

劳动力的调配一般应遵循这样的规律：开始时调少量工人进入工地做准备工作，随着工程的开展，陆续增加工作人员；工程全面展开时，可将工人人数增加到计划需要量的最高额，然后尽可能保持人数稳定，直到工程部分完成后，逐步分批减少人员，最后由少量工人完成收尾工作。尽可能避免工人数量骤增、骤减现象的发生。

## 6.4 其他准备工作

### 6.4.1 施工现场准备

施工现场是参加道路施工的全体人员为优质、安全、低成本和高速度完成施工任务而进行工作的活动空间；施工现场准备工作是为拟建工程施工创造有利的施工条件和物质保证的基础。其主要内容包括：

(1)拆除障碍物，搞好“三通一平”；

(2)做好施工场地的控制网测量与放线；

(3)搭设临时设施；

(4)安装调试施工机具，做好建筑材料、构配件等的存放工作；

(5)做好冬、雨季施工安排；

(6)设置消防、保安设施和机构。

另外，路基、路面的施工均为长距离线形工程，受季节变化的影响很大，为使工程施工能保证质量、按期开工，必须做好线路复测、查桩、认桩工作，高温季节要做好降温防暑等工作。

### 6.4.2 施工物资准备

**1. 物资准备工作的内容**

(1)材料的准备；

(2)配件和制品的加工准备；

(3)安装机具的准备；

(4)生产工艺设备的准备。

**2. 物资准备的注意事项**

(1)无出厂合格证明或没有按规定进行复验的原材料、不合格的配件，一律不得进场和使用。严格执行施工物资的进场检查验收制度，杜绝假冒伪劣产品进入施工现场。

(2)施工过程中要注意查验各种材料、构配件的质量和使用情况，对不符合质量要求、与原试验检测品种不符或有怀疑的，应提出复试或化学检验的要求。

(3)进场的机械设备必须进行开箱检查验收，产品的规格、型号、生产厂家和地点、出厂日期等必须与设计要求完全一致。

### 6.4.3 施工准备工作的实施

**1. 施工准备中各种关系的协调**

项目施工涉及许多单位、企业、工程的协作和配合，因此施工准备工作也必须将各专业、各工种的准备工作统筹安排，协调配合起来，取得建设单位、设计单位、监理单位以及有关单位的大力支持，分工协作，才能顺利有效地实施。

**2. 编制施工准备工作计划**

为较好地落实各项施工准备工作，应根据各项准备工作的内容、时间和人员编制施工准备工作计划，责任落实到人，并加强对计划的检查和监督，保证准备工作如期完成。施工准备工作计划可参考表 6-1。

**表 6-1　施工准备工作计划表**

| 序号 | 项目 | 施工准备的工作内容 | 要求 | 负责单位/人 | 涉及单位 | 要求完成日期 | 备注 |
| --- | --- | --- | --- | --- | --- | --- | --- |
|  |  |  |  |  |  |  |  |

各项准备工作之间有相互依存的关系，有时用表 6-1 难以表达明白，故应编制条形计划或网络计划。提倡编制网络计划，明确各项施工准备工作之间相互依赖、相互制约的关系，找出关键的施工准备工作，便于检查和调整。

**3. 建立严格的施工准备工作责任制**

由于施工准备工作范围广、项目多、时间长，故必须有严格的责任制，使施工准备工作得以真正落实。在编制了施工准备工作计划以后，就要按计划将责任明确到有关部门甚至个人，以便按计划要求的内容及完成时间进行工作。各级技术负责人在施工准备工作中应负的领导责任应予以明确，以便推动和促进各级领导认真做好施工准备工作。现场施工准备工作应由项目经理部全权负责。

**4. 建立施工准备工作检查制度**

在施工准备工作实施的过程中，应定期进行检查，可按周、半月、月度进行检查。检查的目的是考察施工准备工作计划的执行情况。如果没有完成计划要求，应进行分析，找出原因，排除障碍，协调施工准备工作进度或调整施工准备工作计划。检查的方法可将实际与计划进行对比，即“对比法”；还可采用会议法，即相关单位或人员在一起开会，检查施工准备工作情况，当场分析产生问题的原因，提出解决问题的办法。后一种方法见效快，解决问题及时，应在制度中规定，多予采用。

**5. 坚持按建设程序办事，实行开工报告和审批制度**

当施工准备工作完成，且具备开工条件后，项目经理部应及时向监理工程师提出开工申请，经监理工程师审批，并下达开工令后，及时组织开工，不得拖延。

## 习题

6.1　施工准备工作的意义有哪些？

6.2　施工技术准备包括哪些内容？

6.3　施工组织准备包括哪些内容？

6.4　施工准备工作的实施步骤有哪些？

# 第7章 市政工程施工组织设计的编制

市政工程施工组织设计是以整个市政工程项目为对象，根据设计图纸和有关资料及现场施工条件编制，直接指导现场施工活动的技术文件。在编制施工组织设计中应根据工程的具体特点、要求、施工条件，从实际和可能的条件出发进行编制。

## 7.1 概 述

### 7.1.1 施工组织设计编制的依据与要求

**1. 施工组织设计的编制依据**

施工组织是在掌握工程概况和特点基础上进行编制的，其编制依据有以下几点：

(1)建设项目可行性研究报告及其批准文件；

(2)设计技术文件，包括设计图纸、有关法律法规、规范、规程、标准和标准图；

(3)工程概预算资料，有具体的工程量清单；

(4)工程地质勘察报告和地形图；

(5)施工组织调查报告；

(6)有关工程的技术成果和类似工程的经验等其他资料。

**2. 施工组织编制的要求**

(1)技术负责人应组织有关施工技术人员、物资装备管理人员、工程质检人员学习并熟悉合同文件和设计文件，将编制任务分工落实，限时完成且应有考核措施。

(2)施工组织设计应有目录，并应在目录中注明各部分的编制者。

(3)尽量采用图表和示意图，做到图文并茂。

(4)应附有缩小比例的工程主要结构物平面图和立面图。

(5)若工程地质情况复杂，可附上必要的地质资料(或图件、岩土力学性能试验报告)。

(6)多人合作编制的施工组织设计必须由工程技术主管统一审核，以避免重复叙述或遗漏等。

(7)如果选择的施工方案与投标时的施工方案有较大差异，应将选择的施工方案征得监理工程师和业主的认可。

(8)施工组织设计应在要求的时间内完成。

### 7.1.2　编制施工组织设计的资料准备

在编制施工组织设计之前，要做好充分的准备工作，为施工组织设计的编制提供可靠的第一手资料。

**1. 合同文件及标书的研究**

合同文件是承包工程项目的施工依据，也是编制施工组织设计的基本依据，对招标文件的内容要认真研究，重点弄清以下几方面的内容。

(1)承包范围。对承包项目进行全面了解，弄清各单项工程和单位工程的名称、专业内容、工程结构、开竣工日期等。

(2)设计图纸供应。要明确甲方交付的日期和份数，以及设计变更通知办法。

(3)物资供应。通过合同的分析，明确各类材料、主要机械设备、要安装设备等的相应分工和供应办法。由甲方负责的，要弄清何时能供应，以便制定需用量计划和节约措施，安排好施工计划。

(4)合同及标书制定的技术规范和质量标准。了解指定的技术规范和质量标准，以便为制定技术措施提供依据。

以上是着重了解的内容，当然合同文件及标书其他条款也不容忽略，只有认真研究，才能制定出全面、准确、合理的总设计规划。

**2. 施工现场环境调查**

在编制施工组织设计之前，要对施工现场环境作深入的实际调查。调查的主要内容有以下几方面：

(1)核对设计文件，了解拟建施工工程的位置等。

(2)收集施工地区内的自然条件资料，如地形、地质、水文资料。

(3)了解施工地区内的既有房屋、通信电力设备、给排水管道、坟地及其他建筑情况，以便作出拆迁、改建计划。

(4)调查施工区域的技术经济条件

①当地水电的供应情况。可提供的能力、允许接入的条件等。

②地方资源供应情况和当地条件。如劳动力是否可利用；地方建材的供应能力、价格、运距、运费，以及当地可利用的加工修理能力等。

③了解交通运输条件。如铁路、公路、水运的情况，公路桥梁承载通过的最大能力。

**3. 各种定额及概预算资料**

编制施工组织设计时，收集施工项目当地有关的定额及概算(或预算)资料等。

**4. 施工技术资料**

如合同条款中规定的各种施工技术规范、施工操作规程、施工安全作业规程等。此外，还应收集施工新工艺、新方法，操作新技术以及新型材料、机具等资料。

**5. 施工时可能调用的资源**

由于施工进度直接受到资源供应的限制，在编制实施性施工组织设计时，对资源的情况应有十分具体而确切的资料。在做施工方案和施工组织计划时，资源的供应情况也可由建设单位提供。

施工时可能调用的资源包括劳动力数量及技术水平、施工机具的类型和数量、外购材料的来源及数量，及各种资源的供应时间。

**6. 其他资料**

其他资料指施工组织与管理工作的有关政策规定、环境保护条例、上级部门对施工的有关规定和工期要求等。

### 7.1.3 施工组织设计的内容

**1. 工程概况**

(1)简要说明工程名称，施工单位名称，建设单位及监理机构、设计单位、质监站名称，合同开工日期和施工日期，合同价(中标价)。

(2)简要介绍拟建工程的地理位置、地形地貌、水文、气候、降雨量、雨季、交通运输、水电等情况。

(3)施工组织机构设置及职责部门之间的关系。

(4)工程结构、规模、主要工程数量表。

(5)合同特殊要求，如业主提供结构材料、指定分包商等。

**2. 施工总平面部署**

(1)简要说明可供使用的土地、设施，周围环境、环保要求，附近房屋、农田、鱼塘，需要保护或注意的情况。

(2)施工总平面布置必须以平面布置图表示，并应标明拟建工程平面位置及生产区、生活区、预制场、材料场位置。

(3)施工总平面布置可用一张图，也可用多张相关的图表示。图上无法表示的，应用文字简单叙述。

**3. 技术规范及检验标准**

(1)明确本工程所使用的施工技术规范和质量检验评定标准。

(2)注明本工程所使用的作业指导书的编号和标题。

**4. 施工顺序及主要工序的施工方法**

(1)施工顺序一般应以流程图表示各分项工程的施工顺序和相关关系，必要时附以文字简要说明。

(2)施工方法是施工组织设计重点叙述的部分，包含主要分项工程的施工方法，重点叙述技术难度大、工种多、机械设备配合多、经验不足的工序和关键部位。对于常规的施工工序则简要说明。

(3)施工方法一般以分项工程为单位分别叙述。

①本分项工程的施工顺序；

②本分项工程的工程数量；

③测量控制及标志的设置；

④选择的施工机械设备；

⑤如何进行施工和质量控制，特殊过程的监控方法；

⑥施工高峰期施工强度和材料供应强度。

**5. 质量保证计划**

(1)明确工程质量目标。

(2)确定质量保证措施。

①根据工程实际情况，按分项工程项目分别制定质量保证技术措施，并配备工程所需的各类技术人员。

②对于工程的特殊过程，应对其连续监控，持证上岗作业，并制定相应的措施和规定。

③对于分包工程的质量要制定相应的措施和规定。

**6. 安全劳保技术措施**

(1)安全合同、安全检查机构、施工现场安全措施、施工人员安全措施。

(2)水上作业、高空作业、夜间作业、起重安装和机械作业等的安全措施。

(3)安全用电、防水、防火、防风、防洪、防震的措施。

(4)机械、车辆多工种交叉作业的安全措施。

(5)操作者安全环保的工作环境，所需要采取的措施。

(6)拟建工程施工过程中工程本身的防护和防碰撞措施，维持交通安全的标志。

(7)本措施应遵守行业和公司各类安全技术操作规程和各项预防事故的规定。

(8)安全劳保技术措施应由项目部的安全部门负责人审核后定稿。

**7. 施工进度计划**

(1)用网络图和横道图表示。

(2)计划一般以分项工程划分并标明工程数量。

(3)将关键线路(工序)用粗线条(或双线)表示，必要时标明每日、每周或每月的施工强度。

(4)根据施工强度配备各类机械设备。

**8. 物资需用量计划**

(1)本计划用表格表示，并将施工材料和施工用料分开。

(2)计划应注明由业主提供或自行采购。

(3)计划一般按月提出物资需用量，以分项工程为单位计算需用量。

(4)本计划应同时附有物资计划汇总表，将各品种、规格、型号的物资汇总。

**9. 机械设备使用计划**

(1)一般用横道图表示。

(2)计划应说明施工所需机械设备的名称、规格、型号和数量。

(3)计划应标明最迟的进场时间和总的使用时间。

(4)必要时，可注明某一种设备是租用外单位还是自行购置。

**10. 劳动力需用量计划**

(1)劳动力需用量计划以表格表示。

(2)计划应将各技术工种和普杂工分开,根据总进度计划需要,按月列出需用人数,并统计各月工种最多和最少人数。

(3)计划应说明本单位各工种自有人数和需要调配或雇用人数。

**11. 大型临时工程**

(1)大型临时工程一般指大型围堰、大型脚手架和模板、大型构件吊具、塔吊、施工便道和便桥等。

(2)大型临时工程均应进行设计计算、校核,出具施工图纸,编制相应的各类计划,制定相应的质量保证和安全劳保技术措施。

(3)需要单独编制施工方案的大型临时设施工程,其设计前后均应由公司或项目部组织有关部门和人员对设计提出要求并进行评审。

**12. 其他**

(1)如果施工准备阶段时间较长,工作较繁多,有必要的,应编制施工准备工作计划。

(2)必要时,编制资金使用计划。

(3)必要时,编制成本降低和控制措施计划。

### 7.1.4 施工组织设计编制程序和步骤

施工组织设计的编制程序如图 7-1 所示。

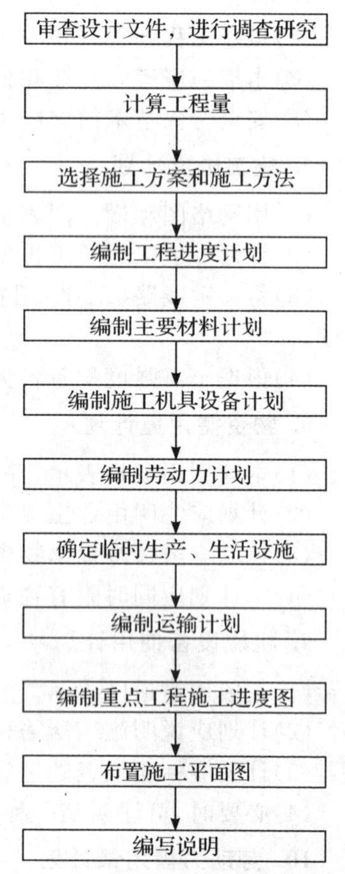

**图 7-1　施工组织设计编制程序图**

(1)计算工程量。在指导性施工组织设计中,通常是根据概算定额或类似工程计算工程量,不要求很精确,也不要求作全面的计算,只要抓住几个主要项目就基本上可以满足要求;而实施性施工组织设计则要求计算准确,这样才能保证劳动力和资源需求量计算得正确,便于设计合理的施工组织与作业方式,保证施工生产有序、均衡地进行。同时,许多工程量在确定了施工方法以后可能还需修改,比如土方工程的施工由利用挡土板改为放坡以后,土方工程量即应增加,而支撑工料就将全部取消。这种修改可在施工方法确定后一次进行。

(2)确定施工方案。在指导性施工组织设计中,一般只需对重大问题作出原则性规定即可,在工期上只规定开工与竣工日期,在各单位工程中规定它们之间的衔接关系和使用的主要施工方法;实施性施工组织设计则是对指导性施工组织设计的原则规定进一步的具体化,着重研究采用何种施工方法,确定选用何种施工机械。

(3)确定施工顺序。编制施工进度计划除按照各安装部分之间具有依附关系的固定不变的施工顺序外,还要注意组织方面的施工顺序。不同的顺序对工期有不同的结果。合理的施工顺序可缩短工程的工期。确定施工顺序,还要注意因具体施工条件不同，设计好作业的施工顺序。安排施工进度应采用流水作业法，并用网络计划技术安排进度，易找出关键工作和关键线路，便于在施工中进行控制。

(4)计算各种资源的需要量，确定供应计划。指导性施工组织设计可根据工程和有关的指标或定额计算，并且只包括最主要的内容，计算时要留有余地，以避免在单位工程施工前编制实施性施工组织设计时与之产生矛盾；实施性施工组织设计可根据工程量按定额或过去积累的资料，决定每日的工人需要量；按机械台班定额决定各类机械使用数量和使用时间；计算材料的主要种类和数量，制定供应计划。

(5)平衡劳动力、材料物资和施工机械的需要量，并修正进度计划。

(6)设计施工现场的各项业务，如水、电、道路、仓库、施工人员住房、修理车间、机械停放库、材料堆放场地等。

(7)设计施工平面图使生产要素在空间上的位置合理，互不干扰，加快施工进度。

### 7.1.5　有关注意事项

编制施工组织设计，特别是编制实施性施工组织设计时，应注意以下几个问题。

(1)根据工程的特点，解决好施工中的主要矛盾，对重点部分在施工组织设计中应重点说明或编制单项施工组织设计。

(2)认真细致地做好工程排序工作。安排工程进度时，各项工程的施工顺序和搭接关系以及保证重点工程等是施工组织设计必须解决的关键问题。

(3)留有余地，便于调整。由于影响施工的因素很多，所以在计划执行时必然会出现不可预见到的问题，这就要求编制计划时力求可行，执行时又可根据现场具体情况进行修改、调整、补充。施工初期计划安排更应留有余地，以免造成人财物的浪费。

(4)对施工难度大以及采用新工艺和新技术的工程项目，要进行专业性的研究，必要时组织专门会议，邀请有经验的工程技术人员参加。

(5)在施工组织设计编制过程中，要充分发挥各职能部门的作用，吸收他们参加编制和审定；充分利用企业的技术力量和管理能力，统筹安排，扬长避短，发挥企业的优势。

(6)当施工组织设计的初稿完成后，要组织参加编制的人员及单位进行讨论，经逐项逐条研究修改后，最终形成正式文件，送主管部门审批。

## 7.2　施工方案的制定

施工方案是根据设计图纸和说明书，决定采用哪种施工方法和确定机械设备，以何种施工顺序和作业组织形式来组织项目施工活动的计划。施工方案确定了，就基本上确定了整个工程施工的进度、劳动力和机械的需要量、工程的成本、现场的状况等。所以说施工方案的优劣，在很大程度上决定了施工组织设计质量的好坏和施工任务能否圆满完成。

施工方案包括施工方法与施工机械选择、施工顺序的合理安排、作业组织形式及各种技术组织措施等内容。

### 7.2.1 选择施工方案的原则

(1)制定切实可行的施工方案,首先必须从实际出发,一定要切合当前的实际情况,有实现的可能性。选定的方案在人力、物力、技术上所提出的要求应该是当前已有条件或在一定的时期内有可能争取到的,否则,任何方案都是不可取的。这就要求在制定方案之前,要深入细致地做好调查研究工作,掌握主客观情况,进行反复的分析比较,才能做到切实可行。

(2)施工期限满足规定要求,保证工程特别是重点工程按期或提前完成,迅速发挥投资的效益。因此,施工方案必须保证在竣工时间上符合规定的要求,并争取提前完成。这就要求在确定施工方案时,在施工组织上统筹安排,均衡施工。尽可能运用先进的施工经验和技术,提高机械化和装配化的水平。

(3)确保工程质量和安全生产。"质量第一,安全生产",在制定方案时,要充分考虑到工程的质量和安全。在提出施工方案的同时,要提出保证工程质量和安全的技术组织措施,使方案完全符合技术规范与安全规程的要求。如果方案不能确保工程质量与安全生产,其他方面再好也是不可取的。

(4)施工费用最低。施工方案在满足其他条件的同时,还必须使方案经济合理,以增加生产赢利。这就要求在制定方案时,尽量采用降低施工费用的措施,从人力、材料、机具和间接费等方面找出节约的因素,发掘节约的潜力,使工料消耗和施工费用降到最低限度。

以上几点是一个统一的整体,在制定施工方案时,应作通盘考虑。现代施工技术的进步,组织经验的积累,每个工程的施工都由不同的方法来完成,存在着多种可能的方案,因此在确定施工方案时,要以上述几点作为衡量标准,经多方面分析比较,全面权衡,选出最优方案。

### 7.2.2 施工方法的选择

施工方法是施工方案的核心内容,对工程的实施具有决定性作用。确定施工方法应突出重点,凡是采用新技术、新工艺和对工程质量起关键作用的项目,以及工人在操作上还不够熟练的项目,应详细而具体,不仅要拟定进行这一项目的操作过程和方法,而且要提出质量要求,以及达到这些要求的技术措施。同时,要预见可能发生的问题,提出预防和解决这些问题的办法。对于一般性工程和常规施工方法则可适当简化,但要提出工程中的特殊要求。

**1. 施工方法选择的依据**

正确地选择施工方法是确定施工方案的关键。各个施工过程均可采用多种施工方法进行施工,而每一种施工方法都有其各自的优势和使用的局限性。我们的任务就是从若干可行的施工方法中选择最可行、最经济的施工方法。选择施工方法的依据主要有以下几点:

(1)工程特点。主要指工程项目的规模、构造、工艺要求、技术要求等方面。

(2)工期要求。要明确本工程的总工期和各分部、分项工程的工期是属于紧迫、正常和充裕三种情况的哪一种。

(3)施工组织条件。主要指气候等自然条件,施工单位的技术水平和管理水平,所需设备、材料、资金等供应的可能性。

(4)标书、合同书的要求。主要指招标书或合同条件中对施工方法的要求。

(5)设计图纸。主要指根据设计图纸的要求，确定施工方法。

(6)施工方案的基本要求。主要是指根据制定施工方案的基本要求确定施工方法。任何工程项目都有多种施工方法可供选择，但究竟采用何种方法，将对施工方案的内容产生巨大的影响。

**2. 施工方法的确定与机械选择的关系**

施工方法一经确定，机械设备的选择就只能以满足其要求为基本依据，施工组织也只能在此基础上进行。但是，在现代化施工条件下，施工方法的确定主要还是选择施工机械、机具的问题，有时甚至成为最主要的问题。例如，顶管施工工作坑施工，是选择冲抓式钻机还是旋转式钻机，钻机一旦确定，施工方法也就确定了。

有时由于施工机具与材料等的限制，只能采用一种施工方案，可能此方案不一定是最佳的，但别无选择。这时就需要从这种方案出发，制定更好的施工顺序，以达到较好的经济性，弥补方案少而无选择余地之不足。

### 7.2.3　施工机械的选择和优化

施工机械对施工工艺、施工方法有直接的影响，施工机械化是现代化大生产的显著标志，对加快建设速度、提高工程质量、保证施工安全、节约工程成本起着至关重要的作用。因此，选择施工机械成为确定施工方案的一个重要内容，应主要考虑下列问题。

(1)在选用施工机械时，应尽量选用施工单位现有机械，以减少资金的投入，充分发挥现有机械效率。若现有机械不能满足工程需要，则可考虑租赁或购买。

(2)机械类型应符合施工现场的条件。施工现场的条件指施工场地的地质、地形、工程量大小和施工进度等，特别是工程量和施工进度计划是合理选择机械的重要依据。一般来说，为了保证施工进度和提高经济效益，工程量大应采用大型机械，工程量小则应采用中小型机械，但也不是绝对的。如一项大型土方工程，由于施工地区偏僻，道路、桥梁狭窄或载重量限制大型机械通过，如果只是专门为了它的运输问题而修路、桥，显然是不经济的，因此应选用中型机械施工。

(3)在同一个工地上施工机械的种类和型号应尽可能少。为了便于现场施工机械的管理及减少转移，对于工程量大的工程应采用专用机械；对于工程量小而分散的工程，则应尽量采用多用途的施工机械。

(4)要考虑所选机械的运行费用是否经济，避免大机小用。施工机械的选择应以能否满足施工需要为目的。如本来土方量不大，却用了大型的土方机械，结果不到一周就完工了，但大型机械的台班费、进出场的运输费、便道的修筑费以及折旧费等固定费用相当庞大，使运行费用过高，超过缩短工期所创造的价值。

(5)施工机械的合理组合。选择施工机械时，要考虑各种机械的合理组合，这样才能使选择的施工机械充分发挥效率。合理组合一是指主机与辅机在台数和生产能力上的相互适应；二是指作业线上的各种机械互相配套的组合。

①主机与辅机的组合。一定要设法保证主机充分发挥作用的前提下，考虑辅机的台数

和生产能力。

②作业线上各种机械的配套组合。一种机械化施工作业线是由几种机械联合作业组合成一条龙施工才能具备整体生产能力，如果其中的某种机械的生产能力不适应作业线上的其他机械，或机械可靠性不好，会使整条作业线的机械发挥不了作用。如在道路工程中路面摊铺机、混凝土拌和楼、自卸汽车、压路机的一条龙施工，就存在合理配套组合的问题。

(6)选择施工机械时应从全局出发统筹考虑。全局出发就是不仅考虑本项工程，而且还要考虑所承担的同一现场或附近现场其他工程施工机械的使用。也就是说，从局部考虑选择机械是不合理的，应从全局角度进行考虑。

### 7.2.4 施工顺序的选择

施工顺序是指施工过程或分项工程之间施工的先后次序，它是编制施工方案的重要内容之一。施工顺序安排得好，可以加快施工进度，减少人工和机械的停歇时间，并能充分利用工作面，避免施工干扰，达到均衡、连续施工的目的。同时，能实现科学地组织施工，做到不增加资源，加快工期，降低施工成本。

**1. 必须符合施工工艺的要求**

建筑安装的各个施工过程之间存在着一定的工艺顺序关系。这种顺序关系随着建筑物的不同而变化，在确定施工顺序时，应注意分析各施工过程的工艺关系，施工顺序决不能违反这种关系。例如，在道路工程中，基层的施工总要等土路基完成后才能进行，而面层则要待基层完成后才可以做。一般来说，建筑安装工程在施工顺序安排上，要做到先地下后地上，先深后浅，先干线后支线，先地下管线后筑路；在场地平整挖方区，应先平整场地后挖土方；在填方区，应由远及近，先做管线后平整场地等。

**2. 应与施工方法协调一致**

施工顺序的安排与施工方法有关，采用不同的施工方法，其施工顺序也不同。如开槽埋管，采用撑板开挖，就应先挖土后撑板；如采用打钢板桩，则应先打钢板后挖土。

**3. 必须考虑施工质量的要求**

安排施工顺序时应考虑质量。如沥青混凝土路面施工中，一般在路基做好后，就先排砌侧平石，再做路面，主要是使道路的路宽及标高能符合设计要求；但在水泥混凝土路面施工时，为了保证质量，应先铺筑好水泥混凝土面层，再排砌侧石。

**4. 安排施工顺序时应考虑经济和节约，降低施工成本**

合理安排施工顺序，加速周转材料的周转次数，并尽量减少配备的数量。通过合理安排施工顺序可缩短施工期，减少管理费、人工费、机械台班费等，降低工程成本，给项目带来显著的经济效益。

**5. 考虑当地的气候条件和水文要求**

在安排施工顺序时，应考虑冬季、雨季、台风等气候的影响，特别是受气候影响大的分部工程应尤为注意。在南方施工时，应从雨季考虑施工顺序，可能因雨季而不能施工的应安排在雨季前进行。如土方工程不能安排在雨季施工。在严寒地区施工时，则应考虑冬季施工特点安排施工顺序。

**6. 考虑施工安全要求**

在安排施工顺序时，应力求各施工过程的搭接不致产生不安全因素，以避免安全事故的发生。

### 7.2.5　技术组织措施的设计

技术组织措施是施工企业为完成施工任务，保证工程工期，提高工程质量，降低工程成本，在技术上和组织上所采取的措施。企业应把编制技术组织措施作为提高技术水平、改善经营管理的重要工作认真抓好。通过编制技术组织措施，结合企业内部实际情况，很好地学习和推广同行业的先进技术和行之有效的组织管理经验。

**1. 技术组织措施**

技术组织措施主要包括以下几方面的内容：

(1)提高劳动生产率，提高机械化水平，加快施工进度方面的技术组织措施。例如，引进新技术、新工艺、新材料，改进施工机械设备的组织管理，提高机械的完好率、利用率，科学地进行劳动组合等方面的措施。

(2)提高工程质量，保证生产安全方面的技术组织措施。

(3)施工中节约资源，包括节约材料、动力、燃料和降低运输费用的技术组织措施。

为了使编制技术组织措施工作经常化、制度化，企业应分段编制施工技术组织措施计划。

**2. 工期保证措施**

(1)施工准备工作抓早、抓紧做好。施工准备工作，认真复核图纸，进一步完善施工组织设计，落实重大施工方案，积极配合业主及有关单位办理征地拆迁手续。主动疏通地方关系，取得地方政府及有关部门的支持。施工中遇到问题而影响进度时，要统筹安排，及时调整，确保总体工期。

(2)采用先进的管理方法(如网络计划技术等)对施工进度进行动态管理。以投标的施工组织进度和工期要求为依据，及时完善施工组织设计，落实施工方案，报监理工程师审批。根据施工情况变化，不断进行设计、优化，使工序衔接、劳动力组织、机具设备调配、工期安排等有利于施工生产。

(3)建立多级调度指挥系统，全面、及时掌握并迅速、准确地处理影响施工进度的各种问题。对工程交叉和施工干扰应加强指挥和协调，对重大关键问题超前研究，制定措施，及时调整工序，调动人、财、物、机，保证工程的连续性和均衡性。

(4)加强物资供应计划的管理。每月、旬提出资源使用计划和进场时间。

(5)对控制工期的重点工程，优先保证资源供应，加强施工管理和控制。如现场昼夜值班制度，及时调配资源，协调工作等。

(6)安排好冬、雨季的施工。根据当地气象、水文资料，有预见性地调整各项工作的施工顺序，并做好预防工作，使工程能有序和不间断地进行。

(7)注意设计与现场校对，及时进行设计变更。工程项目施工过程常因地质的变化而引起设计变更，进而影响施工进度。为保证工期要求，要协调各方面的关系，尽量减少对施工进度的影响。如积极地与监理工程师联系，取得认可，再与设计单位联系，早点提出变更设计等。

(8)确保劳动力充足、高效。根据工程需要，配备充足的技术人员和技术工人，并采取各项措施，提高劳动者技术素质和工作效率。强化施工管理，严明劳动纪律，对劳动力实行动态管理，优化组合，使作业专业化、正规化。

**3. 保证质量措施**

保证质量的关键是对工程对象经常发生的质量通病制定防治措施，从全面质量管理的角度，把措施定到实处，建立质量保证体系，保证“PDCA 循环”的正常运转，全面贯彻执行国际质量认证标准(ISO 9000 系统)。对采用的新工艺、新材料、新技术和新结构，必须制定有针对性的技术措施，以保证工程质量。常见的质量保证措施有以下几方面：

(1)质量控制机构和创优规划。

(2)加强教育，提高项目的全员综合素质。

(3)强化质量意识，健全规章制度。

(4)建立分部、分项工程的质量检查和控制措施。

(5)对技术、质量要求比较高，施工难度大的工作，成立科技质量攻关小组或全面质量管理体系中 QC 攻关小组，确保工程质量。

(6)全面推行和贯彻 ISO 9000 标准，在项目开工前，编制详细的质量计划，编写工序作业指导书，保证工序质量和工作质量。

**4. 工程安全施工措施**

安全施工措施应贯彻安全操作规程，对施工中可能发生安全问题的环节进行预测，提出预防措施。杜绝重大事故和人身伤亡事故的发生，把一般事故减少到最低限度，确保施工的顺利进展。安全施工措施的内容包括以下几方面：

(1)全面推行和贯彻职业安全健康管理体系(GB/T 28000-2001)标准。在项目开工前，进行详细的危险辨识，制定安全管理制度和作业指导书。

(2)项目部和各施工队设专职安全员，专职安全员属质检科，在项目经理和副经理的领导下，履行保证安全的一切工作。

(3)利用各种宣传工具，采用多种教育形式，使职工树立安全第一的思想，不断强化安全意识，建立安全保证体系，使安全管理制度化、教育经常化。

(4)各级领导在下达生产任务时，必须同时下达安全技术措施；检查工作时，必须总结安全生产情况，提出安全生产要求，把安全生产贯彻到施工的全过程中去。

(5)认真执行定期安全教育、安全讲话、安全检查制度，设立安全监督岗，发挥群众安全人员的作用，对发现的事故隐患和危及工程、人身安全的事项要及时处理，并作记录，要落实到人。

(6)石方开挖必须严格按施工规范进行，炸药的运输、储存、保管都必须严格遵守国家和地方政府制定的安全法规，爆破施工要严密组织，严格控制药量，确定爆破危险区，采取有效措施防止人、畜、建筑物和其他公共设施受到危害，确保安全施工。

(7)高空作业的技术工人上岗前要进行身体检查和技术考核，合格后方可操作。高空作业必须按安全规范设置安全网，拴好安全绳，戴好安全帽，并按规定佩戴防护用品。

(8)工地修建的临时房、架设的照明线路、库房都必须符合防火、防电、防爆炸的要求，配置足够的消防设施，安装避雷设备。

**5. 施工环境的保护措施**

为了保护环境，防止污染，尤其是防止在城市施工中造成污染，在编制施工方案时应提出防止污染的措施。主要包括以下几方面：

(1)积极推行和贯彻环境管理体系(ISO 14000)标准，在项目开工前，进行详细的环境因素分析，制定相应的环境保护管理制度和作业指导书。

(2)对施工环境保护意识进行宣传教育，提高对环境保护工作的认识，自觉地保护环境。

(3)保护施工场地周围的绿色覆盖层及植物，防止水土流失。

(4)不准随意排放施工过程中的废油、废水和污水，必须经过处理后才能排放。

(5)在人群居住附近的施工项目要防止噪声污染。

(6)机械化程度比较高的施工场所，要对机械工作产生的废气进行净化和控制。

**6. 文明施工措施**

加强全体职工职业道德教育，制定文明施工准则。在施工组织、安全质量管理和劳动竞赛中切实体现文明施工要求，发挥文明施工在工程项目管理中的积极作用。

(1)实行施工现场标准化管理。

(2)改善作业条件，保障职工健康。

(3)深入调查，加强地下既有管线保护。

(4)做好已完工工程的保护工作。

(5)不扰民并妥善处理好地方关系。

(6)广泛开展与当地政府和群众的共建活动，推进精神文明建设，支持地方经济建设。

(7)尊重当地民风民俗。

(8)积极开展建家达标活动。

**7. 降低成本的措施**

施工企业参加工程建设的最终目的是在工期短、质量好的前提下，创造出最佳的经济效益，所以应制定相应的降低成本措施。这些措施应以施工预算为尺度，以企业(或基层施工单位)年度、季度降低成本计划和技术组织措施计划为依据进行编制。针对工程施工中降低成本潜力大的(工程量大、有采取措施的可能性、有条件的)项目，要充分开动脑筋把措施提出来，并计算出经济效果和指标，加以评价、决策。这些措施必须是不影响质量的，能保证施工的，能保证安全的。降低成本措施应包括节约劳动力、节约材料、节约机械设备费用、节约工具费、节约间接费、节约临时设施费、节约资金等。一定要正确处理降低成本、提高质量和缩短工期三者的关系，对措施要计算经济效果。具体的降低成本措施如下：

(1)严格把握材料的供应关。对使用量大的主要材料统一招标，零星材料要货比三家，选择质优价廉的材料，并严格把关，坚决刹住材料供应上的回扣风，决不允许损公肥私现象出现。同时，对原材料的运输要进行经济比选，确定经济合理的运输方式，把材料费控制在投标价范围内。

(2)科学组织施工，提高劳动生产率。使用项目管理软件，经过周密、科学的分析做出具体计划，巧妙地组织工序间的衔接，有效地使用劳动力，尽量做到不停工、不窝工。施工中采用先进的工艺方法，提高机械化施工水平，力求达到劳动组织好，工效、机械利用率高，定额先进的目的，做到少投入、多产出，最大限度地挖掘企业内部潜力。

(3)完善和建立各种规章制度，加强质量管理，落实各种安全措施，进一步改善和落实经济责任制，奖罚分明，充分调动广大员工的积极性。开展劳动竞赛，提高事业心，增强责任感，杜绝因质量问题而引起的返工损失以及因安全事故造成的经济损失。控制造价，增加赢利。

(4)加强经营管理，降低工程成本。编制技术先进、经济合理的施工组织设计，实事求是地进行施工优化组合，人力、物资、设备各种资源要精打细算，做到有标准、有目标。优化施工平面布置，减少二次搬运，节省工时和机械费用。临时设施尽可能做到一房多用，减少面积和造价，并尽量利用废旧材料，将临时设施费用降下来，部分临时设施可租用民房以降低费用。科学地利用材料，采取限额领料制度，避免造成浪费，把废料降低到最低限度，从管理中出效益。

(5)降低非生产人员的比例，减少管理费用开支。管理人员力求达到善管理、懂业务、能公关，做到一专多能，减少非管理人员。实现项目部直接对施工队，减少管理层次，实现精兵强将上一线，提高工作效益，以达到管理费用最低。

## 7.3　资源调配计划的编制

编制资源需求量计划时应首先根据工程量查相应定额，便可得到各分部、分项工程的资源需求总量；然后根据进度计划表中分部、分项工程的持续时间，得到某分部、分项工程在某段时间内的资源需求平均数；最后将进度计划表纵坐标方向上各分部、分项工程的资源需要量按类别叠加在一起并连成一条曲线，即为某种资源的动态曲线图和计划表。

### 7.3.1　劳动力需要量计划

劳动力需要量计划主要作为安排劳动力、调配和衡量劳动力消耗指标、安排生活及福利设施等的依据。

劳动力需要量是根据工程的工程量、规定使用的劳动定额及要求的工期计算完成工程所需要的劳动力。在计算过程中要考虑扣除节假日和大雨、雪天对施工的影响系数。另外还要考虑施工方法，是人力施工、半机械施工还是机械化施工。因为施工方法不同，所需劳动力的数量也不同。

**1. 人力施工劳动力需求量的计算**

(1)人力施工在不受工作面限制时，可直接查定额，与工程量相乘，计算需要的总工日数，并除以工期，即得劳动力数量。其计算公式如下：

$$R=\frac{Q}{TS} \tag{7-1}$$

式中，$R$—劳动力的需求量；

$Q$—人工施工的工程量；

$T$—工程施工的工作天数；

$S$—每日完成的定额工程量。

考虑法定的节假日和气候影响，工程施工的工作天数将小于其日历天数。其计算可按下式进行：

$$T=\text{工期的日历天数}\times 0.71K \tag{7-2}$$

式中，0.71—节假日换算系数；

$K$—气候影响系数，其取值随不同地区而变化。

(2)人力施工受到工作面限制时，计算劳动力的需要量必须保证每个人最小工作面这个条件，否则会在施工过程中出现窝工现象。每班工人的数量可见式(7-3)计算：

$$R=\frac{\text{施工现场作业面积}(\mathrm{m}^2)}{\text{工人施工最小工作面}(\mathrm{m}^2/\text{人})} \tag{7-3}$$

**2. 半机械化施工方法施工时所需劳动力的计算**

半机械化施工方法主要是有的施工项目采用机械施工，有的项目采用人力施工。如沟槽土石方工程，填、挖等工序采用机械施工，支撑采用人工施工。

半机械施工方法在计算劳动力需要量时，除了根据定额和工程量外，还要考虑充分发挥机械的工作效率和保证工期的要求，否则会出现窝工或者机械的工作效率降低的情况，影响工程施工成本。

**3. 机械化施工方法所需劳动力的计算**

机械化施工方法所需要的劳动力主要是司机及维修保养人员和管理人员(即机械辅助施工人员)。因此，计算机械施工方法所需的劳动力与机械的施工班次有关，每日一班制配备的驾驶员少于多班次工作的人数，辅助人员也相应较少。另外，与投入施工的机械数量有关，投得多，所需要的劳动力也多。只有同时考虑上述两方面的问题，才能够较准确地计算所需的劳动力数量。

**4. 计算劳动力数量时选择的定额标准不同，其结果也是不同的**

编制指导性施工组织设计时必须按标书上的要求和规定执行。编制实施性施工组织设计时可根据本企业的定额标准或结合施工项目具体情况采取一些补充定额。因为实施性施工组织设计是编制施工成本的依据，而施工成本是项目经济承包及施工队、班(组)经济承包的依据，因此，计算劳动力数量时不采用偏高或偏低的定额。

劳动力需要量计算完成后，需要将施工进度计划表内所列各施工过程每天(或周、旬、月)所需的工人人数按工种汇总列成表格(见表 7-1)。

**表 7-1　劳动力需求量计划表**

| 序号 | 工种名 | 需要量及时间 | | | | | | | | | | | | | 备注 |
|---|---|---|---|---|---|---|---|---|---|---|---|---|---|---|---|
| | | 年度 | | | | | | | | | | | | | |
| | | 1月 | 2月 | 3月 | 4月 | 5月 | 6月 | 7月 | 8月 | 9月 | 10月 | 11月 | 12月 | 合计 | |
| 1 | | | | | | | | | | | | | | | |
| 2 | | | | | | | | | | | | | | | |

编制：　　　　　　　　　　　　　　　　　复核：

### 7.3.2 施工机具需求量计划

施工机具需求量计划主要用于确定施工机具类型、数量、进场时间，以及落实机具来源的组织进场。其编制办法是将施工进度计划表中的每一个施工过程每天所需的机具类型、数量和时间进行汇总，便得到施工机具需求量计划表(见表 7-2)。

**表 7-2 施工机具需求量计划表**

| 序号 | 机具名称 | 型号 | 来源 | 使用起止时间 | 需求量 | | 备注 |
|---|---|---|---|---|---|---|---|
| | | | | | 单位 | 数量 | |
| 1 | | | | | | | |
| 2 | | | | | | | |

编制：　　　　　　　　　　　　　　　　复核：

### 7.3.3 主要材料需求量计划

材料需求量计划表是作为备料、供料，确定仓库、堆场面积及组织运输的依据。其编制方法是根据施工预算的工料分析表、施工进度计划表，以及材料的储备和消耗定额，将施工中所需材料按品种、规格、数量、使用时间计算汇总，填入主要材料需求量计划表(见表 7-3)。

**表 7-3 主要材料需求量计划表**

| 序号 | 材料名称及规格 | 单位 | 数量 | 来源 | 运输方式 | 年度 | | | | | 备注 |
|---|---|---|---|---|---|---|---|---|---|---|---|
| | | | | | | 一季度 | 二季度 | 三季度 | 四季度 | 合计 | |
| 1 | | | | | | | | | | | |
| 2 | | | | | | | | | | | |
| | | | | | | | | | | | |

编制：　　　　　　　　　　　　　　　　复核：

资源需用量计划是根据工程进度图编制的，而资源需用量的均衡性又反映了工程进度的合理性。因此，上述资源需用量计划在实际工程中是结合工程进度图的编制、调整、优化过程同时进行的。

### 7.3.4 技术组织措施计划

为了保证工程质量，提高劳动生产率，降低成本，以及安全生产等，应采取必要的技术组织措施(见表 7-4)。尤其是采用新材料、新工艺的工程及技术复杂的工程等，此项工作是必不可少的。

表 7-4　主要技术组织措施表

| 措施名称及内容提要 | 经济效果(元) | 计划依据 | 负责人 | 完成日期 |
|---|---|---|---|---|
| | | | | |
| | | | | |
| | | | | |

编制：　　　　　　　　　　　　　　　　　　　　　　　　　复核：

# 7.4　施工平面图设计

施工现场和场地布置是施工组织设计的基本内容之一，需要考虑的问题很多、很广泛，也很具体。它是一项实践性、综合性很强的工作，只有充分掌握现场的地形、地物，熟悉现场的周围环境和其他有关条件，并对本工程情况有了一个清楚与正确的认识之后，才能做到统筹规划，合理布局。

## 7.4.1　施工平面图的分类

施工平面图按其作用可分为两类。

(1)施工总平面图。施工总平面图是以整个工程项目或一个合同段为对象的平面布置，主要反映整个工程平面的地形情况、料场位置、运输路线、生活设施等的位置和相互关系。

(2)单位工程或分部、分项工程的施工平面图。它是以单位工程或分部、分项工程为对象而设计的平面组织形式。对于分部、分项工程的施工平面图，应当根据各施工阶段现场情况的变化，分别绘制不同施工阶段的施工平面图。

## 7.4.2　施工平面图布置的原则

(1)应尽量不占、少占或缓占农田，充分利用山地、荒地，重复使用空地，在弃土、清理场地时，有条件的应结合施工造田、复田。

(2)尽量降低运输费用，保证运输方便，减少和避免二次搬运。为了缩短运输距离，各种物资按需要分批进场，弃土场、取土场的布置尽量靠近作业地点。

(3)尽量降低临时建筑费用，充分利用原有房屋、管线、道路和可缓拆或暂不拆除的前期临时建筑为施工服务。

(4)以主体工程为核心布置其他设施，要有利生产、方便生活，临时设施建筑不应影响主体工程施工进展，工人在工地上往返时间短，居住区和施工区要近，居住区应水源充足且清洁。

(5)遵循技术要求，符合劳动保护和防火要求。如人员及其他设施距离爆破点的直线距离不得小于规定的飞块、飞石的安全距离等。

(6)施工指挥中心应布置在适中位置，既要靠近主体工程，便于指挥，又要靠近交通枢纽，方便内外交通联系。

施工现场平面布置的情况应以场地平面布置图表示出来。在施工平面布置图内应标示出拟建建筑物的平面位置，场地内需要修建的各项临时工程和露天料场、作业场的平面位置和占地面积，以及场地内各种运输线路，包括由场外运送材料至工地的进出线路。

### 7.4.3 施工平面图设计的内容

施工平面图是根据施工方案、施工进度要求及资源进场存放量进行设计的。其内容的多少与施工期限长短、工程量大小、地形地貌的复杂程度有关。一般应包括以下内容：

(1)标定地界内及附近已有和拟建的地上、地下建筑物及其他地面附着物、农田、果园、树林、地下洞穴、坟墓等位置及主要尺寸。

(2)标出需要拆迁建筑物，及永久或临时占用的农田、果园、树林。

(3)标出拟建建筑或管线中线位置。

(4)标出取土和弃土场位置。当取土和弃土场离施工现场很远，在平面布置上无法标注时可用箭头指向取土或弃土场方向并加以说明。

(5)标出划分的施工区段。当一个施工区段有两个以上施工单位时，要标出各自的施工范围。

(6)标出既有公路、铁路线路方向和位置、里程及与施工项目的关系，因施工需要临时改移公路的位置。

(7)标出既有高压线位置、水源位置(既有的水井)、既有的河流位置及河道改移位置。

### 7.4.4 临时设施的规划和布置

**1. 工地临时房屋的规划与布置**

工地临时房屋主要包括施工人员居住用房、办公用房、食堂和其他生活福利设施用房，以及实验室、动力站、工作棚和仓库等。这些临时房屋应建在施工期间不被占用、不被水淹、不被坍塌影响的安全地带。现场办公用房应建在靠近工地，且受施工噪声影响小的地方；工人宿舍、文化生活用房应避免设在低洼潮湿、有烟尘和有害健康的地方。此外，房屋之间还应按消防规定，相互隔离，并配备灭火器。

减少临时房屋费用是施工组织设计的目标之一。应做周密的计划安排，并应采取以下措施：

(1)提高机械化施工程度，减少劳动力需要量；合理安排施工，使施工期间的劳动力需要量均匀分布，避免在某一短时期工人人数出现高峰，这样可以减少临时房屋的需要量。

(2)尽量利用居住在工地附近的劳动力，这样可以省去这部分人的住房。

(3)尽量利用当地可以租用的房屋。

(4)房屋构造应简单，并尽量利用当地材料。

(5)广泛采用能多次利用的装配式临时房屋。

**2. 工地仓库及料场布置**

工地储存材料的设施一般有露天料场、简易料棚和临时仓库等。易受大气侵蚀的材料，如水泥、铁件、工具、机械配件及容易散失的材料等，宜储存在临时仓库中，钢材、木材等宜设置简易料棚堆放，砂、石等一般在露天料场中堆放。

仓库、料棚、料场的设置位置必须选择运输及进出料都方便，且尽量靠近用料最集中、地形较平坦的地点。设计临时仓库、料棚时，应根据储存材料的特点，进料、出料的便利，以及合理的储备定额来计算需要的面积。面积过大会增加临时工程费用，面积过小可能满足不了储备需要并增加管理费用。

材料必须有适当的储备量，以保证施工不间断地进行。但过多的储备要多建仓库和积压流动资金，而且像水泥这类材料，储存过久会导致受潮结块及标号降低，从而影响工程质量。所以，应正确决定适当的储备量。

**3. 施工场内运输的规划**

在工地范围内，从仓库、料场或预制场等地到施工点的料具、物资搬运，称为场内运输。场内运输方式应根据工地的地形、地貌，材料在场内的运距、运量以及周围道路和环境等因素选择。如果材料供应运输与施工进度能密切配合，做到场外运输与场内运输一次完成，即由场外运来的材料直接运至施工使用地点，或场内外运输紧密衔接，材料运到场内后不存入仓库、料场，而由场内运输工具转运至使用地点，这是最经济的运输组织方式。这样可节省工地仓库、料场的面积，减少工地装卸费用。但这种场内外运输紧密结合的组织方式在工程实践中是很难做到的，大量的场内运输工作是不可避免的。

当某些工程的用料数量较大，而运输路线又固定不变时，采用轨道运输是比较经济的。当用料地点比较分散，运输线路不固定，特别是运输线路中有上下坡及急转弯等情况时，可采用汽车运输。采用汽车运输时，道路应与材料加工厂、仓库的位置结合布置，并与场外道路衔接；应尽量利用永久性道路，提前修建永久路基和简易路面；必须修建临时道路时，要把仓库、施工点贯穿起来，按货流量大小设计其规格，末端应有回车场，并避免与已有永久性铁路、公路交叉。

一些零星的运输工作不可能或不必要采用上述运输方式，有时要利用手推车运输，即使在机械化程度很高的工地，这种简单的运输工具也能发挥作用。

**4. 工地临时供电**

工地用电包括各种电动施工机械和设备的用电，以及室内外照明的用电。工程施工离不开用电，做好工地供电的组织计划，对保证施工的顺利进行有着密切的关系。

工地用电应尽可能利用当地的电力供应，从当地电站、变电站或高压电网取得电能。当地没有电源，或电力供应不能满足施工需要的情况下，则要在工地设置临时发电站。最好选用两个来源不同的电站供电，或配备小型临时发电装置，以免工作中偶然停电造成损失。同时，还要注意供电线路、电线截面、变电站的功率和数目等的配置，使它们可以互相调剂，不至于因为线路发生局部故障而引起停电。

用电安全是供电组织计划中必须考虑的问题，应符合有关用电安全规程的要求。临时变电站应设在工地入口处，避免高压线穿过工地；自备发电站应设在现场中心或主要用电区，并便于转移。供电线路不宜与其他管线同路或距离太近。

工地临时供电工作主要包括确定用电点及用电量；选择电源；确定供电系统，布置用电线路及决定导线断面等。

(1)用电量的计算

工地临时用电主要保证施工中动力设备和照明用电的需要，计算用电量时应考虑：全工地所使用起重机、电焊机，其他电气工具及照明设备的数量；整个施工阶段中同时用电的机械设备的最多数量；各种机械设备在工作中同时使用情况，以及内外照明的用电情况。其总用电量可按下式计算：

$$P = (1.05 \sim 1.10) \times \left( K_1 \frac{\sum P_1}{\cos\varphi} + K_2 \sum P_2 + K_3 \sum P_3 + K_4 \sum P_4 \right) \tag{7-4}$$

式中，$P$—工地总用电容量，kV·A。

$P_1$、$K_1$—$P_1$ 电动机额定功率，kW。需要系数 $K_1=0.5\sim0.6$，电动机 10 台以下取 0.7，10～30 台取 0.6，超过 30 台取 0.5。

$P_2$、$K_2$—$P_2$ 电焊机额定容量，kV·A。需要系数 $K_2=0.5\sim0.6$，电焊机 10 台以下取 0.6，10 台以上取 0.5。

$P_3$、$K_3$—$P_3$ 室内照明容量，kW。需要系数 $K_3=0.8$。

$P_4$、$K_4$—$P_4$ 室外照明容量，kW。需要系数 $K_4=1.0$。

$\cos\varphi$—电动机的平均功率因数，根据用电量和负荷情况而定，最高为 0.75～0.78，一般为 0.65～0.75。

由于施工现场照明用电所占比例较小，因此在估算总用电量时也可以不考虑照明用电，只需在动力用电量之外再增加 10%作为照明用电即可。

(2)电源选择及确定变压器

工地临时用电电源通常有以下几种情况：完全由工地附近的电力系统供给；工地附近的电力系统只能供给一部分，工地需要增设临时电站以补不足；工地位于新开辟的地区，没有电力系统，电力完全由临时电站供给。至于采用哪种方案，要根据具体情况进行技术经济比较后确定。一般是将附近的高压电通过设在工地的变压器引入工地，这是最经济的方案，但事前必须将施工中需要的用电量向供电部门申请批准。

变压器的功率可按下式计算：

$$P = K \left( \frac{\sum P_{max}}{\cos\varphi} \right) \tag{7-5}$$

式中，$P$—变压器的功率，kV·A；

$K$—功率损失系数，取 1.05；

$\sum P_{max}$—各施工区的最大计算负荷，kW；

$\cos\varphi$—功率因数。

根据计算所得的容量，可以从变压器产品目录中选用相近的变压器。

(3)配电线路的布置

配电线路的布置可分枝状、环状和混合状。要根据工程量大小和工地使用情况决定选择哪一种方案。一般 3～10 kV 高压线路采用环状，380/220 V 的低压线采用枝状。

施工现场布置临时线路应注意以下几点：

①线路应尽量架设在道路的一侧，尽量选择平坦路线，保持线路水平，以免电杆受力不匀。线路距建筑物的水平距离应大于 1.5 m，在 380/220V 低压线路中，木杆间距应为 25～40 m。分支线及引入线均应由电杆处接出，不得由两杆之间接出。

②施工现场的临时布线一般都用架空线，极少用地下电缆，因为架空线工程简单，费用低廉，易于检修。

③临时用电的电杆以及线路的交叉跨越要根据电气施工规程的尺寸要求进行配置和架设。

④施工用电的配电箱要设置于便于操作的地方，以防一旦发生事故，便于迅速拉闸。配电箱顶上要用油毡或镀锌铁皮铺盖，以防雨淋。各种施工用电机具必须单机单闸，要根据最高负荷选用。

⑤合理选择配电导线对节省有色金属及保证供电质量与安全都是非常重要的。在选择配电导线时，应着重考虑导线的型号与截面。

(5)绘制施工现场电力供应平面图

施工临时供电的电力供应平面图对于指导施工具有重要的意义，电力供应平面图可结合施工平面图一并考虑，较复杂的工程也可单独绘制。电力供应图上应标明变压器的位置、配电箱位置、照明灯具的位置等。

**5. 工地临时供水**

工程施工离不开水，施工组织设计必须规划工地临时供水问题，确保工地用水并节省供水费用。工地用水分生产用水和生活用水，均应符合水质要求。否则，应设置处理设施进行过滤、净化等处理。工地供水设施包括水泵站、水塔或储水池，以及输水管、线路等。布置施工场地时，应尽量使得用水工作地点互相靠近，并接近水源，以减少管道长度和水的损失。供水管路的设计应尽量使其长度最短。在温暖的地方，管道可敷设在地面。穿过场地的交通运输道路时，管道要埋入地下 30 cm 深。在冰冻地区，管道应埋在冰冻深度以下。用明沟等方式输水时，一般在使用地点修建蓄水池，将水注入储水池备用；用钢管或铸铁管输水时，管道抵达用水地点后要安装龙头，并可连接橡皮软管，以便灵活移动出水口位置，以供应不同位置的用水需要。

工地临时供水的主要问题有：确定用量，选择供应来源，设计管线网络等。如工地需自行解决供应来源，还需确定相应设备。

(1)用水量的确定

①工程用水量计算

$$q_1 = k_1 \cdot \sum \frac{Q_1 \cdot N_1}{T_1 \cdot n} \times \frac{k_2}{8 \times 3600} \tag{7-6}$$

式中，$q_1$—工程用水量，L/s；

$k_1$—未预计的施工用水系数，取 1.05～1.15；

$Q_1$—最大年(季)度工程量(以实物计算单位表示)；

$N_1$—施工用水定额(见表 7-5)；

$T_1$—年(季)度有效工作日，d；

$n$—每日工作班数；

$k_2$—施工用水不均衡系数(见表 7-6)。

②施工机械用水计算

$$q_2 = k_1 \cdot \sum Q_2 \times N_2 \times \frac{k_3}{8 \times 3600} \tag{7-7}$$

式中，$q_2$—施工机械用水量，L/s；

$k_1$—未预计的施工用水系数，取1.05～1.15；

$Q_2$—同一种机械台数，台；

$N_2$—施工机械用水定额(见表7-7)；

$k_3$—施工机械用水不均衡系数(见表7-6)。

**表7-5　施工用水参考定额表**

| 序号 | 用水对象 | 单位 | 耗水量/L | 备注 |
|---|---|---|---|---|
| 1 | 灌注混凝土全部用水 | $m^3$ | 1700～2400 | |
| 2 | 搅拌普通混凝土 | $m^3$ | 250～300 | |
| 3 | 搅拌轻质混凝土 | $m^3$ | 300～350 | |
| 4 | 搅拌泡沫混凝土 | $m^3$ | 300～400 | |
| 5 | 混凝土养护(自然) | $m^3$ | 200～400 | |
| 6 | 混凝土养护(蒸汽) | $m^3$ | 500～700 | |
| 7 | 冲洗模板 | $m^3$ | 5～10 | |
| 8 | 搅拌机清洗 | 台班 | 550～650 | |
| 9 | 人工冲洗石子 | $m^3$ | 950～1050 | |
| 10 | 机械冲洗石子 | $m^3$ | 550～650 | |
| 11 | 洗砂 | $m^3$ | 950～1050 | |
| 12 | 砌砖工程全部用水 | $m^3$ | 150～250 | |
| 13 | 砌石工程全部用水 | $m^3$ | 50～80 | |
| 14 | 粉刷工程全部用水 | $m^3$ | 30～40 | |
| 15 | 抹面 | $m^3$ | 4～6 | 不包括调制用水 |
| 16 | 搅拌砂浆 | $m^3$ | 300～350 | |

**表7-6　施工用水不均衡系数表**

| 不均衡系数 | 用水名称 | 系数 | 不均衡系数 | 用水名称 | 系数 |
|---|---|---|---|---|---|
| $k_2$ | 施工工程用水 | 1.50 | $k_2$ | 施工机械、运输机械 | 2.00 |
| | 生产企业用水 | 1.25 | | 动力设备 | 1.05～1.10 |

③水源的选择

工地临时用水水源，首先应考虑当地的自来水，如不可能时，才另选天然水源。天然水源有河水、湖水、水库蓄水地地面水和泉水、井水等地下水。任何临时水源都应满足以下要求：

a. 水量充足稳定，能保证最大需水量供应；

表 7-7　施工机械用水定额表

| 序号 | 用水机械 | 单位 | 耗水量 | 备注 |
|---|---|---|---|---|
| 1 | 内燃挖掘机 | L/台班·$m^3$ | 200～300 | 以斗容量计 |
| 2 | 内燃起重机 | L/台班·t | 15～18 | 以起重吨数计 |
| 3 | 蒸汽起重机 | L/台班·t | 300～400 | 以起重吨数计 |
| 4 | 蒸汽打桩机 | L/台班·t | 1000～1200 | 以锤重吨数计 |
| 5 | 内燃压路机 | L/台班·t | 12～15 | 以压路机吨数计 |
| 6 | 蒸汽压路机 | L/台班·t | 100～150 | 以压路机吨数计 |
| 7 | 汽车 | L/昼夜·台 | 400～700 | |
| 8 | 电焊机 | L/h | 150～300 | |
| 9 | 对焊机 | L/h | 300 | |
| 10 | 凿岩机 | L/min | 8～12 | |
| 11 | 空气压缩机 | L/台班·($m^3$/min) | 40～80 | 以压缩空气排气量计 |

b. 符合生活饮用水和生产用水的水质标准；

c. 取水、输水、净水设施安全可靠；

d. 施工安装、运转、管理和维护方便。

④配水管网的布置

布置临时管网时，要满足各生产点的用水，同时要满足消防要求，并尽量设法使供水管的长度最短，同时要考虑到施工期间各段管网应具有移动的可能性。

一般的管网布置形式有以下三种：

a. 环形管网。管网为环形封闭图形，优点是能保证供水的可靠性，当管网某一处发生故障时，水仍可以沿管网其他支管供给。缺点是管线长，造价高，管材消耗大。

b. 枝状管网。管网由干线及支线两部分组成，优缺点和环形管网正好相反，管线短，造价低，但供水可靠性差。

c. 混合式管网。主要用水区及干管采用环形管网，其他用水区采用枝状支线供水，这是环形管网和枝状管网的混合，故兼有这两种管网的优点，在较大的工地上多采用此种布置方式。

## 习题

7.1　市政工程施工组织设计编制的依据和主要步骤有哪些？

7.2　市政工程施工组织设计编制的程序有哪些？

7.3　施工方案编制的原则有哪些？

7.4　施工进度图分为哪几类？布置的原则是什么？

7.5　施工平面图的内容有哪些？

# 第8章 市政工程项目施工管理

本章介绍了施工项目、施工项目管理概念及程序，技术管理的重要性、工作内容、技术岗位责任制及技术管理的基本制度。通过本章学习，了解工程质量的含义，理解工作质量和工程质量的区别与联系，了解质量管理体系的建立与运行，掌握施工质量管理统计方法，掌握施工质量控制的系统过程及质量控制的依据、目标与要求。同时，还介绍了施工安全生产的特点、安全生产管理程序，如何建立安全生产管理体系，执行安全生产责任制，落实安全技术措施，进行安全教育，预防安全事故的发生及安全事故发生后的处理程序；介绍了施工项目进度管理的基本概念，施工项目进度计划的实施，施工项目进度计划的检查和控制。也介绍了施工成本概念及成本分解、控制、考核与分析。

## 8.1 施工项目管理

### 8.1.1 施工项目

**1. 施工项目的概念**

施工企业自工程施工投标开始到保修期满为止的全过程中完成的项目，是指作为施工企业被管理对象的一次性施工任务，简称施工项目。

建筑项目与施工项目的范围和内容虽然不同，但两者均是项目，服从于项目管理的一般规律，两者所进行的客观活动共同构成工程活动的整体。施工企业需要按建筑单位的要求交付建筑产品，两者是建筑产品的买卖双方。

**2. 施工项目的特点**

(1)施工项目可以是建筑项目，也可能是其中的一个单项工程或单位工程的施工活动过程。

(2)施工项目以建筑施工企业为管理主体。

(3)施工项目的任务范围受限于项目业主和承包施工的建筑施工企业所签订的施工合同。

(4)施工项目产品具有多样性、固定性、体积庞大等特点。

## 8.1.2　施工项目管理概述

**1. 施工项目管理的概念**

施工项目管理是施工企业运用系统的观点、理论和科学技术对施工项目进行计划、组织、监督、控制、协调等全过程、全方位的管理，实现按期、优质、安全、低耗的项目管理目标。它是整个建筑工程项目管理的一个重要组成部分，其管理的对象是施工项目。

**2. 施工项目管理的特点**

(1)施工项目的管理者是建筑施工企业

由业主或监理单位进行的工程项目管理中涉及的施工阶段管理仍属建筑项目管理，不能算作施工项目管理，即项目业主和监理单位都不进行施工项目管理。项目业主在建筑工程项目实施阶段，进行建筑项目管理时涉及施工项目管理，但只是建筑工程项目发包方和承包方的关系，是合同关系，不能算作施工项目管理。监理单位受项目业主委托，在建筑工程项目实施阶段进行建筑工程监理，把施工单位作为监督对象，虽与施工项目管理有关，但也不是施工项目管理。

(2)施工项目管理的对象是施工项目

施工项目管理的周期就是施工项目的生产周期，包括工程投标、签订工程项目承包合同、施工准备、施工及交工验收等。施工项目管理的主要特殊性是生产活动与市场交易活动同时进行，先有施工合同双方的交易活动，后才有建筑工程施工，是在施工现场预约、订购式的交易活动，买卖双方都投入生产管理。所以，施工项目管理是对特殊的商品、特殊的生产活动，在特殊的市场上进行的特殊交易活动的管理，其复杂性和艰难性都是其他生产管理所不能比拟的。

(3)施工项目管理的内容是按阶段变化的

施工项目必须按施工程序进行施工和管理。从工程开工到工程结束，要经过一年甚至十几年的时间，经历了施工准备、基础施工、主体施工、装修施工、安装施工、验收交工等多个阶段，每一个工作阶段的工作任务和管理的内容都有所不同。因此，管理者必须做出设计、提出措施，进行有针对性的动态管理，使资源优化组合，以提高施工效率和施工效益。

(4)施工项目管理要求强化组织协调工作

由于施工项目生产周期长，参与施工的人员多，施工活动涉及许多复杂的经济关系、技术关系、法律关系、行政关系和人际关系等，所以施工项目管理中的组织协调工作最为艰难、复杂、多变，必须采取强化组织协调的措施才能保证施工项目顺利实施。

**3. 施工项目管理的目标**

施工方作为项目建筑的一个参与方，其项目管理主要服务于项目的整体利益和施工方本身的利益，其项目管理的目标包括施工的安全管理目标、施工的成本目标、施工的进度目标和施工的质量目标。

**4. 施工项目管理的任务**

施工项目管理的主要任务包括下列内容；

(1)施工项目职业健康安全管理；

(2)施工项目成本控制；

(3)施工项目进度控制；

(4)施工项目质量控制；

(5)施工项目合同管理；

(6)施工项目沟通管理；

(7)施工项目收尾管理。

施工方的项目管理工作主要在施工阶段进行，但由于设计阶段和施工阶段在时间上往往是交叉的，因此，施工方的项目管理工作也会涉及设计阶段。在动用资金前准备阶段和保修期施工合同尚未终止，在这期间，还有可能出现涉及工程安全、费用、质量、合同和信息等方面的问题，因此，施工方的项目管理也涉及动工前准备阶段和保修期。

### 8.1.3 施工项目管理程序

**1. 投标与签订合同阶段**

建筑单位对建筑项目进行设计和建筑准备，在具备了招标条件以后，便发出招标公告或邀请函。施工单位见到招标公告或邀请函后，从做出投标决策至中标签约，实质上便是在进行施工项目的工作，本阶段的最终管理目标是签订工程承包合同，并主要进行以下工作。

(1)建筑施工企业从经营战略的高度做出是否投标争取承包该项目的决策。

(2)决定投标以后，从多方面(企业自身、相关单位，市场、现场等)掌握大量信息。

(3)编制能使企业赢利又有竞争力的标书。

(4)如果中标，则与招标方谈判，依法签订工程承包合同，使合同符合国家法律、法规和国家计划，符合平等互利原则。

**2. 施工准备阶段**

施工单位与投标单位签订了工程承包合同，交易关系正式确立以后，便应组建项目经理部，然后以项目经理为主，与企业管理层、建筑(监理)单位配合，进行施工准备，使工程具备开工和连续施工的基本条件。

这一阶段主要进行以下工作：

(1)成立项目经理部，根据工程管理的需要建立机构，配备管理人员。

(2)制定施工项目管理实施规划，以指导施工项目管理活动。

(3)进行施工现场准备，使现场具备施工条件，利于进行文明施工。

(4)编写开工申请报告，等待批准开工。

**3. 施工阶段**

这是一个自开工至竣工的实施过程，在这一段过程中，施工项目经理部既是决策机构，又是责任机构。企业管理层、项目业主、监理单位的作用是支持、监督与协调。这一阶段的目标是完成合同规定的全部施工任务，达到验收、交工的条件。这一阶段主要进行以下工作：

(1)进行施工。

(2)在施工中努力做好动态控制工作，保证质量目标、进度目标、成本目标、安全目标和赢利目标的实现。

(3)管理好施工现场,实行文明施工。

(4)严格履行施工合同,处理好内外关系,管理好合同变更及索赔。

(5)做好记录、协调、检查和分析工作。

**4. 验收、交工与结算阶段**

这一阶段可称作"结束阶段",与建筑项目的竣工验收阶段协调同步进行。其目标是对成果进行总结、评价,对外结清债权债务,结束交易关系。本阶段主要进行以下工作:

(1)工程结尾;

(2)进行试运转;

(3)接受正式验收;

(4)整理、移交竣工文件,进行工程款结算,总结工作,编制竣工总结报告;

(5)办理工程交付手续,项目经理部解体。

**5. 使用后服务阶段**

这是施工项目管理的最后阶段,即在竣工验收后,按合同规定的责任期提供用后服务,回访与保修,其目的是保证使用单位正常使用,发挥效益。该阶段中主要进行以下工作:

(1)为保证工程正常使用而做的必要的技术咨询和服务。

(2)进行工程回访,听取使用单位的意见,总结经验教训,观察使用中的问题,进行必要的维护、维修和保修。

(3)进行沉陷、抗震等性能的观察。

## 8.2　施工项目技术管理

### 8.2.1　施工项目技术管理的重要性

市政工程项目施工管理的目标就是在确保合同规定的工期和质量要求的前提下,力求降低工程施工成本,追求施工的最大利润。要达到保证工程质量,保证按期交工,同时还要力求降低工程施工成本,就要在工程施工管理过程中抓好技术管理工作。通过技术管理工作,做好施工前各项准备,加强施工过程重点难点控制,科学管理现场施工,优化配置提高劳动生产率,降低资源消耗,进而达到质量、进度和成本多方面的和谐统一。简单来说,做好施工技术管理工作就能掌握工程施工的重心,为工程顺利实施提供最好的服务和保障。

### 8.2.2　施工技术管理工作的内容

施工项目技术管理工作具体包括技术管理基础性工作、施工过程的技术管理工作、技术开发管理工作、技术经济分析与评价等。如图6-1所示,项目经理部应根据项目规模设置项目技术负责人,项目经理部必须在企业总工程师和技术管理部门的指导下,建立技术管理体系。项目经理部的技术管理应执行国家技术政策和企业的技术管理制度，项目经理部可自行制定特殊的技术管理制度，并经总工程师审批。施工项目技术管理工作主要有以下两个方面的内容。

**1. 日常性的技术管理工作**

日常性技术管理工作是施工技术管理工作的基础。它包括制定技术措施和技术标准；编制施工管理规划；施工图纸的熟悉、审查和会审；组织技术交底；建立技术岗位责任制；严格贯彻技术规范和规程；执行技术检验和规程；监督与控制技术措施的执行，处理技术问题等；技术情报、技术交流、技术档案的管理工作，以及工程变更和变更洽谈等。

**2. 创新性的技术管理工作**

创新性技术管理工作是施工技术管理工作的进一步提高。它包括进行技术改造和技术创新；开发新技术、新结构、新材料、新工艺；组织各类技术培训工作；根据需要制定新的技术措施和技术标准等。

### 8.2.3 建立技术岗位责任制

建立技术岗位责任制是对各级技术人员建立明确的职责范围，以达到各负其责，各司其职，充分调动各级技术人员的积极性和创造性。虽然项目技术管理不能仅仅依赖于单纯的工程技术人员和技术岗位责任制，但是技术岗位责任制的建立，对于搞好项目基础技术工作，对于认真贯彻国家技术政策，对于促进生产技术的发展和保证工程质量都有着极为重要的作用。

**1. 技术管理机构的主要职责**

(1)组织贯彻执行国家有关技术政策和上级颁发的技术标准、规定、规程和个性技术管理制度。

(2)按各级技术人员的职责范围分工负责，做好日常性的技术业务工作。

(3)负责收集和提供技术情报、技术资料、技术建议和技术措施等。

(4)深入实际，调查研究，进行全过程的质量管理，进行有关技术咨询，总结和推广先进经验。

(5)科学研究，开发新技术，负责技术改造和技术革新的推广应用。

**2. 项目经理的主要职责**

为了确保项目施工的顺利进行，杜绝技术问题和质量事故的发生，保证工程质量，提高经济效益，项目经理应抓好以下技术工作：

(1)贯彻各级技术责任制，明确中级人员组织和职责分工。

(2)组织审查图纸，掌握工程特点与关键部位，以便全面考虑施工部署与施工方案。

(3)决定本工程项目拟采用的新技术、新工艺、新材料和新设备。

(4)主持技术交流，组织全体技术管理人员对施工图和施工组织的设计、重要施工方法和技术措施等进行全面深入的讨论。

(5)进行人才培训，不断提高职工的技术素质和技术管理水平。一方面为提高业务能力而组织专题技术讲座；另一方面应结合生产需要，组织学习规范规程、技术措施、施工组织设计以及与工程有关的新技术等。

(6)深入现场，经常检查重点项目和关键部位。检查施工操作、原材料使用、检验报告、工序搭接、施工质量和安全生产等方面的情况，对出现的问题、难点、薄弱环节，要及时提交给有关部门和人员研究处理。

**3. 各级技术人员的主要职责**

(1)总工程师的主要职责

总工程师是施工项目的技术负责人，对重大技术问题中的技术疑难问题有权做出决策。其主要职责如下：全面负责技术工作和技术管理工作；贯彻执行国家的技术政策、技术标准、技术规程、验收规范和技术管理制度等；组织编制技术措施纲要及技术工作总结；领导开展技术革新活动，审定重大的技术革新、技术改造和合理化建议；组织编制和实施科技发展规划、技术革新计划和技术措施计划；组织编制和审批施工组织设计和重大施工方案，组织技术交底，参加竣工验收；参加引进项目的考察和谈判；主持技术会议，审定签发技术规定、技术文件，处理重大施工技术问题；领导技术培训工作，审批技术培训计划。

(2)专业工程师的主要职责

主持编制施工组织设计和施工方案，审批单位工程的施工方案；主持图纸会审和工程的技术交底；组织技术人员学习和贯彻执行各项技术政策、技术规程、规范、标准和各项技术管理制度；组织制定保证工程质量和安全的技术措施，主持主要工程的质量检查，处理施工质量和施工技术问题；负责技术总结，汇总竣工资料及原始技术凭证；编制专业的技术革新计划，负责专业的科技情报、技术革新、技术改造和合理化建议，对专业的科技成果组织鉴定。

(3)单位工程技术负责人的主要职责

全面负责施工现场的技术管理工作；负责单位工程图纸审查及技术交流；参加编制单位工程的施工组织设计，并贯彻执行；负责贯彻执行各项专业技术标准，严格执行验收规范和质量鉴定标准；负责技术复核工作，如对轴线、标高及坐标等的复核；负责单位工程的材料检验工作；负责整理技术档案原始资料及施工技术总结，绘制竣工图；参加质量检查和竣工验收工作。

### 8.2.4　施工技术管理的基本制度

项目管理的效率性条件之一就是制度的保证。技术管理工作的基础工作是技术管理制度，包括制度的建立、健全、贯彻与执行。主要管理制度有以下几种：

**1. 图纸审查制度**

图纸是进行施工的依据，施工单位的任务就是按照图纸的要求，高速优质地完成施工项目。图纸审查的目的在于熟悉和掌握图纸的内容和要求；解决各工种之间的矛盾和协作；发现并更正图纸中的差错和遗漏；提出不便于施工的设计内容，进行洽商和更正。图纸审查的步骤可分为学习、初审、会审三个阶段。

(1)学习阶段

学习图纸主要是摸清建筑规模和工艺流程、结构形式和构造特点、主要材料和特殊材料、技术标准和质量要求，以及坐标和标高等，应充分了解设计意图及对施工的要求。

(2)初审阶段

掌握工程的基本情况以后,分工种详细核对各工种的详图,核查有无错、漏等问题,并对有关影响建筑物安全、使用、经济的问题提出初步修改意见。

(3)会审阶段

系指各专业之间对施工图的审查。在初审的基础上,各专业之间核对图纸是否相符,有无矛盾,消除差错,协商配合施工事宜。对图纸中有关影响建筑物安全、使用、经济等问题提出修改意见,还应研究设计中提出的新结构、新技术实现的可能性和应采取的必要措施。

**2. 技术交底制度**

技术交底是在正式施工之前,对参与施工的有关管理人员、技术人员和技术工人交代工程情况和技术要求,避免发生指导和操作错误,以便科学地组织施工,并按合理的工序、工艺流程进行作业。技术交底的主要内容如下:

(1)图纸交底目的是使施工人员了解设计意图、建筑和结构的主要特点、重要部位的构造和要求等,以便掌握设计要点,做到按图施工。

(2)施工组织设计交底要将施工组织设计的全部内容向施工人员交代,以便掌握工程特点、施工部署、任务划分、进度要求、主要工种的相互配合、施工方法、主要机械设备及各项管理措施等。

(3)设计变更交底将设计变更的部位向施工人员交代清楚,讲明变更的原因,以免施工时遗漏造成差错。

(4)分项工程技术交底的主要内容是:对施工工艺、规范和规程的要求,材料的使用,质量标准及技术安全措施等;对新技术、新材料、新结构、新工艺及关键部位和特殊要求要着重交代,以便施工人员把握住重点。

技术交底可分级、分阶段进行。各级交底除口头和文字交底外,必要时用图纸、示范操作等方式进行。

**3. 技术核定制度**

技术核定是指对重要的关键部位或影响全工程的技术对象进行复核,避免发生重大差错而影响工程的质量和使用。核定的内容视工程情况而定,一般包括建筑物坐标、标高和轴线、基础和设备基础、模板、钢筋混凝土和砖砌体、大样图、主要管道和电气等,均要按质量标准进行复查和核定。

**4. 检验制度**

建筑材料、构件、零配件和设备质量的优劣直接影响建筑工程的质量。因此,必须加强检验工作,并健全试验检验机构,把好质量检验关。对材料、构件、零配件和设备的检查有下列要求:

(1)凡用于施工的原材料、半成品和构配件等必须有供应部门或厂方提供的合格证明。对没有合格证明或虽有合格证明,但经质量部门检查认为有必要复查时,均需进行检验或复验,证明合格后方能使用。

(2)钢材、水泥、砂、焊条等结构用材除了应有出厂合格证明或检验单外,还应按规范和设计要求进行检验。

(3)混凝土、砂浆、灰土、夯土、防水材料的配合比等都应严格按规定的部位及数量制作试块、试样，按时送交试验，检验合格后才能使用。

(4)对钢筋混凝土构件和预应力钢筋混凝土构件均应按规定的方法进行抽样检验。

(5)加强对工业设备的检查、试验和试运转工作。设备运到现场后，安装前必须进行检查验收，做好记录，重要的设备、仪器、仪表还应开箱检验。

**5. 工程质量检查和验收制度**

依照有关质量标准逐项检查操作质量，并根据施工项目特点分别对隐蔽工程、分项工程和竣工工程进行验收，逐个环节地保证工程质量。

工程质量检查应贯彻专业检查与群众检查相结合的方法，一般可分为自检、互检、交接检查及各级管理机构定期检查或抽查。检查内容除按质量标准规定进行外，还应针对不同的分部、分项工程分别检查测量定位、放线、放样、基坑、土质、焊接、拼装吊装、模板支护、钢筋绑扎、混凝土配合比、工业设备和仪表安装，以及装修等工作项目，并做好记录，发现问题或偏差应及时纠正。

**6. 技术档案管理制度**

技术档案包括三个方面，即工程技术档案、施工技术档案和大型临时设施档案。

(1)工程技术档案

工程技术档案是为工程竣工验收提供给建筑单位的技术资料。它反映了施工过程的实际情况，对该项工程的竣工使用、维修管理、改建扩建等是不可缺少的依据。主要包括以下内容：

①竣工项目一览表。包括名称、面积、结构、层数等。

②设计方面的有关资料。包括原施工图、竣工图、图纸会审记录、洽商变更记录、地质勘察资料。

③材料质量证明和试验资料。包括原材料、成品、半成品、构配件和设备等质量合格证明或试验检验单。

④隐蔽工程验收记录和竣工验收证明。

⑤工程质量检查评定记录和质量事故分析处理报告。

⑥设备安装和采暖、通风、卫生、电气等施工和试验记录，以及调试、试压、试运转记录。

⑦永久性水准点位置、施工测量记录和建筑物、构筑物沉降观测记录。

⑧施工单位和设计单位提出的建筑物、构筑物使用注意事项有关文件资料。

(2)施工技术档案

施工技术档案主要包括施工组织设计和施工经验总结，新材料、新结构和新工艺的试验研究及经验总结，重大质量事故、安全事故的分析资料和处理措施，技术管理经验总结和重要技术决定，施工日志等。

(3)大型临时设施档案

大型临时设施档案主要包括临时房屋、库房、工棚、围墙、临时水电管线设置的平面布置图和施工图，以及施工记录等。

对市政工程施工技术档案的管理，要求做到完整、准确和真实。技术文件和资料要经各级技术负责人正式审定后才有效，不得擅自修改或事后补做。

## 8.3　施工项目质量控制

### 8.3.1　质量控制概述

**1. 质量控制的定义**

2008 版 GB/T 19000-ISO 9000 族标准中，质量控制的定义是：质量控制是质量管理的一部分，致力于满足质量要求。上述定义可以从以下几方面去理解。

(1)质量控制是质量管理的重要组成部分，其目的是为了使产品、体系或过程的固有特性达到规定的要求，即满足顾客、法律、法规等方面所提出的质量要求，如适用性、安全性等。所以，质量控制是通过采取一系列的作业技术和活动对各个过程实施控制的。

(2)质量控制的工作内容包括作业技术和活动，也就是包括专业技术和管理技术两个方面。在产品形成全过程每一阶段，应对影响其质量的人、机、料、法、环(4M1E)因素进行控制，并对质量活动的成果进行分阶段验证，以便及时发现问题，查明原因，采取相应纠正措施，防止不合格的发生。因此，质量控制应贯彻预防为主与检验把关相结合的原则。

(3)质量控制应贯穿在产品形成和体系运行的全过程。每一过程都有输入、转化和输出三个环节，通过对每一个过程的三个环节实施有效控制，对产品质量有影响的各个过程处于受控状态，持续提供符合规定的产品才能得到保障。

**2. 影响工程质量的因素**

影响工程质量的因素很多，但归纳起来主要有五个方面，即人、材料、机械、方法和环境。

(1)人员素质

人是生产经营活动的主体，也是工程项目建筑的决策者、管理者、操作者，工程建设的全过程，如项目的规划、决策、勘察、设计和施工都是通过人来完成的。人员的素质直接和间接地对规划、决策、勘察、设计和施工的质量产生影响，而规划是否合理、决策是否正确、设计是否符合所需要的质量功能，施工能否满足合同、规范、技术标准的要求等，都将对工程质量产生不同程度的影响，所以人员素质是影响工程质量的一个重要因素。行业实行经营资质管理和各类专业从业人员持证上岗制度是保证人员素质的重要管理措施。

(2)工程材料

工程材料泛指构成工程实体的各类建筑材料、构配件、半成品等，它们是工程建设的物质条件，是工程质量的基础。工程材料选用是否合理、产品是否合格、材质是否经过检验、保管使用是否得当等，都将直接影响建筑工程的结构刚度和强度，影响工程外表及观感，影响工程的使用功能和使用安全。

(3)机械设备

机械设备可分为两类：一是指组成工程实体及配套的工艺设备和各类机具，如水泵、电梯、电动机、通风设备等，它们构成了建筑设备安装工程或工业设备安装工程，形成完整的使用功能；二是施工过程中使用的各类机具设备，包括大型垂直与水平运输设备、各类操作工具。各种施工安全设施、各类测量仪器和计量器具等简称施工机具设备，它们是施工生产的手段。机具设备对工程质量也有重要的影响，工程用机具设备的产品质量优劣直接影响工程的使用功能。施工机具设备的类型是否符合工程施工特点，性能是否先进稳定，操作是否方便安全等，都会影响工程项目的质量。

(4)施工方法

施工方法是指施工现场采用的施工方案，包括技术方案和组织方案。前者如施工工艺和作业方法，后者如施工区段空间划分及施工流向顺序、劳动组织等。在工程施工中，施工方案是否合理，施工工艺是否先进，施工操作是否正确，都将对工程质量产生重大的影响。大力推广新技术、新工艺、新方法，不断提高工艺技术水平，是保证工程质量稳定提高的重要因素。

(5)环境条件

环境条件是指对工程质量特性起重要作用的环境因素，包括工程技术环境，如工程地质、水文、气象等；工程作业环境，如施工环境作业面大小、防护设施、通风照明和通信条件等；工程管理环境，主要指工程实施的合同结构与管理关系的确定，组织体制及管理制度等；周边环境，如工程邻居的地下管线、建(构)筑物等。环境条件往往对工程质量产生特定的影响。加强环境管理，改进作业条件，把握好技术环境，辅以必要的措施，是质量控制的重要保证。

### 8.3.2　质量控制的系统过程

工程施工是使工程设计意图最终实现并形成工程实体的阶段，也是最终形成工程产品质量和工程项目使用价值的重要阶段，因此，施工阶段的质量控制是工程项目质量控制的重点。质量控制的系统过程就是要围绕影响工程质量的各种因素，对工程项目的施工进行有效的监督和管理。

**1. 施工质量控制的系统过程**

由于施工阶段是使工程设计意图最终实现并形成工程实体的阶段，是最终形成工程实体质量的过程，所以施工阶段的质量控制是一个由对投入的资源和条件进行质量控制，进而对生产过程及各环节质量进行控制，直到对所完成的工程产出品进行质量检验与控制的全过程的系统控制过程。这个过程可以根据施工阶段工程实体质量形成的时间阶段不同来划分，也可以根据施工阶段工程实体形成过程中物质形态的转化来划分，或将施工的工程项目作为一个大系统，按施工层次加以分解来划分。

(1)按工程实体质量形成过程的时间阶段划分

施工阶段的质量控制可以分为以下三个环节：

①质量预控。指在各工程对象正式施工活动开始前，对各项准备工作及影响质量的各因素进行控制，这是确保施工质量的先决条件。

②质量过程控制。指在施工过程中对实际投入的生产要素质量及作业技术活动的实施状态和结果所进行的控制，包括作业者发挥技术能力过程的自控行为和来自有关管理者的监控行为。质量过程控制的时间周期长，具体内容繁杂。对于不同的建筑结构，对过程的不同部位及针对不同的要求，质量过程控制都有不同的具体内容和控制要点，所以要具体分析

和对待。

③质量检验控制。也称过程质量验收。与一般工业产品的出厂检验不同，过程质量验收由许多中间环节验收组成，如分部工程验收、分项工程验收、结构验收、隐蔽工程验收、各专业验收等，最后再进行单位工程施工质量竣工验收。

上述三个环节的质量控制系统过程及所涉及的主要方面如图 8-1 所示。

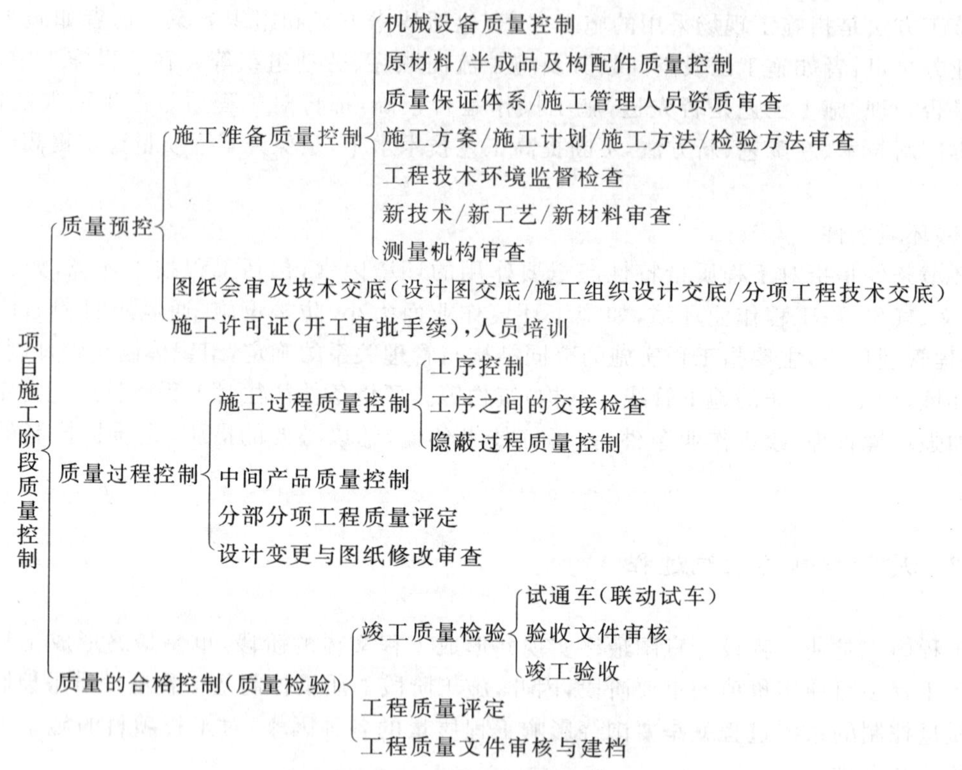


**图 8-1　项目施工阶段质量控制的系统过程**

(2)按工程实体形成过程中物质形态转化的阶段划分。

由于工程对象的施工是一项物质生产活动，所以施工阶段的质量控制系统过程也是由以下三个阶段的系统控制过程组成的。

①对投入的物质资源质量的控制。

②施工过程质量控制。即在投入的物质资源转化为工程产品的过程中，对影响产品的各因素、各环节及中间产品的质量进行控制。

③对已完成工程产出品质量的控制与验收。

在上述三个阶段的系统过程中，前两个阶段对于最终产品质量的形成具有决定性的作用，而所有投入的物质资源的质量控制对最终产品质量又具有举足轻重的影响，所以，质量控制的系统过程中，无论是对投入物质资源的控制，还是对施工即安装生产过程的控制，都应当对影响工程实体质量的五个重要因素，即施工有关人员因素、材料(包括半成品、购配件)因素、机械设备因素(生产设备即施工设备)、施工方法(施工方案及工艺)因素以及环境因素等进行全面的控制。

(3)按工程项目施工层次划分

通常任何一个大中型建筑工程项目可以划分为若干层次。例如，对于建筑工程项目按照国家标准可以划分为单位工程、分部工程、分项工程、检验批等层次，各组成部分之间具有一定的施工先后顺序的逻辑关系。其中，施工工序的质量控制是最基本的质量控制，它决定了有关检验批的质量，而检验批的质量又决定了分项工程的质量，分项工程的质量又决定了分部工程的质量，而分部工程的质量又决定了单位工程的质量。各层次的质量控制系统过程如图 8-2 所示。

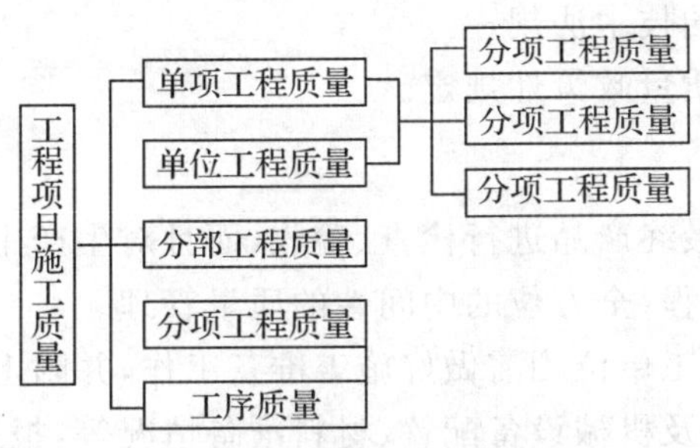


**图 8-2　施工层次划分系统控制过程**

**2. 工序质量控制**

工程质量控制要落实到可操作的施工工序中去。

(1)加强材料设备的进场验收。

对主要材料、半成品、成品、建筑构配件、设备规定了进场验收，分三个层次进行。

①进入现场都应进行验收。

②凡涉及安全、功能的有关产品，应按有关专业的验收规范进行复验，不经监理工程师检查认可签字，不得用于工程中。

③按规定条件和要求，进行堆存、保管和加工。

(2)完善工序质量的控制，按“三点制”的质量控制制度实施。

①控制点。按工序的工艺流程，在各点按技术标准进行质量控制，称为质量控制点。对质量控制点提出控制措施进行质量控制，使工艺流程中的每个点都能达到质量要求。

②检查点。在工艺流程中，找比较重要的控制点进行质量检查，以说明质量控制措施的有效性和控制效果。这种检查不必停产进行。

③停止点。在重要质量控制点和检查点进行全面的检查，结果填入检验批自行检验评定表。这种检查要求停产进行，有班组自检和项目专业的质量员自行检验两种方式。

(3)各工序完成之后或各专业工种之间进行交接检验。

为了使后道工序质量得到保证，并分清质量责任，每道工序完成后，要进行工序质量检验，形成质量记录，这实际上是对工程质量的合格控制。

## 8.3.3　质量控制的依据和程序

**1. 质量控制的依据**

施工阶段进行施工质量控制的依据可分成共同性依据和技术法规性依据两类。

(1)共同性依据

①工程承包合同文件;

②设计文件;

③国家及有关部门颁布的有关质量的法律和法规性文件。

(2)技术法规性文件

①施工质量验收标准规范;

②原材料、构配件质量方面的技术法规;

③施工工序质量方面的技术法规;

④采用"四新"技术的质量政策性规定。

**2. 质量控制的程序**

施工质量控制不仅对最终产品进行检查、验收,而且对生产中各环节或中间产品进行监督、检查和验收。这是全过程、全方位的中间性的质量管理。

在每项工程开始前,施工单位均需做好施工准备工作,并附上该项工程的施工计划以及相应的工作顺序安排、人员及机械设备配置、材料准备情况等,报送工程师审查,审查合格后才能开工。否则,需进一步做好施工准备,待条件具备时,再申请开工。

在施工过程中,监理工程师应督促施工单位加强内部质量管理,严格质量控制。每道工序均应按规定工艺和技术要求进行施工。在每道工序完成后,施工单位应进行自检,自检合格后,填报"________报验申请表"交监理工程师请求检验,监理工程师在规定时间内进行检验,合格后予以确认。在施工质量控制过程中,涉及结构安全的试块、试件以及有关的材料应按规定进行见证取样。

只有上一道工序被确认质量合格,才能进入下一道工序的施工,按上述程序逐道工序反复重复上述过程。当一个检验批、分项工程、分部工程完成后,施工单位首先进行自检,合格后报监理单位要求验收,监理工程师在规定时间内对施工单位的"________报验申请表"报验的内容进行检验,合格后予以确认,否则返工或整改。若干道工序均被确认合格,最后一个分项工程或分部工程完工后,施工单位即可提交竣工验收申请。具体验收主体如下:

(1)检验批由监理工程师(建筑单位项目技术负责人)组织施工单位专业质量(技术)负责人等进行验收。

(2)分项工程由监理工程师(建筑单位项目技术负责人)组织施工单位专业质量(技术)负责人等进行验收。

(3)分部工程(子分部工程)由总监理工程师(建筑单位项目负责人)组织施工单位项目负责人和技术、质量负责人等进行验收,地基与基础、主体结构分部工程的勘察、设计单位工程项目负责人和施工单位技术、质量部门负责人也应参加相关分部工程验收。

(4)单位工程(子单位工程)由施工单位自行组织有关人员进行检查评定,并向建筑单位提交工程验收报告;再由建筑单位(项目)负责人组织施工(含分包单位)、设计、监理等单位(项目)负责人进行验收;验收合格后,建筑单位在规定时间内将工程竣工验收报告和有关文件报建筑行政管理部门备案。当建筑工程质量不符合要求时,应按规定进行处理,对通过返修或加固处理后仍不能满足安全使用要求的分部工程、单位工程,严禁验收。施工阶段工程质量控制工作流程如图 8-3 所示。

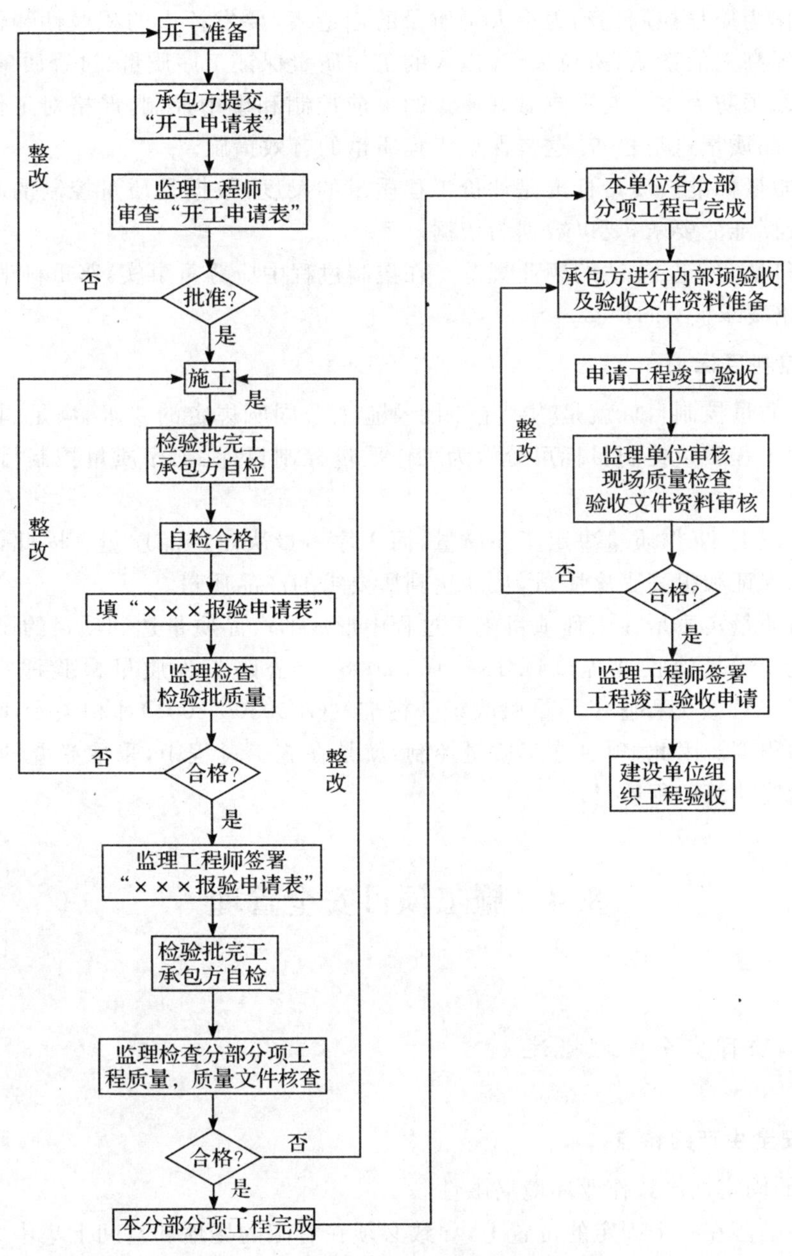


**图 8-3　施工阶段工程质量控制工作流程**

## 8.3.4　质量控制的原则和目标

**1. 质量控制的原则**

在进行质量控制过程中，应遵循以下原则：

(1)坚持质量第一的原则。建筑产品使用寿命长，其质量直接关系人民生命、财产安全，所以，要把“百年大计、质量第一”作为工程施工项目质量控制的基本原则。

(2)把人作为质量控制的动力。人是质量的创造者,要发挥人的积极性和创造性,增强人的责任感,提高人的素质,避免失误,以人的工作质量保证工序质量、过程质量。

(3)坚持以预防为主。要重点做好质量的事前控制和事中控制,严格对工作质量、工序质量和中间产品质量进行检查,这是保证工程质量的有效措施。

(4)坚持质量标准。质量标准是评价工程质量的尺度,数据是质量控制的基础,产品质量要满足质量标准的要求,要以数据为依据。

(5)贯彻科学、公正、守法的职业规范。在控制过程中应尊重事实,尊重科学,客观公正,遵纪守法,严格要求。

**2. 质量控制目标**

工程施工质量控制目标就是达到施工图及施工合同所规定的要求,满足国家相关的法律法规。通常工程质量控制目标可分解为工作质量控制目标、工序质量控制目标和产品质量控制目标。

在一般情况下,工作质量决定工序质量,而工序质量决定产品质量。因此,必须通过提高工作质量来保证和提高工序质量,从而达到所要求的产品质量。

工程项目质量实质是在工程项目施工过程中形成的产品质量达到项目的设计要求、《市政道路工程施工质量验收规程》[DB13(J)55-2005]、《公路工程质量检验评定标准》(JTGF80/1-2004)、《建筑工程施工质量验收统一标准》(GB50300-2001)和相关专业施工质量验收规范要求的程度。因此,项目施工质量控制,就是在施工过程中,采取必要的技术和管理手段以保证最终建筑工程质量。

## 8.4 施工项目安全管理

### 8.4.1 施工项目安全管理概述

**1. 施工安全生产的特点**

(1)产品的固定性导致作业环境局限性

建筑产品坐落在一个固定的位置上,导致必须在有限的场地和空间上集中大量的人力、物资、机具来进行交叉作业,导致作业环境的局限性,因而容易产生物体打击等伤亡事故。

(2)露天作业导致作业条件恶劣性

建筑工程施工大多是在露天空旷的地上完成的,导致工作环境相当艰苦,容易发生伤亡事故。

(3)体积庞大带来了施工作业高空性

建筑产品的体积十分庞大,操作工人大多在十几米,甚至几百米上进行高空作业,因而容易产生高空坠落的伤亡事故。

(4)流动性大,工人素质低增加了安全管理的难度

由于建筑产品的固定性,当这一产品完成后,施工单位就必须转移到新的施工地点去,

施工人员流动性大，素质较差，要求安全管理举措必须及时、到位，增加了施工安全管理的难度。

(5)手工操作多、体力消耗大、强度高导致个体劳动保护任务艰巨

在恶劣的作业环境下，施工工人的手工操作多，体能耗费大，劳动时间和劳动强度都比其他行业要大，其职业危害严重，带来了个人劳动保护的艰巨性。

(6)产品多样性、施工工艺多变性要求安全技术措施和安全管理必须及时到位

建筑产品多样，施工生产工艺复杂多变，如一条道路从路基、路面，各道施工工序均有其不同的特性，不安全的因素各不相同。同时，随着工程建设进度，施工现场的不安全因素也在随时变化，要求施工单位必须针对工程进度和施工现场实际情况及时地采取安全技术措施和安全管理措施予以保证。

(7)施工场地窄小带来了多工种立体交叉

近年来，建筑由低向高发展，施工现场却由宽到窄发展，致使施工场地与施工条件要求的矛盾日益突出，多工种交叉作业增加，导致机械伤害、物体打击事故增多。

施工安全生产的上述特点，决定了施工生产的安全隐患多存在于高空作业、交叉作业、垂直运输、个体劳动保护以及使用电气工具上，伤亡事故也多发全在高空坠落、物体打击、机械伤害、起重伤害、触电、坍塌等方面。同时，新、奇、个性化的建筑产品的出现给建筑施工带来了新的挑战，也给建筑工程安全管理和安全防护技术提出了新的要求。

**2. 施工现场不安全因素**

(1)人的不安全因素

人的不安全因素是指影响安全的人的因素，即能够使系统发生故障或发生性能不良的事件的人员个人的不安全因素和违背设计和安全要求的错误行为。人的不安全因素可分为个人的不安全因素和人的不安全行为两个大类。

个人的不安全因素是指人员的心理、生理、能力中所具有不能适应工作、作业岗位要求的影响安全的因素。个人的不安全因素主要包括：

①心理上的不安全因素，指人在心理上具有影响安全的性格、气质和情绪，如懒散、粗心等。

②生理上的不安全因素，包括视觉、听觉等感觉器官及体能、年龄、疾病等不适合工作或作业岗位要求的影响因素。

③能力上的不安全因素，包括知识技能、应变能力、资格等不能适应工作和作业岗位要求的影响因素。

人的不安全行为是指造成事故的人为错误，是人为地使系统发生故障或发生性能不良事件，是违背设计和操作规程的错误行为。按《企业职工伤亡事故分类标准》(GB 6441-86)，在施工现场不安全行为可分为 13 大类：

①操作失误、忽视安全、忽视警告；

②造成安全装置失效；

③使用不安全设备；

④手代替工具操作；

⑤物体存放不当；

⑥冒险进入危险场所；

⑦攀坐不安全位置；

⑧在起吊物下作业、停留；

⑨在机器运转时进行检查、维修、保养等工作；

⑩有分散注意力行为；

⑪没有正确使用个人防护用品、用具；

⑫不安全装束；

⑬对易燃易爆等危险物品处理错误。

不安全行为产生的主要原因：系统、组织的原因，思想责任性原因，及工作原因。其中，工作原因产生不安全行为的影响因素包括：工作知识的不足或工作方法不适当；技能不熟练或经验不充分；作业的速度不适当；工作不当，但又不听或不注意管理提示。

分析事故原因，绝大多数事故不是因技术解决不了造成的，而是违章所致，因而必须重视和防止产生人的不安全因素。

(2)物的不安全状态

物的不安全状态是指能导致事故发生的物质条件，包括机械设备等物质或环境所存在的不安全因素。

①物的不安全状态的内容

a. 物(包括机器、设备、工具、物质等)本身存在的缺陷；

b. 防护保险方面的缺陷；

c. 物的放置方法的缺陷；

d. 作业环境场所的缺陷；

e. 外部和自然界的不安全状态；

f. 作业方法导致的物的不安全状态；

g. 保护器具信号、标志和个体防护用品的缺陷。

②物的不安全状态的类型

a. 防护等装置缺乏或有缺陷；

b. 设备、设施、工具、附件有缺陷；

c. 个人防护用品用具缺少或有缺陷；

d. 施工生产场地环境不良。

(3)管理上的不安全因素

管理上的不安全因素通常也称为管理上的缺陷，也是事故潜在的不安全因素，作为间接的原因共有以下方面：

①技术上的缺陷；

②教育上的缺陷；

③生理上的缺陷；

④心理上的缺陷；

⑤管理工作上的缺陷；

⑥教育和社会、历史原因造成的缺陷。

**3. 施工安全管理的任务**

(1)正确贯彻执行国家和地方的安全生产、劳动保护和环境卫生的法律法规、方针政策和标准规程，使施工现场安全生产工作做到目标明确，组织、制度、措施落实，保障施工安全。

(2)建立完善施工现场的安全生产管理制度，制定本项目的安全技术操作规程，编制有针对性的安全技术措施。

(3)组织安全教育，提高职工安全生产素质，促使职工掌握生产技术知识，遵章守纪地进行施工生产。

(4)运用现代管理和科学技术，选择并实施实现安全目标的具体方案，对本项目的安全目标的实现进行控制。

(5)按“四不放过”的原则对事故进行处理并向政府有关安全管理部门汇报。

**4. 施工安全管理实施程序**

施工安全管理的程序如图 8-4 所示。

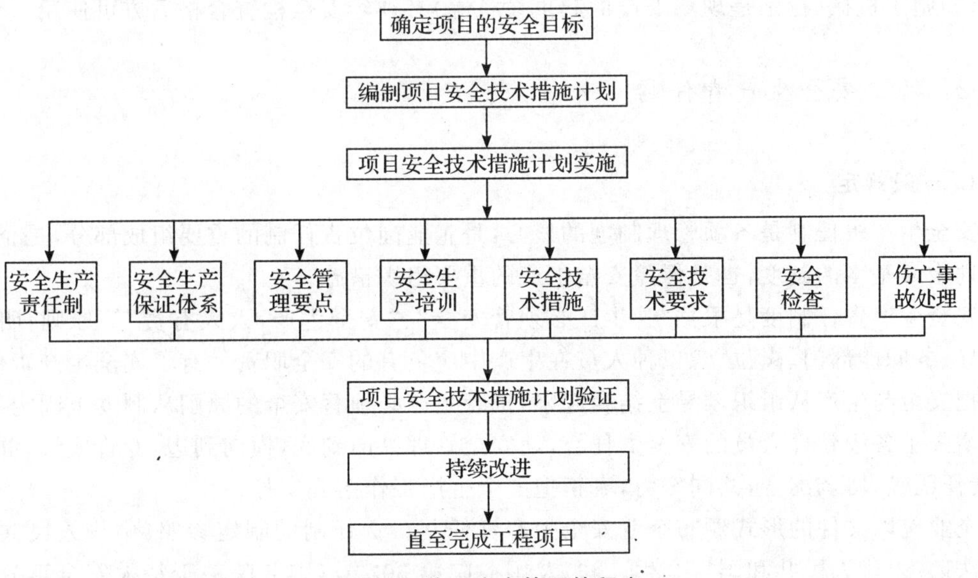


**图 8-4　施工安全管理的程序**

(1)确定项目的安全目标

按“目标管理”方法在以项目经理为首的项目管理系统内进行分解，从而确定每个岗位的安全目标，实现全员安全控制。

(2)编制项目安全技术措施计划

对生产过程中的不安全因素，用技术手段加以消除和控制，并用文件化的方式表示。这是落实“预防为主”方针的具体体现，是进行工程项目安全控制的指导性文件。

(3)安全技术措施计划的落实和实施

包括建立健全安全生产责任制，设置安全生产设施，进行安全教育和培训，沟通和交流信息，通过安全控制使生产作业的安全状况处于受控状态。

(4)安全技术措施计划的验证

包括安全检查，纠正不符合情况，并做好检查记录工作。根据实际情况补充和修改安全技术措施。

(5)持续改进，直至完成建筑工程项目的所有工作。

**5. 施工安全管理的基本要求**

(1)必须取得安全行政主管部门颁发的“安全施工许可证”后才可开工。

(2)总承包单位和每一个分包单位都应持有“施工企业安全资格审查认可证”。

(3)各类人员必须具备相应的执业资格才能上岗。

(4)所有新员工必须经过三级安全教育,即公司、项目部和进班组的安全教育。

(5)特殊工种作业人员必须持有特种作业操作证,并严格按规定定期进行复查。

(6)查出的安全隐患要做到“五定”,即定整改责任人、定整改措施、定整改完成时间、定整改完成人、定整改验收人。

(7)必须把好安全生产“六关”,即措施关、交底关、教育关、防护关、检查关、改进关。

(8)施工现场安全设施齐全,并符合国家及地方有关规定。

(9)施工机械(特别是现场安设的起重设备等)必须经安全检查合格后方可使用。

### 8.4.2 施工安全生产责任制

**1. 一般规定**

安全生产责任制是各项管理制度的核心,是企业岗位责任制的重要组成部分,是企业安全管理中最基本的制度,也是保障安全生产的重要组织措施。

安全生产责任制度是根据“管生产必须管安全”、“安全生产,人人有责”等原则,明确各级领导、各职能部门、岗位、各工种人员在生产中应负有的安全职责。有了安全生产责任制,就能把安全与生产从组织领导上结合起来,把管生产必须管安全的原则从制度上固定下来,从而增强了各级管理人员的安全责任心,使安全管理纵向到底,横向到边,专管成线,群管成网,责任明确,协调配合,共同努力,真正把安全生产工作落到实处。

企业应以文件的形式颁布企业安全生产责任制。责任制的制定参照《中华人民共和国建筑法》、《中华人民共和国安全生产法》及国务院第 302 号《国务院关于特大安全事故行政责任追究的规定》制定本企业的安全生产责任制。

制定各级各部门安全生产责任制的基本要求如下:

(1)企业经理是企业安全生产的第一责任人。

(2)企业总工程师(主任工程师或技术负责人)对本企业安全生产的技术工作负总责。

(3)项目经理应对本项目的安全生产工作负领导责任。认真执行安全生产规章制度,不违章指挥,制定和实施安全技术措施,经常进行安全生产检查,消除事故隐患,制止违章作业;对职工进行安全技术和安全纪律教育;发生伤亡事故要及时上报,并认真分析事故原因,提出并实现改进措施。

(4)班组长、施工员、工程项目技术负责人对所管工程的安全生产负直接责任。

(5)班组长要模范遵守安全生产规章制度,带领本班组安全作业,认真执行安全交底,有权拒绝违章指挥;班前要对所使用的机具、设备、防护用具及作业环境进行安全检查;组织班组安全活动日,开班前安全生产会;发生工伤事故时应保护现场并立即向班组长报告。

(6)企业中的生产、技术、机械设备、材料、财务、教育、劳资、卫生等各职能机构都应在各自业务范围内对实现安全生产的要求负责。

(7)安全机构和专职人员应做好安全管理工作和监督检查工作。

**2. 施工项目管理人员及生产人员的安全责任**

(1)项目经理安全生产责任制

①项目经理是工程施工安全生产第一负责人,全面负责工程施工全过程的安全生产、文明卫生、防火工作,遵守国家法令,执行上级安全生产规章制度,对劳动保护全面负责。

②组织落实各级安全生产责任制,贯彻上级部门的安全规章制度,并落实到施工过程管理中,把安全生产提到日常议事日程上。

③负责搞好职工安全教育,支持安全员工作,组织检查安全生产。

④发现事故隐患,及时按"定整改责任人、定整改措施、定整改完成时间、定整改完成人、定整改验收人"五定方针,及时落实整改。

⑤发生工伤事故时,及时抢救,保护现场,上报上级部门。

⑥不准违章指挥与强令职工冒险作业。

(2)技术员安全生产责任制

①遵守国家法令,学习熟悉安全生产操作规程,执行上级安全部门的规章制度。

②根据施工技术方案中的安全生产技术措施,提出技术实施方案和改进方案中的技术措施要求。

③在审核安全生产技术措施时,发现不符合技术规范要求的,有权提出更改完善意见,使之完善和纠正。

④按照技术部门编制的安全技术措施,根据施工现场实际补充编制分项分类的安全技术措施,使之完善和充实。

⑤在施工过程中,对现场安全生产有责任进行管理,发现隐患,有权督促纠正、整改,通知安全员落实整改并汇报项目经理。

⑥对施工设施和各类安全保护、防护物品进行技术鉴定,提出结论性意见。

(3)安全员安全生产责任制

①负责施工现场的安全生产、文明卫生、防火管理工作,遵守国家法令,认真学习熟悉安全生产规章制度,努力提高专业知识和管理水准,加强自身素质。

②经常检查施工现场的安全生产工作,发现隐患及时采取措施进行整改,并及时报项目经理处理。

③坚持原则,对违章作业、违反安全操作规程的人和事决不姑息,敢于阻止和教育。

④对安全设施的配置提出合理意见,提交项目经理解决,如得不到解决,应责令暂停施工,报公司处理。

⑤安全员有权根据公司有关制度进行监督,对违纪者进行处罚,对安全先进者上报公司奖励。

⑥发生工伤事故时,及时保护现场,组织抢救并立即报告项目经理,同时上报公司。

⑦做好安全技术交底工作,强化安全生产、文明卫生、防火工作的管理。

(4)施工员安全生产责任制

①遵守国家法令,学习熟悉安全技术措施,在组织施工过程中同时安排落实安全生产技术措施。

②检查施工现场的安全工作是施工员本身应尽的职责,在施工中同时检查各安全设施

的规范要求和科学性，发现不符规范要求和科学性的，及时调整，并汇报项目经理。

③施工过程中，发现违章现象或冒险作业，协同安全员共同做好工作，及时阻止和纠正，必要时暂停施工，汇报项目经理。

④在施工过程中，生产与安全发生矛盾时，必须服从安全，暂停施工，待安全整改和落实安全措施后，方准再施工。

⑤施工过程中，发现安全隐患，及时告诉安全员和项目经理采取措施，协同整改，确保施工全过程中的安全。

(5)各生产班组和职工安全生产责任制

①遵守国家法令和安全生产操作规程与规章制度，不违章作业，有权拒绝违章指挥和安全设施不完善的危险区域施工。无有效安全措施的有权停止作业，汇报项目经理，提出整改意见。

②正确使用劳动保护用品和安全设施，爱护机械电器等施工设备，不准非本工种人员操作机械、电器。

③学习熟悉安全技术操作规程和上级安全部门的规章制度，遵守安全生产“六大纪律”和相关安全技术措施，努力提高自我保护意识，增强自我保护能力。

④职工之间应相互监督，制止违章作业和冒险作业，发现隐患及时报告项目经理和安全员立即整改，在确保安全的前提下安全作业。

⑤发生工伤事故，及时抢救，并立即报告领导，保护现场，如实向上级反映情况。

### 8.4.3 安全管理目标责任考核制度及考核办法

企业应根据自己的实际情况制定安全生产责任制及其考核办法。企业应成立责任制考核领导小组，并制定责任制考核的具体办法，进行考核并有相应考核记录。工程项目部项目经理由企业考核，各管理人员由项目经理组织有关人员考核。考核时间可为每月一小考，半年一中考，一年一总考。

考核办法的制定可参考以下内容：

(1)组织领导(成立安全生产责任制考核领导小组)。

(2)以文件的形式建立考核的制度，确保考核工作认真落实。

(3)严格考核标准、考核时间、考核内容。

(4)要和经济效益挂钩，奖罚分明。

(5)不走过场，要加强透明度，实行群众监督。

(6)考核依据为《管理人员安全生产责任目标考核表》。

项目考核办法如下：

①项目工程开工后，企业安全生产责任制考核领导小组应负责对项目各级各部门及管理人员安全生产责任目标考核。

②考核对象：项目经理、施工技术人员、施工管理人员、安全员、班组长等。

③考核程序：项目经理和安全员由公司(分公司)考核，其他管理人员由项目经理组织有关人员进行考核。

④考核时间：可根据企业和项目部实际情况进行，每月至少一次。

⑤考核内容：根据安全生产责任制，结合安全管理目标，按考核表中内容进行考核。

⑥考核结果应及时张榜公示，同时，根据考核结果对优秀者及不合格者给予奖励或处罚。

### 8.4.4　施工安全技术措施

**1. 施工安全技术措施一般规定**

安全技术措施是指为防止工伤事故和职业病的危害，从技术上采取的措施。在工程施工中，是指针对工程特点、环境条件、劳动组织、作业方法、施工机械、供电设施等制定确保安全施工的措施。安全技术措施是建筑工程项目管理实施规划或施工组织设计的重要组成部分。

施工安全技术措施包括安全防护设施的设置和安全预防措施，主要有 17 个方面的内容，如防火、防毒、防爆、防汛、防尘、防坍塌、防物体打击、防机械伤害、防溜车、防高空坠落、防交通事故、防寒、防暑、防疫、防环境污染等。

**2. 施工安全技术措施编制依据和编制要求**

(1)编制依据

建筑工程项目施工组织或专项施工方案中必须有针对性的安全技术措施，特殊和危险性大的工程必须编制专项施工方案或安全技术措施。安全技术措施或专项施工方案的编制依据有：

①国家和地方有关安全生产、劳动保护、环境保护和消防安全等的法律、法规和有关规定；

②建筑工程安全生产的法律和标准、规程；

③安全技术标准、规范和规程；

④企业的安全管理规章制度。

(2)编制的要求

①及时性

a. 安全技术措施在施工前必须编制好，并且审核审批后正式下达项目经理部以指导施工。

b. 在施工过程中，发生设计变更时，安全技术措施必须及时变更或做补充，否则不能施工；施工条件发生变化时，必须变更安全技术措施内容，并及时经原编制、审批人员办理变更手续，不得擅自变更。

②针对性

a. 针对工程项目的结构特点，凡在施工生产中可能出现的危险源，必须从技术上采取措施，消除危险，保证施工安全。

b. 针对不同的施工方法和施工工艺制定相应的安全技术措施。

不同的施工方法要有不同的安全技术措施，技术措施要有设计，有安全验算结果，有详图，有文字说明。根据不同分部分项工程的施工工艺可能给施工带来的不安全因素，从技术上采取措施保证其安全实施。《建筑工程安全生产管理条例》规定，土方工程、基坑支护、模板工程、起重吊装工程、脚手架工程及拆除、爆破工程等必须编制专项施工方案，深基坑、地下暗挖工程、高大模板工程的专项施工方案还应当组织专家进行论证审查。编制施工组织设计或施工方案在使用新技术、新工艺、新设备、新材料的同时，必须制定相应的安全技术措施。

c. 针对使用的各种机械设备、用电设备可能给施工人员带来的危险，从安全保险装置、限位装置等方面采取安全技术措施。

d. 针对施工中有毒、有害、易燃、易爆等作业可能给施工人员造成的危害，制定相应的防范措施。

e. 针对施工现场及周围环境中可能给施工人员及周围居民带来的危险，以及材料、设备运输的困难和不安全因素，制定相应的安全技术措施。

f. 针对季节性、气候施工的特点，编制施工安全措施，具体有雨期施工安全措施、冬期施工安全措施、夏季施工安全措施等。

③可操作性、具体性

a. 安全技术措施及方案必须明确具体，具可操作性，能具体指导施工，绝不能一般化和形式化。

b. 安全技术措施及方案中必须有施工总平面图，在图中必须对危险的油库、易燃材料库、变电设备，材料、构件的堆放位置以及塔式起重机、井字架或龙门架、搅拌机的位置等按照施工需要和安全堆放的要求明确定位，并提出具体要求。

c. 安全技术措施及方案中劳动保护、环保、消防等人员必须掌握工程项目概况、施工方法、场地环境等第一手资料，并熟悉有关安全生产法规和标准，具有一定的专业水平和施工经验。

**3. 安全技术措施的编制内容**

(1)一般工程

包括：场内运输道路及人行通道的布置；一般基础和桩基础施工方案；主体结构施工方案；主体装修工程施工方案；临时用电技术方案；临边、洞口及交叉作业、施工防护安全技术措施；安全网的架设范围及管理要求；防水施工安全技术方案；设备安装安全技术方案；防火、防毒、防爆、防雷安全技术措施；临街防护、临近外架供电线路、地下供电、供气、通风、管线，毗邻建筑物防护等安全技术措施；群塔作业安全技术措施；中小型机械安全技术措施；冬、夏雨期施工安全技术措施；新工艺、新技术、新材料施工安全技术措施等。

(2)单位工程安全技术措施

对于结构复杂、危险性大、特性较多的特殊工程，应单独编制专项施工方案，如土方工程、基坑支护、模板工程、起重吊装工程、脚手架工程及拆除、爆破工程等。专项施工方案中要有设计依据，有安全验算结果，有详图，有文字说明。

(3)季节性施工安全技术措施

高温作业安全措施：夏季气候炎热，高温时间持续较长，制定防暑降温等安全措施。

雨期施工安全方案：雨期施工，制定防止触电、防雷、防塌、防台风等安全技术措施。

冬期施工安全方案：冬期施工，制定防火、防风、防滑、防煤气中毒、防冻等安全措施。

**4. 安全技术措施及方案审批、变更管理**

(1)安全技术措施及方案审批管理

①一般工程安全技术措施及方案由项目经理部专业工程师审核,项目经理部技术负责人审批,报公司管理部、质量安全监督部门备案。

②重要工程安全技术措施及方案由项目经理部技术负责人审批,公司管理部、安全部复核,由公司技术发展部或公司部工程师委托技术人员审批并在公司管理部、安全部备案。

③大型、特大工程安全技术措施及方案由项目经理部技术负责人组织编制,报公司技术发展部、管理部、安全部审核。《建筑工程安全生产管理条例》规定,深基坑、高大模板工程、地下暗挖工程等必须进行专家论证审查,经同意后方可实施。

(2)安全技术措施及方案变更管理

①施工过程中如发生设计变更,原定的安全技术措施也必须随着变更,否则不准施工。

②施工过程中确实需要修改拟定的安全技术措施时,必须经编制人同意,并办理修改审批手续。

**5. 安全技术交底**

安全技术交底是指导工人安全施工的技术措施,是工程项目安全技术方案的具体落实。安全技术交底一般由项目经理部技术管理人员根据分部分项工程的具体要求、特点和危险因素编写,是操作者的指令性文件,因而,要具体、明确、针对性强。

(1)安全技术交底应符合以下规定

①安全技术交底实行分级交底制度。开工前,项目技术负责人要将工程概况、施工方法、安全技术措施等情况向工地负责人、班组长交底,必要时向全体职工进行交底;班组长安排班组工作前,必须进行书面的安全技术交底,两个以上施工队和工种配合时,班组长应要按工程进度定期或不定期向有关班组进行交叉作业的安全交底;班组长应每天对工人进行施工要求、作业环境等全方面交底。

②结构复杂的分部分项工程施工前,项目经理、技术负责人应有针对性地进行全面、详细的安全技术交底。

(2)安全技术交底的基本要求

①项目经理部必须实行逐级安全技术交底制度,纵向延伸到班组全体作业人员。

②技术交底必须具体、明确,针对性强。

③技术交底的内容应针对分部分项工程施工中给作业人员带来的潜在危险因素和存在的问题。

④应优先采用新的安全技术措施。

⑤应将工程概况、施工方法、施工程序、安全技术措施等向班组长、作业人员进行详细交底。

⑥定期向由两个以上作业队伍和多工种进行交叉施工的作业队伍进行书面交底。

⑦保留书面安全技术交底等签字记录。

(3)安全技术交底主要内容

①本工程项目的施工作业特点和危险点;

②针对危险点的具体预防措施;

③应注意安全事项;

④相应的安全操作规程和标准;

⑤发生事故后应及时采取的避难和急救措施。

### 8.4.5 施工安全教育

**1. 安全教育的内容**

安全教育主要包括安全生产思想、安全知识、安全技术技能和安全法制教育四个方面的内容。

(1)安全生产思想教育

①安全生产思想教育。首先提高各级领导和全体员工对安全生产重要意义的认识,从思想上认识搞好安全生产的重要意义,以增强关心人、保护人的责任感,树立牢固的群众观念;其次是通过安全生产方针、政策教育,提高各级领导和全体员工的政策水平,使他们正确全面地理解国家的安全生产方针政策,严肃认真地执行安全生产法律法规和规章制度。

②劳动纪律的教育。使全体员工懂得严格执行劳动纪律对实现安全生产的重要性,劳动纪律是劳动者进行共同劳动时必须遵守的规则和秩序。反对违章指挥,反对违章作业,严格执行安全操作规程。遵守劳动纪律是贯彻"安全第一,预防为主"的方针,减少伤亡事故,实现安全生产的重要保证。

(2)安全知识教育

企业所有员工都应具备安全基本知识。因此,全体员工必须接受安全知识教育,每年按规定学时进行安全培训。安全基本知识教育的主要内容有企业的生产经营概况、施工生产流程、主要施工方法,施工生产危险区域及其安全防护的基本知识和注意事项,机械设备场内运输知识,电气设备(动力照明)、高处作业、有毒有害原材料等安全防护基本知识,以及消防器材和个人防护用品的使用知识等。

(3)安全技能教育

安全技能教育,就是结合本工种专业特点,实现安全操作、安全防护所必须具备的基本技能知识要求。每个员工都要熟悉本工种、本岗位专业安全技能知识。安全技能知识是比较专门、细致和深入的知识,包括安全技术、劳动卫生和安全操作规程。国家规定建筑业从事登高架设、起重、焊接、电气、爆破、压力容器、锅炉等特种作业人员必须进行专门的安全技能培训,经考试合格,持证上岗。

(4)安全法制教育

安全法制教育就是要采取各种有效形式,对员工进行安全生产法律法规、行政法规和规章制度方面教育,从而提高全体员工学法、知法、懂法、守法的自觉性,以达到安全生产的目的。

**2. 施工现场常用几种安全教育形式**

(1)新工人三级安全教育

三级安全教育是企业必须坚持的安全生产基本教育制度。对新工人(包括新招收的合同工、临时工、学徒工、劳务工及实习和代培人员)都必须进行公司(厂)、项目、班组的三级安全教育。三级安全教育一般由安全、教育和劳资等部门配合组织进行。经教育考试合格者才准许进入生产岗位,不合格者必须补课、补考。对新工人的三级安全教育要建立档案、职工安全生产教育卡等,新工人工作一个阶段后还应进行重复性的安全再教育,以加深安全的感性和理性认识。

公司(厂)进行安全基本知识、法规、法制教育。主要内容是:①党和国家的安全生产方针;②安全生产法规、标准和法制观念;③本单位施工(生产)过程及安全生产规章制度、安全纪律;④本单位安全生产的形势及历史上发生的重大事故和应吸取的教训;⑤发生事故后如何抢救伤员、排险、保护现场和及时报告。

项目部进行现场规章制度和遵章守纪教育。主要内容:①本单位(工程处、项目部、车间)安全生产基本知识;②本单位(包括施工、生产场地)安全生产制度、规定及安全注意事项;③本工种的安全技术操作规程;④机械设备、电气安全及高空作业安全基本知识;⑤防毒、防尘、防火、防爆知识及紧急情况安全处置和安全疏散知识;⑥防护用品发放标准及防护用具、用品使用的基本知识。

班组安全生产教育由班组长主持进行,或由班组安全员或指定技术熟练、重视安全生产的老工人讲解,进行本工种岗位安全操作班组安全制度、纪律教育。主要内容包括:①本班组作业特点及安全操作规程;②班组安全生产活动制度及纪律;③爱护和正确使用安全防护装置(设施)及个人劳动防护用品;④本岗位易发生事故的不安全因素及防范对策;⑤本岗位的作业环境及使用的机械设备、工具的安全要求。

(2)特种作业人员的培训

①特种作业指容易发生人员伤亡事故,对操作者本人、他人及周围设施的安全可能造成重大危害的作业。直接从事特种作业的人员称为特种作业人员。

②特种作业的范围:电工作业、金属焊接、切割作业、起重机械(含电梯)作业、施工生产场地内机动车辆驾驶、登高架设作业、锅炉作业、压力容器作业、制冷作业、爆破作业、危险物品作业、经国家安全生产监督管理局批准的其他作业等(电工、电或气焊工、架子工、司炉工、爆破工、机械操作工、起重工、塔吊司机及指挥人员、人货两用电梯司机、信号指挥人员、厂内车辆驾驶人员、起重机机械拆装作业人员、物料提升机操纵者)。

③《中华人民共和国劳动法》和有关安全卫生规程规定,从事特种作业的职工所在单位必须按照有关规定,对其进行专门的安全技术培训,经过有关考试合格并取得操作合格证或者驾驶执照后,才准许独立操作。

(3)经常性教育

经常性教育包括:

①经常性的普及教育贯穿于管理工作的全过程,并根据接受教育对象的不同特点,多层次、多渠道和多种方法进行,可以取得良好的效果。

②采用新技术、新工艺、新设备、新材料和调换工作岗位时,要对操作人员进行新技术操作和新岗位的安全教育,未经教育不得上岗操作。

③班组应每周安排一次安全活动日,可利用班前和班后进行。

④适时安全教育。根据建筑施工的生产特点进行"五抓紧"的安全教育,即:工程突出赶任务,往往不注意安全,要抓紧教育;工程接近收尾时,容易忽视安全,要抓紧教育;施工条件好时,容易麻痹,要抓紧教育;季节气候变化,外界不安全因素多,要抓紧教育;节假日前后,思想不稳定,要抓紧教育。做到警钟长鸣,防患未然。

⑤纠正违章教育。企业对由于违反安全规章制度而导致重大险情或未遂事故的,进行违章纠正教育。教育内容为违反的规章条文及其意义和危害,务必使受教育者充分认识自

身的过失，吸取教训。至于情节严重的违章事件，除教育责任者本人外，还应通过适当的形式以现身说法，扩大教育面。

### 8.4.6 安全检查

**1. 安全检查的形式**

(1)主管部门(包括中央、省、市级建筑行政主管部门)对下属单位进行的安全检查能着重关注本行业的特点、共性和主要问题，具有针对性、调查性，也有批评性。同时，通过检查总结，扩大(积累)安全生产经验，对基层推动作用较大。

(2)定期安全检查

企业内部必须建立定期分级安全检查制度。企业规模、内部建制等不同，要求也不能千篇一律。一般中型以上的企业(公司)每季度组织一次安全检查，工程处(项目处、附属厂)每月或每周组织一次安全检查。每次安全检查应由单位领导或总工程师(技术领导)带队，由工会、安全、动力设备、保卫等部门派员参加。这种制度性的定期检查属全面性和考核性检查。

(3)专业性安全检查

专业安全检查应由企业有关业务部门组织有关人员对某项专业(如垂直提升机、脚手架、电气、塔吊、压力容器、防尘防毒等)的安全问题或在施工(生产)中存在的普遍性安全问题进行单项检查。这类检查专业性强，也可结合评比进行，主要由专业技术人员、懂行的安全技术人员和有实际操作、维修能力的工作人员参加。

(4)经常性的安全检查

在施工(生产)过程中进行经常性的预防检查，能及时发现隐患，消除隐患，保证施工(生产)的正常进行。

(5)季节性及节假日前后安全检查

季节性安全检查是针对气候特点(如冬季、夏季、雨季、风季等)可能给施工(生产)带来危害而组织的安全检查。节假日安全检查是在节假日(特别是重大节日，如元旦、劳动节、国庆节)前、后防止职工纪律松懈、思想麻痹等进行的检查。检查应由单位领导组织有关部门人员进行。节日加班更要重视对加班人员的安全教育，同时认真检查安全防范措施的落实。

(6)施工现场的自检、互检和交接检查

①自检：班组作业前、后对自身所处的环境和工作程序进行安全检查，可随时消除安全隐患。

②互检：班组之间开展的安全检查。可以做到互相监督，共同遵章守纪。

③交接检查：上道工序完毕，交给下道工序使用前，应由工地负责人组织班组长、安全员、班组其他有关人员参加，进行安全检查或验收，确认无误或合格后，方能交给下道工序使用。如脚手架、井字架与龙门架、塔吊等，在搭设好使用前，都要经过交接检查。

**2. 安全检查的主要内容**

(1)查思想。主要检查企业的领导和职工对安全生产工作的认识。

(2)查管理。主要检查工程的安全生产管理是否有效。主要内容包括安全生产责任制、安全技术措施计划、安全组织机构、安全保证措施、安全技术交底、安全教育、持证上岗、安全设施、安全标识、操作规程、违规行为、安全记录等。

(3)查隐患。主要检查作业现场是否符合安全生产、文明生产的要求。

(4)查事故处理。对安全事故的处理应达到查明事故原因,明确责任并对责任者进行处理,明确和落实整改措施等要求。同是,还应检查对伤亡事故是否及时报告,认真调查,严肃处理。

安全检查的重点是违章指挥和违章作业。安全检查后应编制安全检查报告,说明已达标项目、未达标项目、存在问题及原因分析、纠正和预防措施。

### 8.4.7　安全事故的预防与处理

**1. 伤亡事故的定义与分类**

(1)伤亡事故的定义

事故是指人们在进行有目的的活动过程中,发生了违背人们意愿的不幸事件,使其有目的的行动暂时或永久地停止。伤亡事故是指职工在劳动生产过程中发生的人身伤害、急性中毒事故。

(2)伤亡事故分类

按事故产生的原因分类:

按照我国《企业伤亡事故分类》(GB 6441-1986)标准规定,职业伤害事故分为 20 类:

①物体打击:指落物、滚石、锤击、碎裂、崩块、砸伤等造成的人身伤害,不包括因爆炸而引起的物体打击。

②车辆伤害:指被车辆挤、压、撞和车辆倾覆等造成的人身伤害。

③机械伤害:指被机械设备或工具绞、碾、碰、割、戳等造成的人身伤害,不包括车辆、起重设备引起的伤害。

④起重伤害:指从事各种起重作业时发生的机械伤害事故,不包括上下驾驶室时发生的坠落伤害,起重设备引起的触电及检修时制动失灵造成的伤害。

⑤触电:由于电流经过人体导致的生理伤害,包括雷击伤害。

⑥淹溺:由于水或液体大量从口、鼻进入肺内,导致呼吸道阻塞,发生急性缺氧而窒息死亡。

⑦灼烫:指火焰引起的烧伤、高温物体引起的烫伤、强酸或强碱引起的灼伤、放射线引起的皮肤损伤,不包括电烧伤及火灾事故引起的烧伤。

⑧火灾:在火灾时造成的人体烧伤、窒息、中毒等。

⑨高处坠落:由于危险势能差引起的伤害,包括从架子、屋架上坠落以及平地坠入坑内等。

⑩坍塌:指建筑物、堆置物倒塌以及土石塌方等引起的事故伤害。

⑪冒顶片帮:指矿井作业面、巷道侧壁由于支护不当、压力过大造成的坍塌(片帮)以及顶板垮落(冒顶)事故。

⑫透水:指从矿山、地下开采或其他坑道作业时,地下水意外大量涌入而造成的伤亡事故。

⑬放炮：指由于放炮作业引起的伤亡事故。

⑭火药爆炸：指在火药的生产、运输、储藏过程中发生的爆炸事故。

⑮瓦斯爆炸：指可燃气体、瓦斯、煤粉与空气混合，接触火源时引起的化学爆炸事故。

⑯锅炉爆炸：指锅炉由于内部压力超出炉壁的承受能力而引起的物理性爆炸事故。

⑰容器爆炸：指压力容器内部压力超出容器壁所能承受的压力引起的物理爆炸，容器内部可燃气体泄漏与周围空气混合遇火源而发生的化学爆炸。

⑱其他爆炸：化学爆炸、炉膛、钢水包爆炸等。

⑲中毒和窒息：指煤气、油气、沥青、化学、一氧化碳中毒等。

⑳其他伤害：包括扭伤、跌伤、冻伤、野兽咬伤等。

按事故后果严重分类：

①轻伤事故：造成职工肢体或某些器官功能性器质性轻度损伤，表现为劳动能力轻度或暂时丧失的伤害，一般每个受伤人员休息 1 个工作日以上，105 个工作日以下。

②重伤事故：一般指受伤人员技体残缺或视觉、听觉等器官受到严重损伤，能引起人体长期存在功能障碍或劳动能力有很大损失的伤害，或者造成每个受伤人员 105 个工作日以上的失能伤害。

③死亡事故：一次事故中死亡职工 1～2 人的事故。

④重大伤亡事故：一次事故中死亡 3 人以上（含 3 人）的事故。

⑤特大伤亡事故：一次死亡 10 人以上（含 10 人）的事故。

⑥急性中毒事故：指生产性毒物一次或短期内通过人的呼吸道、皮肤或消化大量进入人体内，使人体在短时间内发生病变，导致职工立即中断工作，并需进行急救或死亡的事故。急性中毒的特点是发病快，一般不超过一个工作日，有的毒物因毒性有一定的潜伏期，可在下班后数小时发病。

**2. 预防安全事故方式**

(1)约束人的不安全行为；

(2)消除物的不安全状态；

(3)同时约束人的不安全行为，消除物的不安全状态；

(4)采取隔离防护措施，使人的不安全行为与物的不安全状态不相遇。

**3. 安全事故的处理程序**

发生伤亡事故后，负伤人员或最先发现事故的人应立即报告上级有关部门。企业对受伤人员歇工满一个工作日以上的事故，应填写伤亡事故登记表并及时上报。

企业发生重大伤亡事故，必须立即将事故概况（包括伤亡人数、发生事故的时间、地点、原因）等，用快速方法分别报告企业主管部门、行业安全管理部门和当地公安部门、人民检察院。发生重大伤亡事故，各有关部门接到报告后应立即转报各自的上级主管部门。

对于事故的调查处理，必须坚持“事故原因不查清不放过，事故责任者和群众没有受到教育不放过，没有防范整改措施不放过，事故责任人和责任领导不处理不放过”的“四不放过”原则，按照下列步骤进行：

(1)迅速抢救伤员并保护好事故现场

事故发生后，现场人员不要惊慌失措，要有组织、听指挥，首先抢救伤员和排除险情，阻止事故蔓延扩大。同时,为了事故调查分析需要,保护好事故现场,确因抢救伤员和排险而必须移动现场物品时,应做出标识。因为事故现场是提供有关物证的主要场所,是调查事故原因不可缺少的客观条件。要求现场各种物件的位置、颜色、形状及其物理、化学性质等尽可能保持事故结束的原来状态。必须采取一切可能的措施,防止人为或自然因素的破坏。

(2)组织调查

在接到事故报告后的单位领导应立即赶赴现场组织抢救,并迅速组织调查组开展调查。轻伤、重伤事故,由企业负责人或其指定人员组织生产、技术、安全等部门及工会组成事故调查组,进行调查;伤亡事故,由企业主管部门会同企业所在地区的行政安全部门、公安部门、工会组成事故调查组,进行调查;重大伤亡事故,按照企业的隶属关系,由省、自治区、直辖市企业主管部门或国务院有关主管部门会同同级行政安全管理部门、公安部门、监察部门、工会组成事故调查组进行调查,死亡和重大事故邀请人民检察院参加,还可邀请有关专业技术人员参加。与发生事故有直接利害关系的人员不得参加调查组。

(3)现场勘查

在事故发生后,调查组应速到现场进行勘查。现场勘查是技术性很强的工作,涉及广泛的科技知识和实践经验,对事故的现场勘察必须及时、全面、准确、客观。

(4)分析事故原因

①通过全面的调查,查明事故经过,弄清造成事故的原因,包括人、物、生产管理和技术管理等方面的问题,经过认真、客观、全面、细致、准确的分析,确定事故的性质和责任。

②事故分析步骤:首先整理和仔细阅读调查材料,按 GB 6441-86 标准附录 A,对受伤部位、受伤性质、起因物、致害物、伤害方法、不安全状态和不安全行为七项内容进行分析,确定直接原因、间接原因和事故责任者。

③分析事故原因,应根据调查所确认事实,从直接原因入手,逐步深入到间接原因。通过对直接原因和间接原因的分析,确定事故中的直接责任者和领导责任者,再根据其在事故发生过程中的作用确定主要责任者。

(5)制定预防措施

根据对事故原因分析,制定防止类似事故再发性的预防措施。同时,根据事故后果和事故责任人应负的责任提出处理意见。对于重大未遂事故不可掉以轻心,也应严肃认真按上述要求查找原因,分清责任,严肃处理。

(6)写出调查报告

调查组应着重把事故发生的经过、原因、责任分析和处理意见以及本次事故的教训和改进工作的建议等写成报告,经调查组全体人员签字后报批。如调查中内部意见有分歧,应在弄清事实的基础上,对照法律法规进行研究,统一认识。对于个别同志仍持有不同意见的允许保留,并在签字时写明自己的意见。

(7)事故的审理和结案

①事故调查处理结论应经有关机关审批后,方可结案。伤亡事故处理工作应当在 90 日内结案,特殊情况不得超过 180 日。

②事故案件的审批权限与企业的隶属关系及人事管理权限一致。

③对事故责任的处理,应根据情节轻重和损失大小确定主要责任、次要责任、重要责任、

一般责任、领导责任等，按规定给予处分。

④要把事故调查处理的文件、图纸、照片、资料等记录长期完整地保存起来。

## 8.5 施工项目进度管理

### 8.5.1 施工项目进度管理概述

**1. 施工项目进度管理的概念**

(1)施工项目进度管理定义

施工项目进度管理是为实现预定的进度目标而进行的计划、组织、指挥、协调和控制等活动。即在限定的工期内，确定进度目标，编制出最佳的施工进度计划，在执行进度计划的施工过程中，经常检查实际施工进度，并不断地将实际进度与计划进度相比较，确定实际进度是否与计划进度相符。若出现偏差，便分析产生的原因和对工期的影响程度，找出必要的调整措施，修改原计划，如此不断地循环，直至工程竣工验收。

工程项目特别是大型重点建筑项目工期要求十分紧迫，施工方的工程进度压力非常大。如果没有正常有效地施工，盲目赶工，难免会出现施工质量问题、安全问题以及增加施工成本。因此，要使工程项目保质、保量、按期地完成，就应进行科学的进度管理。

(2)施工项目进度管理过程

施工项目进度管理过程是一个动态的循环过程。它包括进度目标的确定，施工进度计划的编制及施工进度计划的跟踪、检查与调整，其基本过程如图 8-5 所示。

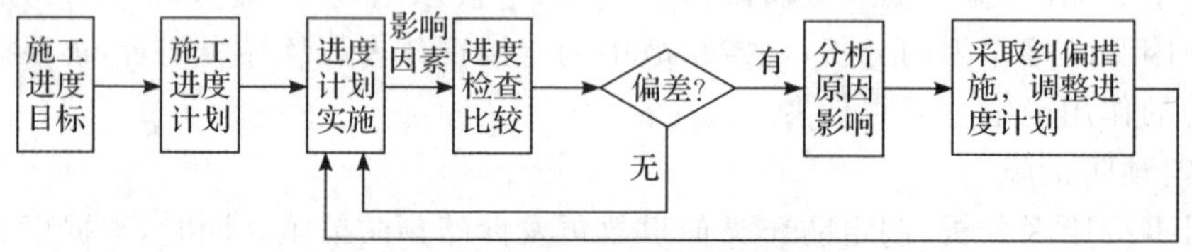


**图 8-5 施工项目进度管理过程**

**2. 施工项目进度管理的措施**

施工项目进度管理的措施主要有组织措施、管理措施、经济措施和技术措施。

(1)组织措施

组织是目标能否实现的决定性因素，为实现项目的进度目标，应健全项目管理的组织体系。在项目组织结构中应由专门的工作部门和符合进度管理岗位资格的专人负责进度管理工作，进度管理的工作任务和相应的管理职能应在项目管理组织设计的任务分工表和管理职能分工表中标示并落实；应编制施工进度的工作流程，如确定施工进度计划系统的组成，各类进度计划的编制程序、审批程序和计划调整程序等；应进行有关进度管理会议的组织设计，以明确会议的类型，各类会议的主持人、参加单位及人员，各类会议的召开时间，各类会议文件的整理、分发和确认等。

(2)管理措施

管理措施涉及管理思想、管理方法、承发包模式、合同管理和风险管理等。树立正确的管理观念,包括进度计划系统观念、动态管理观念、进度计划多方案比较和择优观念;运用科学的管理方法、工程网络计划方法,有利于实现进度管理的科学化;选择合适的承发包模式;重视合同管理在进度管理中的应用;采取风险管理措施。

(3)经济措施

经济措施涉及编制与进度计划相适应的资源需求计划和采取加快施工进度的经济激励措施。

(4)技术措施

技术措施涉及对实现施工进度目标有利的设计技术和施工技术的选用。

**3. 施工项目进度管理的目标**

(1)施工项目进度管理的总目标

施工项目进度管理以实现施工合同约定的竣工日期为最终目标。作为一个施工项目,总有一个时间限制,即施工项目的竣工时间,而施工项目的竣工时间就是施工阶段的进度目标。有了这个明确的目标以后,才能进行针对性的进度管理。

在确定施工进度目标时,应考虑的因素有:项目总进度计划对项目施工工期的要求、项目建筑的特殊要求、已建成的同类或类似工程项目的施工期限、建筑单位提供资金的保证程度、施工单位可能投入的施工力量、物资供应的保证程度、自然条件及运输条件等。

(2)施工项目进度目标体系

施工项目进度管理的总目标确定后,还应对其进行层层分解,形成相互制约、相互关联的目标体系。施工项目进度的目标是从总的方面对项目建筑提出的工期要求,但在施工活动中,是通过对最基础的分部分项工程的施工进度管理,来保证各单位工程、单项工程或阶段工程进度管理的目标完成,进而实现施工项目进度管理总目标。

施工阶段进度目标可根据施工阶段、施工单位、专业工种和时间进行分解。

①按施工阶段分解

根据工程特点,将施工过程分为几个施工阶段,如桥梁(下部结构、上部结构)、道路(路基、路面)。根据总体网络计划,以网络计划中表示这些施工阶段起止的节点为控制点,明确提出若干阶段目标,并对每个施工阶段的施工条件和问题进行更加具体的分析研究和综合平衡,制定各阶段的施工规划,以阶段目标的实现来保证总目标的实现。

②按施工单位分解

若项目由多个施工单位参加施工,则要以总进度计划为依据,确定各单位的分包目标,并通过分包合同落实各单位的分包责任,以各分包目标的实现来保证总目标的实现。

③按专业工种分解

只有控制好每个施工过程完成的质量和时间,才能保证各分部工程进度的实现。因此,既要对同专业、同工种的任务进行综合平衡,又要强调不同专业、工种间的衔接配合,明确相互的交接日期。

④按时间分解

将施工总进度计划分解成逐年、逐季、逐月的进度计划。

**4. 影响进度的因素**

工程项目施工过程是一个复杂的运作过程，涉及面广，影响因素多，任何一个方面出现问题，都可能对工程项目的施工进度产生影响。为此，应分析了解这些影响因素，并尽可能加以控制，通过有效的进度管理来弥补和减少这些因素产生的影响。影响施工进度的主要因素有以下几方面：

(1)参与单位和部门的影响

影响项目施工进度的单位和部门众多，包括建筑单位、设计单位、总承包单位以及施工单位上级主管部门、政府有关部门、银行信贷单位、资源物资供应部门等。只有做好有关单位的组织协调工作，才能有效地控制项目施工进度。

(2)项目施工技术因素

项目施工技术因素主要有：低估项目施工技术上的难度；采取的技术措施不当；没有考虑某些设计或施工问题的解决方法；对项目设计意图和技术要求没有全部领会；在应用新技术、新材料或新结构方面缺乏经验，盲目施工导致出现工程质量缺陷等。

(3)施工组织管理因素

施工组织管理因素主要有：施工平面布置不合理；劳动力和机械设备的选配不当；流水施工组织不合理等。

(4)项目投资因素

项目投资因素主要指因资金不能保证以至于影响项目施工进度。

(5)项目设计变更因素

项目设计变更因素主要有建筑单位改变项目设计功能，项目设计图纸错误或变更等。

(6)不利条件和不可预见因素

在项目施工中，可能遇到洪水、地下水、地下断层、溶洞或地面深陷等不利的地质条件，也可能出现恶劣的气候条件、自然灾害、工程事故、政治事件、工人罢工或战争等不可预见的事件，这些因素都将影响项目施工进度。

### 8.5.2 施工项目进度计划的编制和实施

**1. 施工项目进度计划的编制**

(1)施工项目进度计划的分类

施工项目进度计划是在确定工程施工目标工期的基础上，根据相应的工程量，对各项施工过程的施工顺序、起止时间和相互衔接关系以及所需的劳动力和各种技术物资的供应所做的具体策划和统筹安排。

根据不同的划分标准，施工项目进度计划可以分为不同的种类，它们组成了一个相互关联、相互制约的计划系统。按不同的计划深度划分，可以分为总进度计划、项目子系统进度计划与项目子系统中的单项工程进度计划；按不同的计划功能划分，可以分为控制性进度计划、指导性进度计划与实施性(操作性)进度计划；按不同的计划周期划分，可以分为 5 年建筑进度计划与年度、季度、月度和旬计划。

(2)施工项目进度计划的表达方式

施工项目进度计划的表达方式有多种，在实际工程施工中，主要使用横道图和网络图。

①横道图

横道图是结合时间坐标线，用一系列水平线段来分别表示各施工过程的施工起止时间和先后顺序的图表。这种表达方式简单明了，直观易懂，但是也存在一些问题，如工序（工作）之间的逻辑关系不易表达清楚；适用于手工编制计划；没有通过严谨的时间参数计算，不能确定关键线路与时差；计划调整只能用手工方式进行，工作量较大；难以适应大的进度计划系统。

②网络图

网络图是指由箭线和节点组成，用来表示工作流程的有向、有序的网状图形。这种表达方式具有以下优点：能正确地反映工序（工作）之间的逻辑关系；可以进行各种时间参数计算，确定关键工作、关键线路与时差；可以用电子计算机对复杂的计划进行计算、调整与优化。网络图的种类很多，较常用的是双代号网络图。双代号网络图是以箭线及其两端节点的编号表示工作的网络图。

(3)施工项目进度计划的编制步骤

编制施工项目进度计划是在满足合同工期要求的情况下，对选定的施工方案、资源的供应情况、协作单位配合施工情况等所作的综合研究和周密部署，具体编制步骤如下：

①划分施工过程；

②计算工程量；

③套用施工定额；

④劳动量和机械台班量的确定；

⑤计算施工过程的持续时间；

⑥初排施工进度；

⑦编制正式的施工进度计划。

施工项目进度计划编制之后，应进行进度计划的实施。进度计划的实施就是落实并完成进度计划，用施工项目进度计划指导施工活动。

**2. 施工项目进度计划的审核**

在施工项目进度计划的实施之前，为了保证进度计划的科学合理性，必须对施工项目进度计划进行审核。施工进度计划审核的主要内容如下：

(1)进度安排是否与施工合同相符，是否符合施工合同中开工、竣工日期的规定。

(2)施工进度计划中的项目是否有遗漏，内容是否全面，分期施工的是否满足分期交工要求和配套交工要求。

(3)施工顺序的安排是否符合施工工艺、施工程序的要求。

(4)资源供应计划是否均衡并满足进度要求。劳动力、材料、构配件、设备及施工机具、水电等生产要素的供应计划是否能保证施工进度的实现，供应是否均衡，需求高峰期是否有足够能力实现计划供应。

(5)总分包间的计划是否协调、统一。总包、分包单位分别编制的各项施工进度计划之间是否相协调，专业分工与计划衔接是否明确合理。

(6)对实施进度计划的风险是否分析清楚并有相应的对策。

(7)各项保证进度计划实现的措施是否周到、可行、有效。

### 3. 施工项目进度计划的实施

施工项目进度计划的实施就是落实施工进度计划，按施工进度计划开展施工活动并完成施工项目进度计划。施工项目进度计划逐步实施的过程就是项目施工逐步完成的过程。为保证项目各项施工活动，按施工项目进度计划所确定的顺序和时间进行，以及保证各阶段进度目标和总进度目标的实现，应做好下面的工作。

(1)检查各层次的计划，并进一步编制月(旬)作业计划

施工项目的施工总进度计划、单位工程施工进度计划、分部分项工程施工进度计划都是为了实现项目总目标而编制的，其中高层次计划是低层次计划编制和控制的依据，低层次计划是高层次计划的深入和具体化。在贯彻执行时，要检查各层次计划间是否紧密配合，协调一致。计划目标是否层层分解，互相衔接，检查在施工顺序、空间及时间安排、资源供应等方面有无矛盾，以组成一个可靠的计划体系。

为实施施工进度计划，项目经理部将规定的任务与现场实际施工条件和施工的实际进度相结合，在施工开始前和实施中不断编制本月(旬)的作业计划，从而使施工进度计划更具体、更切合实际、更适应不断变化的现场情况和更可行。在月(旬)计划中要明确本月(旬)应完成的施工任务、完成计划所需的各种资源量，及为提高劳动生产率，保证质量和节约的措施。

编制作业计划要进行不同项目间同时施工的平衡协调；确定对施工项目进度计划分期实施的方案；施工项目要分解为工序，以满足指导作业的要求，并明确进度日程。

(2)综合平衡，做好主要资源的优化配置

施工项目不是孤立完成的，它必须由人、财、物(材料、机具、设备等)诸资源在特定地点有机结合才能完成。同时，项目对诸资源的需要又是错落起伏的。因此，施工企业应在各项目进度计划的基础上进行综合平衡，编制企业的年度、季度、月旬计划，将各项资源在项目间动态组合，优化配置，以保证满足项目在不同时间对诸资源的需求，从而保证施工项目进度计划的顺利实施。

(3)层层签订承包合同，并签发施工任务书

按前面已检查过的各层次计划，以承包合同和施工任务书的形式分别向分包单位、承包队和施工班组下达施工进度任务，其中，总承包单位与分包单位、施工企业与项目经理部、项目经理部与各承包队和职能部门、承包队与各作业班组间应分别签订承包合同，按计划目标明确规定合同工期、相互承担的经济责任、权限和利益。

另外，要将月(旬)作业计划中的每项具体任务通过签发施工任务书的方式向班组下达施工任务书。施工任务书是一份计划文件，也是一份核算文件，同时又是原始记录。它把作业计划下达到班组，并将计划执行与技术管理、质量管理、成本核算、原始记录、资源管理等融合为一体。施工任务书一般由班组长以计划要求、工程数量、定额标准、工艺标准、技术要求、质量标准、节约措施、安全措施等为依据进行编制。任务书下达给班组时，由班组长进行交底。交底内容为：交任务、交操作规程、交施工方法、交质量、交安全、交定额、交节约措施、交材料使用、交施工计划、交奖罚要求等，做到任务明确，报酬预知，责任到人。施工班组接到任务书后，应做好分工，安排完成，执行中要保质量，保进度，保安全，保节约，保工效提高。任务完成后，班组自检，在确认已经完成后，向专业工程师报请验收。专业工程师验收时查数量，查质量，查安全，查用工，查节约，然后回收任务书，交施工队登记结算。

(4)全面实行层层计划交底，保证全体人员共同参与计划实施

在施工进度计划实施前，必须根据任务进度文件的要求进行层层交底落实，使有关人员都明确各项计划的目标、任务、实施方案、预控措施、开始日期、结束日期、有关保证条件、协作配合要求等，使项目管理层和作业层能协调一致工作，从而保证施工生产按计划、有步骤、连续均衡地进行。

(5)做好施工记录，掌握现场实际情况

在计划任务完成的过程中，各级施工进度计划的执行者都要跟踪做好施工记录。在施工中，如实记载每项工作的开始日期、工作进程和完成日期，记录每日完成数量、施工现场发生的情况和干扰因素的排除情况，可为施工项目进度计划实施的检查、分析、调整、总结提供真实、准确的原始资料。

(6)做好施工中的调度工作

施工中的调度是指在施工过程中针对出现的不平衡和不协调进行调整，以不断组织新的平衡，建立和维护正常的施工秩序。它是组织施工中各阶段、环节、专业和工种的互相配合、进度协调的指挥核心，也是保证施工进度计划顺利实施的重要手段。其主要任务是监督和检查计划实施情况，定期组织协调会，协调各方协作配合关系，采取措施，消除施工中出现的各种矛盾，加强薄弱环节，实现动态平衡，保证作业计划完成及进度控制目标的实现。

协调工作必须以作业计划与现场实际情况为依据，从施工全局出发，按规章制度办事，必须做到及时、准确、果断灵活。

(7)预测干扰因素，采取预控措施

在项目实施前和实施过程中，应经常根据所掌握的各种数据资料，对可能致使项目实施结果偏离进度计划的各种干扰因素进行预测，并分析这些干扰因素所带来的风险程度，预先采取一些有效的控制措施，将可能出现的偏离尽可能消灭于萌芽状态。

### 8.5.3　施工项目进度计划的检查

#### 1. 施工项目进度计划的检查

在施工项目的实施过程中，为了进行施工进度管理，进度管理人员应经常性、定期地跟踪检查施工实际进度情况，主要是收集施工项目进度材料，进行统计整理和对比分析，确定实际进度与计划进度之间的关系。其主要工作包括以下内容：

(1)跟踪检查施工实际进度

跟踪检查施工实际进度是分析施工进度、调整施工进度的前提。其目的是收集实际施工进度的有关数据。跟踪检查的时间、方式、内容和收集数据的质量将直接影响控制工作的质量和效果。

进度计划检查应按统计周期的规定进行定期检查，并应根据需要进行不定期检查。进度计划的定期检查包括规定的年、季、月、旬、周、日检查，不定期检查指根据需要由检查者(或组织)确定的专题(项)检查。检查内容应包括工程量的完成情况、工作时间的执行情况、资源使用及与进度的匹配情况、上次检查提出问题的整改情况以及检查者确定的其他检查内容。检查和收集资料的方式一般采用经常、定期地收集进度报表，定期召开进度工作汇报会，或派驻现场代表检查进度的实际执行情况等方式进行。

(2)整理统计检查的数据

对收集到的施工项目实际进度数据要进行必要的整理，按施工进度计划管理的工作项目内容进行整理统计，形成与计划进度具有可比性的数据。一般可以按实物工程量、工作量和劳动消耗量以及累计百分比整理和统计实际检查的数据，以便与相应的计划完成量对比。

(3)将实际进度与计划进度进行对比分析

将收集的资料整理和统计成具有与计划进度可比性的数据后，将施工项目实际进度与计划进度进行比较。通常采用的比较方法有横道图比较法、S形曲线比较法、香蕉形曲线比较法、前锋线比较法等。通过比较得出实际进度与计划进度相一致、超前和拖后三种情况。

(4)施工项目进度检查结果的处理

对施工进度检查的结果要形成进度报告，把检查比较的结果及有关施工进度现状和发展趋势提供给项目经理及各级业务职能负责人。进度控制报告一般由计划负责人或进度管理人员与其他项目管理人员协作编写。报告时间一般与进度检查时间相协调，也可按月、旬、周等间隔时间进行编写上报。进度报告的内容包括：进度执行情况的综合描述，实际进度与计划进度的对比资料，进度计划的实施问题及原因分析，进度执行情况对质量、安全和成本等的影响情况，采取的措施和对未来计划进度的预测。进度报告可以单独编制，也可以根据需要与质量、成本、安全和其他报告合并编制，提出综合进展报告。

**2. 横道图比较法**

横道图比较法是把项目施工中检查实际进度收集的信息，经整理后直接用横道线并列标于原计划的横道线处，进行直观比较的一种方法。这种方法简明直观，编制方法简单，使用方便，是人们常用的方法。某钢筋混凝土基础工程分三段组织流水施工时，将其施工的实际进度与计划进度比较，如图 8-6 所示。

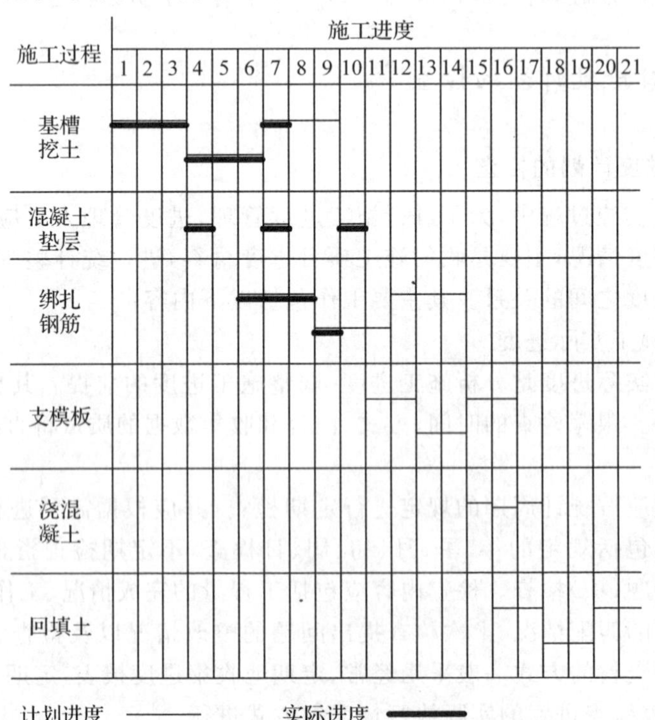


图 8-6 实际进度与计划进度比较横道图

从比较中可以看出，第 10 天末进行施工进度检查时，基槽挖土施工应在检查的前一天全部完成，但实际进度仅完成了 7 天的工程量，约占计划总工程量的 77.8%，尚未完成而拖后的工程量约占计划总工程量的 22.2%；混凝土垫层施工也应全部完成，但实际进度仅完成了 2 天的工程量，约占计划总工程量的 66.7%，尚未完成而拖后的工程量约占计划总工程量的 33.3%；绑扎钢筋施工按计划进度要求应完成 5 天的工程量，但实际进度仅完成了 4 天的工程量，约占计划完成量的 80%（约为绑扎钢筋总工程量的 44.4%），尚未完成而拖后的工程量占计划完成量的 20%（约为绑扎钢筋总工程量的 11.1%）。

**3. S 形曲线比较法**

S 形曲线比较法是在一个以横坐标表示进度时间，纵坐标表示累计完成任务量的坐标体系上，首先按计划时间和任务量绘制一条累计完成任务量的曲线（即 S 形曲线），然后将施工进度中各检查时间时的实际完成任务量也绘在此坐标上，并与 S 形曲线进行比较的一种方法。

对于大多数工程项目来说，从整个施工全过程来看，其单位时间消耗的资源量通常是中间多而两头少，即资源的投入开始阶段较少，随着时间的增加而逐渐增多，在施工中的某一时期达到高峰后又逐渐减少直至项目完成，其变化过程可用图 8-7(a)表示。而随着时间进展，累计完成的任务量便形成一条中间陡而两头平缓的 S 形变化曲线，故称 S 形曲线，如图 8-7(b)所示。

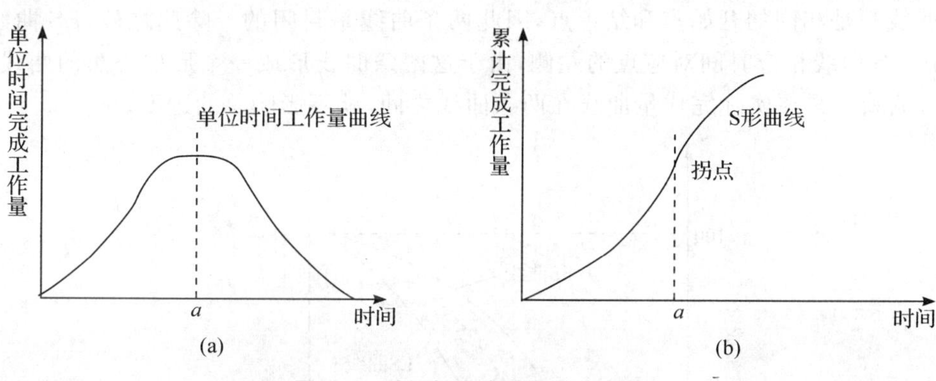


**图 8-7　时间与完成任务关系曲线**

S 形曲线比较法是在图上直观地进行施工项目实际进度与计划进度相比较。一般情况下，计划进度控制人员在计划实施前绘制出 S 形曲线。在项目施工过程中，按规定时间将检查的实际完成情况绘制在计划 S 形曲线同一张图上，可得出实际进度 S 形曲线，比较两条 S 形曲线可以得到以下信息：

(1)项目实际进度与计划进度比较。当实际工程进展点落在计划 S 形曲线左侧，则表示此时实际进度比计划进度超前；若落在其右侧，则表示拖后；若刚好落在其上，则表示二者一致。

(2)项目实际进度比计划进度超前或拖后的时间如图 8-8 所示，$\Delta T_a$ 表示 $T_a$ 时刻实际进度超前的时间；$\Delta T_b$ 表示 $T_b$ 时刻实际进度拖后的时间。

(3)项目实际进度比计划进度超额或拖欠的任务量如图 8-8 所示，$\Delta Q_a$ 表示 $T_a$ 时刻超额完成的任务量，$\Delta Q_b$ 表示在 $T_b$ 时刻拖欠的任务量。

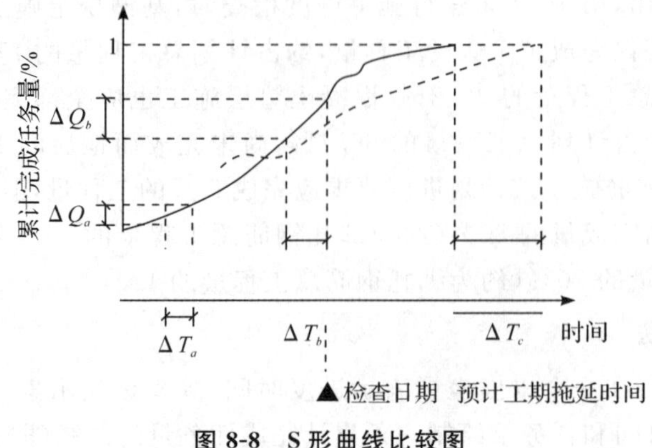


图 8-8　S 形曲线比较图

(4)预测工程进度。后期工程按原计划速度进行,则工期拖延预测值为 $\Delta T_c$。

**4. 香蕉形曲线比较法**

香蕉形曲线实际上是两条 S 形曲线组合成的闭合曲线,如图 8-9 所示。一般情况下,任何一个施工项目的网络计划都可以绘制出两条具有同一开始时间和同一结束时间的 S 形曲线:其一是计划以各项工作的最早开始时间安排进度所绘制的 S 形曲线,简称 ES 曲线;其二是计划以各项工作的最迟开始时间安排进度所绘制的 S 形曲线,简称 LS 曲线。由于两条 S 形曲线都是相同的开始点和结束点,因此两条曲线是封闭的。除此之外,ES 曲线上各点均落在 LS 曲线相应时间对应点的左侧,由于这两条曲线形成一个形如香蕉的曲线,故称为香蕉形曲线。只要实际完成量曲线在两条曲线之间,就不影响总的进度。

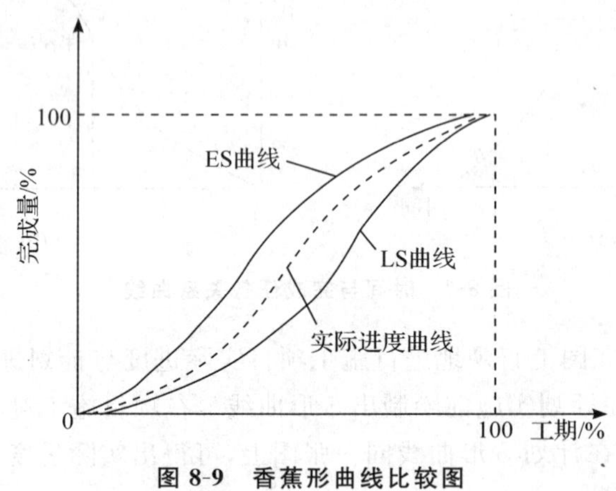


图 8-9　香蕉形曲线比较图

**5. 前锋线比较法**

前锋线比较法是通过某检查时刻施工项目实际进度前锋线进行施工项目实际进度与计划进度比较的方法,主要适用于时标网络计划。所谓前锋线是指在原时标网络计划上,从检查时刻的时标点出发,依次将各项工作实际进展位置点连接而成的折线,如图 8-10 所示。前锋线比较法就是按前锋线与工作箭线交点的位置判定施工实际进度与计划进度的偏差。凡前锋线与工作箭线的交点在检查日期的右方,表示提前完成计划进度;若其点在检查日期的左方,表示进度拖后;若其点与检查日期重合,表明该工作实际进度与计划进度一致。

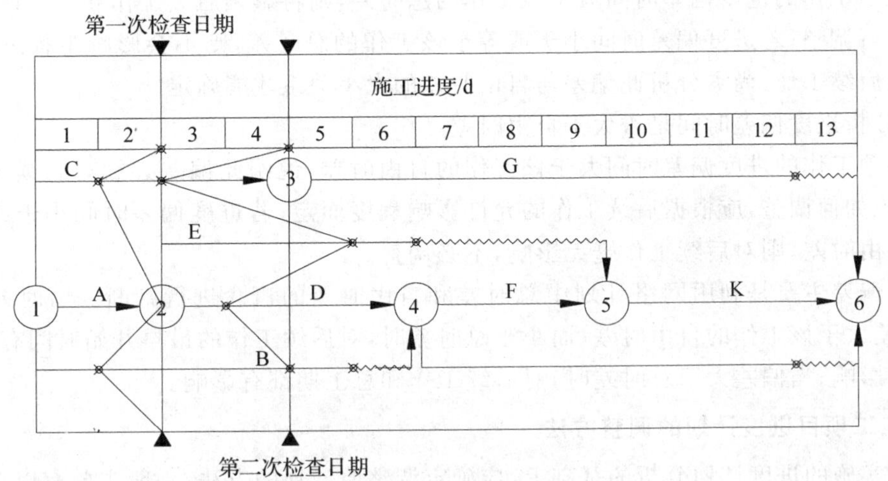


图 8-10　某施工项目进度前锋线图

**6. 列表比较法**

当采用无时间坐标网络计划时，也可以采用列表比较法。该方法是将检查时正在进行的工作名称和已进行的天数列于表内，然后在表上计算有关参数，再依据原有总时差和尚有总时差判断实际进度与计划进度的差别，及分析对后期工作及总工期的影响程度，见表 8-1。

表 8-1　列表比较法

| 工作代号 | 工作名称 | 检查计划时尚需作业天数 | 至计划最迟完成时间尚余天数 | 原有总时差 | 尚余总时差 | 情况判断 |
|---|---|---|---|---|---|---|
| | | | | | | |
| | | | | | | |
| | | | | | | |

## 8.5.4　施工项目进度计划的调整

**1. 分析进度偏差对后续工作及总工期的影响**

当实际进度与计划进度进行比较，判断出现偏差时，首先应分析该偏差对后续工作和对总工期的影响程度，然后才能决定是否调整以及调整的方法与措施。具体分析步骤如下所述：

(1)分析出现进度偏差的工作是否为关键工作

若出现偏差的工作为关键工作，则无论偏差大小，都将影响后续工作按计划施工，并使工程总工期拖后，必须采取相应措施调整后期施工计划，以便确保计划工期；若出现偏差的工作为非关键工作，则需要进一步将偏差值与总时差和自由时差进行比较分析，才能确定对后续工作和总工期的影响程度。

(2)分析进度偏差时间是否大于总时差

若某项工作的进度偏差时间大于该工作的总时差，则将影响后续工作和总工期，必须采取措施进行调整；若进度偏差时间小于或等于该工作的总时差，则不会影响工程总工期，但是否影响后续工作，尚需分析此偏差与自由时差的大小关系才能确定。

(3)分析进度偏差时间是否大于自由时差

若某项工作的进度偏差时间大于该工作的自由时差，说明此偏差必然对后续工作产生影响，应该如何调整，应根据后续工作的允许影响程度而定；若进度偏差时间小于或等于该工作的自由时差，则对后续工作毫无影响，不必调整。

分析偏差主要是利用网络计划中总时差和自由时差的概念进行判断。由时差概念可知，当偏差大于该工作的自由时差，而小于总时差时，对后续工作的最早开始时间有影响，对总工期无影响；当偏差大于总时差时，对后续工作和总工期都有影响。

**2. 施工项目进度计划的调整方法**

在对实施的进度计划分析的基础上，应确定调整原计划的方法，一般主要有以下几种：

(1)改变某些工作间的逻辑关系

若检查的实际施工进度产生的偏差影响了总工期，在工作之间的逻辑关系允许改变的条件下，可以改变关键线路和超过计划工期的非关键线路上的有关工作之间的逻辑关系，达到缩短工期的目的。用这种方法调整的效果是很显著的。例如，可以把依次进行的有关工作改成平行的或相互搭接的，以及分成几个施工段进行流水施工等，都可以达到缩短工期的目的。

(2)缩短某些工作的持续时间

这种方法是不改变工作之间的逻辑关系，而是缩短某些工作的持续时间，使施工进度加快，并保证实现计划工期的方法。那些被压缩持续时间的工作是位于由于实际施工进度的拖延而引起总工期增长的关键线路和某些非关键线路上的工作，同时又是可压缩持续时间的工作。这种方法实际上就是采用网络计划优化的方法，这里不再赘述。

(3)资源供应的调整

如果资源供应发生异常(供应满足不了需求)，应采用资源优化方法对计划进行调整，或采取应急措施，使其对工期影响最小化。

(4)增减工程量

增减工程量主要是指改变施工方案、施工方法，从而导致工程量的增加或减少。

(5)起止时间的改变

起止时间的改变应在相应工作时差范围内进行。每次调整必须重新计算时间参数，观察该项调整对整个施工计划的影响。调整时可采用下列方法：将工作在其最早开始时间和其最迟完成时间范围内移动；延长工作的持续时间；缩短工作的持续时间。

**3. 施工项目进度计划的调整措施**

施工项目进度计划调整的具体措施包括以下几种：

(1)组织措施；

①增加工作面，组织更多的施工队伍；

②增加每天的施工时间(如采用三班制等)；

③增加劳动力和施工机械的数量；

④将依次施工关系改为平行施工关系；

⑤将依次施工关系改为流水施工关系；

⑥将流水施工关系改为平行施工关系。

(2)技术措施

①改进施工工艺和施工技术，缩短工艺技术间歇时间；

②采用更先进的施工方法，以减少施工过程的数量(如将现浇框架方案改为预制装配方案)；

③采用更先进的施工机械。

(3)经济措施

①实行包干奖励；

②提高奖金数额；

③对所采取的技术措施给予相应的经济补偿。

(4)其他配套措施

①改善外部配合条件；

②改善劳动条件；

③实施强有力的调度等。

【案例分析】某工程网络计划如图 8-11 所示，在第 5 天检查时，发现 A 工作已完成，B 工作已进行一天，C 工作已进行两天，D 工作尚未开始。

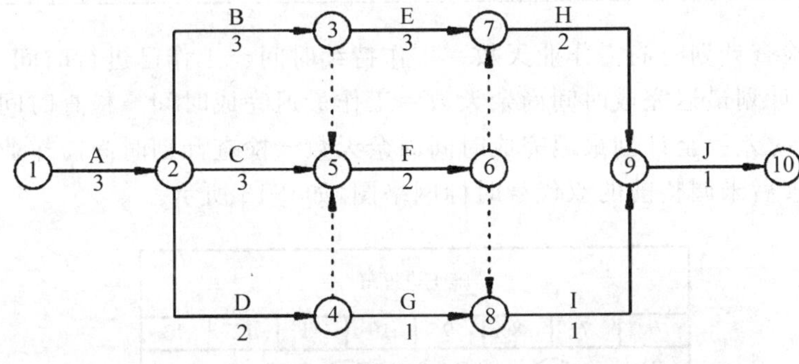


**图 8-11　某施工项目网络计划**

问：

(1)绘制实际进度前锋线记录实际进度执行情况。

(2)对实际进度与计划进度对比分析，填写网络计划检查结果分析表。

(3)根据检查结果绘制未调整前的双代号时标网络图。

(4)若要求按原工期目标完成，不允许拖延工期，试绘制调整后的双代号时标网络图。

**解：**

(1)绘制实际进度前锋线，如图 8-12 所示。

所谓前锋线是指在原时标网络计划上，从检查时刻的时标点出发，用点画线依次将各项工作实际进展位置点连接而成的折线。

(2)填写网络计划检查结果分析表，见表 8-2。

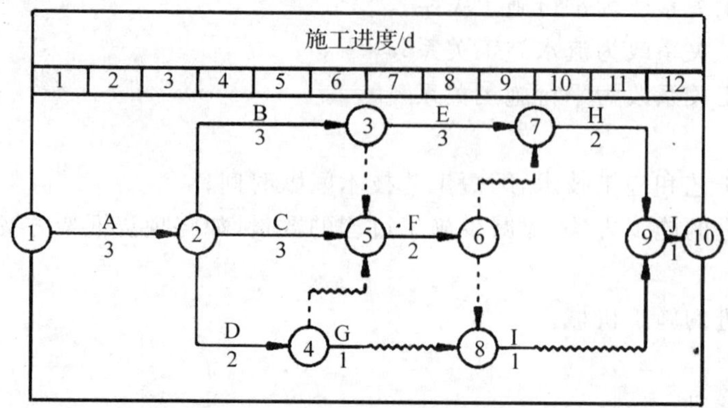


图 8-12 实际前锋线图

表 8-2 网络计划检查结果分析表

| 工作代号 | 工作名称 | 检查计划时尚需作业天数 | 至计划最迟完成时间尚余天数 | 原有总时差 | 尚余总时差 | 情况判断 |
|---|---|---|---|---|---|---|
| 1 | 2 | 3 | 4 | 5 | 6 | 7 |
| 2—3 | B | 3－1＝2 | 6－5＝1 | 0 | 1－2＝－1 | 滞后 1 天 |
| 2—4 | D | 2－0＝2 | 7－5＝2 | 2 | 2－1＝1 | 正常 |
| 2—5 | C | 3－2＝1 | 7－5＝2 | 1 | 2－2＝0 | 正常 |

检查计划时尚需作业天数＝工作持续时间－工作已进行时间

到计划最迟完成时间尚余天数＝工作最迟完成时间－检查时间

尚余总时差＝至计划最迟完成时间尚余天数－检查计划时尚需作业天数

(3)绘制检查后未调整前的双代号时标网络图，如 8-13 所示。

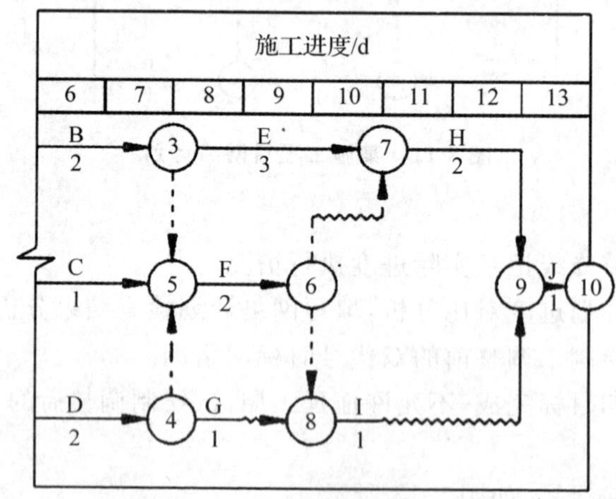


图 8-13 未调整前的时标网络计划

(4)调整后的双代号时标网络图如 8-14 所示。

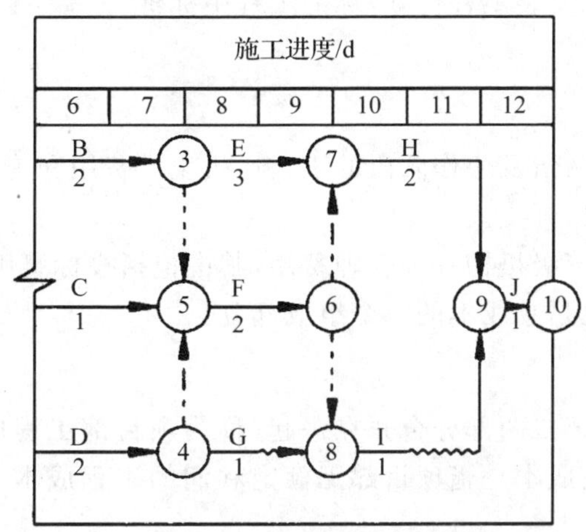


图 8-14　调整后的时标网络计划

## 8.6　施工成本管理

建筑工程项目概、预算总金额由建筑安装工程费，设备、工具、器具及家具购置费，工程建设其他费用，及预留费用四大部分组成。

### 8.6.1　工程成本概念

建筑工程项目施工费用为建筑安装工程费(即工程建设项目概、预算总金额中的第一部分费用)，在项目业主的管理之下，施工企业利用此费用具体组织实施完成项目施工任务。因此，施工企业进行成本管理研究的直接范围是建筑安装工程费。做好成本管理工作，首先必须清楚以下基本概念。

**1. 工程预算价**

工程施工企业在投标之前，一般都先按照概、预算编制办法计算建筑安装工程费。建筑安装工程费由五大部分组成：(1)直接工程费；(2)间接费；(3)施工技术装备费；(4)计划利润；(5)税金。

建筑安装工程费是工程概、预算总金额组成中的第一大部分。施工企业把建筑安装工程费称为工程预算价。

有时候，工程建设方将预留费用和监理费用以暂定金形式列入招标文件中，工程施工方在投标文件中也要相应地列入。但是，使用这些费用是由业主决定的，因此，工程施工企业在研究总造价、总成本时往往不予考虑。

**2. 工程中标价**

为了提高投标中标率，施工企业在投标报价时往往主动放弃了预算价中的施工技术装备费和计划利润的一部分或全部，有些情况下甚至还放弃直接工程费和间接费的一部分。

通过投标中标获得的建筑安装工程价款，称为工程中标价。

**3. 工程成本**

工程成本组成如下：

(1)项目部所属施工队伍及协作队伍的工、料、机生产费用和施工现场其他管理费。

(2)项目部本级机构的开支。

(3)由项目部分摊的上级机构各种管理费用，其中包括投标费用。

(4)上缴国家税金，也是总成本的一个组成部分。

**4. 项目部责任成本**

工程成本中的第一、第二两部分合并在一起，称为项目部工程成本，其额定值称为项目部责任成本。项目部责任成本是指项目部无额定利润的工程成本，是工程成本分解及成本管理工作的重点所在。

**5. 项目部上级机构成本**

项目部上级机构成本指工程总成本中的第三、第四两部分。在这里，应该注意的是项目部成本不等于工程施工总成本。施工总成本还应该包括发生在上级机构的成本(管理费)和应上缴国家的税金。项目部上级机构成本也是工程分解和成本管理工作的一个组成部分。

**6. 工程利润**

工程中标价(剔除暂定金和监理费用等)减去工程施工总成本后的余额是工程利润。在这里，应该注意到工程中标价(剔除暂定金和监理费用等)减去项目部成本，并不等于利润，只有再扣除由项目部分摊的上级机构各种管理费和上缴国家的税金之后，才是工程利润。

### 8.6.2 工程成本分解

工程成本分解，主要是指施工企业将构成工程施工总成本的各项成本因素，根据市场经济及项目施工的客观规律进行科学合理的分开，为成本管理及控制、考核提供客观依据的一项十分重要的成本管理基础工作。一般来说，工程成本应从以下几个方面来分解：

**1. 项目部责任成本**

项目部责任成本等于项目部所属施工队伍(包括协作队伍)的工、料、机生产费用和施工现场其他管理与项目部本级机构开支之总和。

项目部责任成本由企业与项目部根据项目工程特征、投标报价、项目部机构设置、自有施工队和协作队伍等各方面情况，深入进行社会市场及施工现场调研后综合分析计算而来。

(1)项目部所属施工队伍(包括承包协作队伍)成本

当投标中标之后，施工企业应根据工程项目所在地的实际情况，再次对各项施工生产要素(主要指工、料、机)的市场价格进行现场调研，根据切实可行的施工技术方案和及有关规定要求，并按工程量清单提供的工程数量，重新计算出由项目经理部组织工程项目施工时的市场实际施工总价款。实际施工总价款实际上就是项目经理部(不含项目部)以下的全部费用(即项目部所属施工队伍及协作队伍的工、料、机生产费用和施工现场其他管理费)。施工企业和项目经理只有以此为成本控制的基础依据，才能使工程项目施工成本管理及施工实际成本符合市场经济的客观规律。

在项目工程实施总价款的控制下，项目经理部可将各项工程分别具体划分落实到各施工队（自有施工队和协作队），并建立工程项目施工分户表，明确各施工队施工项目、工程数量、施工日期、执行单价、执行总价、责任人等内容，这样，既将施工任务落实到各施工队，又将执行价格予以明确控制并落实到责任人，同时还可防止因人为因素而产生的工程数量不清、执行价格混乱等问题。

无论是自有施工队，还是承包协作队，都要在项目经理部直接管理之下，切实加强工程质量、施工进度和施工安全的管理，并使其符合有关规定要求，在此前提下，项目经理部根据各施工队完成的实物工程量按实施执行价格计量拨付工程款。一般来说，拨付给承包单位的工程进度款要低于其实际工程进度，并扣留质量保证金，待维修期满后方可结账付清余款。当承包单位提交了银行预付款保函时，可按项目业主对项目预付款比例或略低于这一比例对承包单位预付工程款；否则，不能对承包单位预付工程款。

在当前的建筑市场工程施工承包中，一般有两种承包方法：一是总包法，二是劳务承包法。总包法是指将中标工程项目中某些分项（单项）工程议定价格之后（包括工、料、机等全部费用），签订项目承包合同，由承包协作队伍承包完成项目施工任务。总包法项目经理部可以省心省事。但施工材料采购、原材料的检验试验、施工过程中的对外协调等事项，承包协作队可能难以胜任而导致影响施工进程。劳务承包法是指承包协作队只对某项工程施工中的人工费进行承包，完成项目施工任务。

在近年的工程项目实践中，通常以劳务承包法对承包协作队进行工程施工承包，通过项目部与承包协作队有机配合来完成项目施工任务。具体来讲，就是将某项工程以劳务总包的形式承包给协作队，签订项目承包合同。在项目施工中，人工及人工费由承包协作队自行安排调用，项目经理部一般不予过问，但施工进度必须符合项目总体施工进度计划。施工用材料则由项目经理部代购代供，其费用是计入承包工程费用之中：承包协作队要提供材料使用计划（数量、规格、使用日期），项目经理部要制定材料采购制度，保质保量并以不高于工地现场的材料市场价格向承包协作队按期提供材料，确保顺利施工。这部分费用在成本分解时，可列为材料代办费项目，以便对材料使用数量及采购供应价格进行有效控制。同样，劳务队伍使用的机械设备由项目经理部提供并计入承包工程费用之中。

(2)项目部本级机构开支

项目部本级机构开支的费用主要根据工程项目的大小、项目经理部人员的组成情况来综合考虑。由于项目经理部是针对某个工程项目而设置的临时性施工组织管理机构，一般随工程项目的完成而解体，因此，项目经理部的设置应力求精简高效，这样才有利于项目经济效益的提高。

项目部本级机构开支的费用主要包含间接费和管理费两大部分。间接费主要包含项目部工作人员工资、工作人员福利费、劳动保护费、办公费、差旅交通费、固定资产折旧费和修理费、行政工具使用费等；管理费主要包含业务招待费、会议费、教育经费、其他费用。

项目部责任成本在项目工程成本中占有较大比重。在项目实施中，施工企业和项目经理部必须严格控制其各项费用在责任成本额定范围内开支，才能确保项目工程取得良好的经济效益。这是施工企业进行成本管理控制的关键所在。

**2. 项目部上级机构成本**

项目部上级机构成本是指项目摊给上级机构的各种管理费用与税金之和。

(1)上级机构管理费主要是指项目部以上的各上级机构，为组织施工生产经营活动所发生的各种管理费用。主要包括管理人员基本工资、工资性津贴、职工福利费、差旅交通费、办公费、职工教育经费、行政固定资产折旧和修理费、技术开发费、保险费、业务招待费、投标费、上级管理费等各项费用。

上级机构管理费一般是根据上级机构设置情况及人员组成状况，采取总量控制的措施核定及控制费用开支的。目前，各级一般都是根据历年费用开支情况，进行数理统计分析后，逐级约定费额，并按规定要求上缴。上级机构管理费一般占项目工程中标价的6%～7%。

(2)税金按实际支付工程款，由企业缴纳，有的由业主统一代缴。税金应上缴国家，但它是成本的一个组成部分。

将项目工程成本分解成了项目部责任成本(项目部所属施工队伍成本与项目部本级机构开支之和)与项目部上级机构成本两大部分，对分解开来的这两大部分费用，可分别由项目经理部和项目经理部的上级机构(企业)来掌握控制，项目经理部在责任成本限额内组织自有施工队和协作队实施项目施工，企业对项目部进行全过程成本监控管理，指导项目部在责任成本费用之内完成项目施工任务。企业对自身的各项管理费用开支必须进行有效控制，最大限度地降低上级机构成本费用，从而全面提高企业综合经济效益。

实践证明，只要按上述方法计算和分解工程成本，做到责任明确，互不侵犯，并切实有效地进行控制管理，施工项目可以取得良好经济效益。

### 8.6.3 工程成本控制

**1. 项目部工、料、机生产费及现场其他管理费控制**

(1)人工费控制

人工费发生在项目部所属施工队伍和协作队伍中。协作队伍的人工费包括在工程合同单价之中，不单独反映。项目部按合同控制协作队伍的人工费。其内部管理由协作队伍法人代表进行，项目部一般不再过问。

项目部所属自有施工队伍的人工费按预先编好的成本分解表中的人工费控制。应该注意到项目部自有施工队伍全年完成产值中的人工费总额应等于或大于他们全年的工资总额，否则人工费将发生亏损。另外，还要注意加强对零散用工的管理，注意提高劳动生产率、用工数量、工日单价等。

自有施工队伍人工费控制还应该注意：尽量减少非生产人工数量；注意劳动组合和人机配套；充分利用有效工作时间，尽量避免工时浪费，减少工作中的非生产时间。

(2)材料数量和费用控制

在成本分解工作中已经计算好了全部工程所需各类材料的数量，确定好了材料的市场价格及总价；同时，已按自有施工队伍和协作队伍算好了完成指定工程所需的材料数量及总价，材料费用按此控制。

协作队伍所需材料数及总价已在协作合同文本上明确，节约归己，超支自负。因此，协作队伍的材料数量和总价应自行控制，自己负责。自有施工队伍应按承包责任书控制好材料数量和总价，实行节奖超罚的控制制度。自有施工队伍在材料数量和费用控制时应该注意：按定额或工地试验要求使用材料，不要超量使用；降低定额中可节约的场内定额消耗和场外运输损耗；回收可利用品；减少场内倒运或二次倒运费用。

项目部材料管理人员在材料数量和费用控制方面负有重要的责任。他们对外购材料的市场价格、材料质量要进行充分调查，做到货比三家，选择质优价廉、供货及时、信誉良好的材料生产厂家。尽量避免或减少中间环节。一般情况下，要保证材料的工地价不超过投标（中标）的材料单价。遇有材料价格上涨，超过中标价的情况，应做好情况记录，保存凭证，及时通过项目部向业主单位报告，争取动用预留费用中的“工程造价增涨预留费”。

项目部材料管理人员要建立完善、严密的材料出入库制度，保证出入库数量的正确。入库要点收、记账，要有质量文件。出库也要点付、记收，领用手续完备。项目部材料管理人员还要建立材料用户分账制度，对每一用户（各自有施工队伍、各协作队伍）应控制好材料数量及价款。对周转件材料（如脚手架、钢模板等）要设立使用规则，杜绝非正常损耗。

加强材料运输管理，防止运输过程中因人为因素丢失而引起的严重损耗。材料费用在工程项目成本中占有相当大的比重，有的项目发生亏损主要原因之一就是材料使用严重超量或有的材料采购价格高于市场平均水平。因此，项目经理及项目施工管理人员必须认真研究材料使用及采购中的问题，只有严格把住材料成本关，项目责任成本目标的实现才有充分的保障。

(3)施工机械使用费的控制

施工机构使用费的控制主要是针对项目部自有施工队伍使用机械而言的。在成本分解工作中，已根据自有施工队施工项目特征计算出了所需各类施工机械及其使用台班数，项目经理部应按其机械使用费额，责任承包给自有施工队，并加强控制管理，确保其费用不得突破。

协作队伍的施工机械使用费已全部包含在议定的承包工程项目总体价格合同以内，一般不再单独计列。因此，协作队的施工机械使用费自行控制，自己负责。

对自有施工队的施工机械使用费的控制主要应该注意以下几点：

①严格控制油料消耗。机械在正常工作条件下每小时的耗油量是有相对规律的，实际工作中，可以根据机械现有情况确定综合耗油指标，再根据当日需要完成的实际工作量供给油燃料，不宜以台班定额核算供给油料，从而控制油料耗用成本。

②严格控制机械修理费用。要有效地控制机械修理费用，首先应从提高机械操作工人的技术素质抓起。对机械使用要按规程正确操作，按环境条件有效使用，按保养规定经常维护保养。对一般小修小保，应由操作工人自行完成。对于大中型修理及重要零部件更换，操作工人必须报经机械主管，责任人召集有关人员“会诊”，初步提出修理方案，报项目经理审批后才能进行大中型修理及重要零部件更换。对更换的零部件应由项目机械主管责任人验证。对修理费用也必须进行市场调研，多方比较后选定修理厂家并议定修理价格。有的项目经理部就因机械使用效率很低，而油料消耗过大以及修理费用过高，从而导致经济效益很差甚至亏损。

③按规定提取并上交折旧费。一般来说，大中型施工机械都属于企业的固定资产，当项

目施工需要时,即调配到项目部使用。因此,项目部必须按规定要求提取其折旧费并如数上缴企业。

④机械租赁费的控制。当自身机械设备能力不能满足项目施工需要时,可向社会市场租赁机械来协助完成施工任务。目前,机械租赁一般有三种形式:一是按工作量承包租赁,二是按台班租赁,三是按日(计时)租赁。按工作量承包租赁是比较好的办法,一般应采取这种方式;按日(计时)租赁是最不可取的,应该避免。因此,项目经理部在租赁机械时,要充分考虑到租赁机械的用途特征,选定适宜的租赁方式。对租赁机械价格要广泛进行市场调查,议定出合理的价格水平。对不能按时完成工作量承包租赁又难以用定额台班产量考核的特种机械,在租赁使用中,必须注意合理调度,周密安排,充分提高其使用效率。其租赁费用必须如实计入责任承包的机械使用费额之内。

⑤对外出租机械费用的控制。当自身机械设备过剩时,可视情况对外出租。在出租机械时,要根据机械工作特性选择合适的出租方式,拟定合理的出租价格,并签订租赁合同,同时还要注意防止发生"破坏性"使用问题。对出租赚取的经济收益应上缴企业。当协作队向项目部租赁施工机械设备时,同样要切实按照事先议定好的租赁方式和租赁价格签订租赁合同,其费用可直接从施工进度工程款中扣留。

(4)工程质量成本的控制

工程质量成本是指为保证和提高工程质量而支出的一切费用,以及未达到质量标准而产生的一切质量事故损失费用之和。由此可以看出,工程质量成本主要包含两个方面,一是工程质量保证成本,二是工程质量事故成本。一般来说,质量保证成本与质量水平成正比关系,即工程质量水平越高,质量保证成本就越大;质量事故成本与质量水平成反比关系,即工程质量水平越高,质量事故成本就越低。施工企业追求的是质量高成本低的最佳工程质量成本目标。一般来说,工程质量成本可分解为预防成本、检测成本、工程质量事故成本、过剩投入成本等几个方面。

①预防成本。预防成本主要是指为预防质量事故发生而开展的技术质量管理工作,质量信息、技术质量培训,以及为保证和提高工程质量而开展的一系列活动所发生的费用。质量管理水平较高的施工企业,这部分费用占质量成本费用的比重较大,是施工单位坚持"预防为主"质量方针的重要体现。如果施工作业层技术技能水平高,这部分费用相对就低;反之,这部分费用比较高。因此,施工企业应加强技术培训工作,全面提高施工操作人员的技术素质,一次培训投入可换取长久的经济效益。在选择协作队伍时,应充分注意技术素质及施工能力。这实际上也是降低成本的有效环节。

②检测成本。检测成本主要是对施工原材料的检验试验和对施工过程中工序质量、工程质量进行检查等发生的费用。这是预防及控制质量事故发生的基础,应根据工程项目实际需要配置检测设备及检测人员,增加现场质量检查频次。

③工程质量事故成本。工程质量事故成本主要是指因施工原因造成工程质量未达到规定要求而发生的工程返工、返修、停工、事故处理等损失费用。这部分费用随质量管理水平的提高而下降。自有施工队伍和协作单位应切实加强质量管理,各自负责工程项目施工质量,最大限度地把这项费用降到最低。一旦发生质量事故,既加大了质量成本,降低了经济效益,同时又造成了不良的社会影响。事实上,质量事故损失费用就是工程施工的纯利润,因此,在工程施工中,要严格把守各道工序的质量关,提高工程质量一次合格率,防止返工及

质量事故的发生。当前，工程项目施工普遍推行社会监理制，但施工企业切不可因此而放松自身对工程质量的有效控制与管理，应做到自检符合要求后才提交监理检查验收，切实把工程质量事故消灭在萌芽状态，这样才能有效降低质量成本，提高经济效益。

④过剩投入成本。过剩投入成本主要是指在工程质量方面过多地投入物质资源而增加的工程成本。过剩投入成本的发生，实际上是质量管理水平不高的突出表现。在施工现场可以看到，有的施工人员在拌制砂浆、混凝土时，往往以多投入水泥用量的方式来保证质量；有的砌筑工程设计要求用片石而施工中偏要用块石（有的甚至用料石）提高用料标准等，这都是典型的过剩投入增加工程成本的现象，这种做法是不宜提倡的。在实际施工中，我们应当严格按技术标准、施工规范、质量要求进行施工，片面加大物耗的做法不一定能创出优质工程，也是对工程质量内含的曲意理解，应当引起项目经理、技术质量人员及施工管理人员、施工作业人员的高度注意。

（5）施工进度对工程成本的影响

施工进度的快慢主要取决于工程项目总工期的要求。工程项目总工期一般来说是由工程项目建筑方（项目业主）确定的。业主在确定总工期时，应该充分考虑合理的工程施工进度。总工期过长，不利于投资效益的发挥；相反，总工期过短，会使施工企业疲于应付，引起劳动力、材料、施工机械设备的短期大量投入从而导致价格攀升，致使施工成本增加，尤其是在施工中期或中后期，如果建筑方突如其来地要求施工企业提前工期，将会更加严重地引起施工成本的大量增加。在合理的工程总工期条件下，施工企业和项目经理部应根据工程项目的施工特点来安排好施工进度，既能保证工程如期完工，又能保证资金合理运作。这是项目经理部和施工企业必须共同做好的一项重要工作。无原则地赶工，除了会影响工程质量，容易引发安全事故外，必然还会引起工程成本的大量增加。

（6）加强现场安全管理，防止安全事故发生，从而减小项目成本开支

确保施工现场人员的人身安全和机械设备安全是施工现场管理工作的重要内容。一个工程项目的工程利润往往被一两次安全事故耗损一空，因此，在项目施工中，千万不能忽视安全管理工作，切实防止因安全管理工作不到位而影响项目经济效益。

**2. 项目部本级机构开支控制**

项目部本级机构开支按预先编审后的成本分解表进行控制。

（1）工作人员工资、福利、劳保费

应控制项目经理部人数；工作人员队伍应该是高效精干的；控制好工资福利、劳保标准。

（2）差旅交通费

坚持出差申请制度；按规章标准核报差旅交通费；坚持领导审批制度。

（3）业务招待费

坚持内外有别原则：对内从简，对外适度；杜绝高档消费；坚持招待申请和领导审批制度。

**3. 项目部上级机构成本控制**

项目部上级机构成本按预先编审后的成本分解表进行控制，其重点和控制办法如下：

（1）项目部的各上级机构开支控制

其重点控制项目和控制办法与项目本级机构开支控制相同。

(2)上缴税金

各项目部的税金由上级机构统一缴交。凡遇部分免税,则由项目部上级机构专列账户保存,经允许后方能作为利润的一部分动用。

### 8.6.4 工程成本考核与分析

**1. 工程成本考核**

施工过程中定期考核成本是成本控制的好方法。一般应该每隔 2～3 个月进行一次,直至工程结束。考核从最基层开始,也就是从自有施工队伍承包合同和协作队伍经济合同开始进行考核。考核工、料、机和其他现场管理费,考核经济合同执行情况。要认真进行工程、库存、资金等盘点工作。

要同时考核项目部本级机构和项目部上级机构的开支情况。凡发生超过分解额的各个部分,都要查找其超出原因。相反,对于有结余的部分,也要查清原因。总之,各个分项是盈是亏都要弄清真正原因,从而达到总结经验、克服缺陷的目的。

**2. 项目资金运作分析**

项目资金来源一般包括由业主单位已经拨入的工程预付款和进度款、施工企业拨入的资金或银行贷款,及协作队伍投入的资金或银行存款。拖欠材料商的材料款、协作队的工程款和欠付自有施工队伍的人工费、现场管理费也可以视为项目资金的来源。

项目资金的去向一般包括支付给自有施工队伍和协作单位的工程款,付给材料商的材料款,上缴给项目部上级机构的各项费用,支付给业主单位的工程质保金,及归还银行贷款利息等。

工程施工过程中,承包人总希望能做到资金来源大于资金去向,有暂时积余,这对于保证工程顺利进行颇有益处。相反,资金来源小于资金去向时,施工过程中流动资金不足形成多头拖欠(债务),影响工程顺利进行。遇到这种情况要具体分析,采取有效措施。譬如,业主预付款不到位,前中期工程进度过慢,部分项目正在施工尚未验收计量,已经验收计量的项目业主方尚未拨款,企业自有资金或贷款不足等使得资金来源显得不足。又如,过早购入材料,机械设备闲置过多,造成资金积压,过早上缴项目部上级机构费用等。对于这些情况应及时采取措施扭转。

## 习题

8.1 施工项目、施工项目管理的定义及施工项目管理的程序是什么?

8.2 施工技术管理工作的内容有哪些?

8.3 在技术岗位责任制中各级技术人员的职责是什么?

8.4 施工技术管理基本制度有哪几种?

8.5 施工质量控制的三个环节是什么?

8.6 施工质量控制的依据和程序是什么?

8.7　安全生产的特点是什么?

8.8　施工安全管理的任务是什么?

8.9　简述施工安全管理的实施程序。

8.10　建筑工程安全生产管理体系建立的原则是什么?

8.11　简述项目经理、技术员、安全员的安全生产责任制。

8.12　施工安全技术措施编制依据和编制要求有哪些内容?

8.13　安全技术措施的编制有哪些内容?

8.14　简述安全技术交底的基本要求和交底主要内容。

8.15　安全教育的目的和意义是什么?

8.16　施工现场常用几种安全教育形式有哪些?

8.17　安全检查有什么目的和意义?

8.18　安全检查有哪些形式?

8.19　安全检查有哪些主要内容?

8.20　预防安全事故的措施有哪些?

8.21　简述安全事故处理程序。

8.22　案例题

某施工项目的网络计划如图 8-15 所示,图中箭线之下括弧外的数字为正常持续时间,括弧内的数字是最短持续时间,箭线之上是每天的费用。当工程进行到第 95 天进行检查时,节点⑤之前的工作全部完成,工程延误了 15 天。

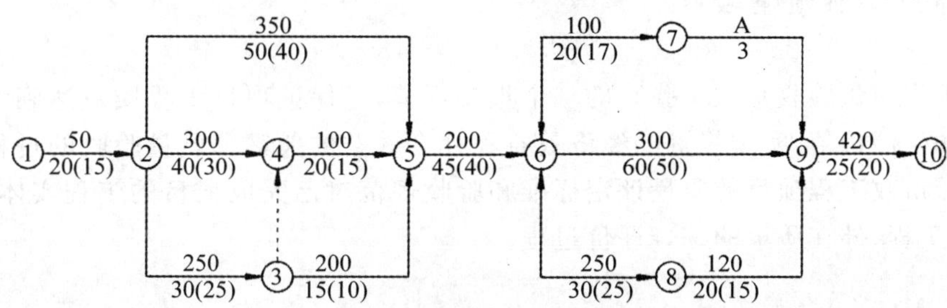


图 8-15　待调整的网络计划

问题:

要在以后的时间进行赶工,确保按原工期目标完成,使工期不拖延,问怎样赶工才能使增加的费用最少?

# 第9章 市政工程竣工验收

竣工验收是工程项目转入生产使用的重要环节，是国家综合评价建设工程成果的一项基本法律制度。实行竣工验收制度，是全面检验工程项目的施工质量是否符合设计要求和合同规定，明确合同责任，考核建设项目是否适于投产使用的关键。

本章主要介绍市政工程竣工验收的基本概念、竣工验收的相应程序和竣工验收组织的构成。

## 9.1 概 述

市政工程的竣工验收是指合同当事人的承包主体按设计文件、图纸和施工合同规定完成了施工任务，由合同当事人的发包主体按照工程建设法律法规和相关合同规定，组织其他项目参与人对施工项目进行检验接收的过程。

### 9.1.1 市政工程质量验收

市政工程质量验收是竣工验收的一个重要环节，是保证项目工程质量达到设计要求的使用功能和生产价值，实现投资的经济效益和社会效益的关键。质量验收的过程是国家有关部门按照市政工程项目的质量评定标准和验收规范对已完成项目的工程实体质量、施工工艺、隐蔽工程、外在质量的综合评价过程。

### 9.1.2 市政工程项目竣工验收依据

市政工程项目竣工验收的主要依据包括以下几方面：

**1. 上级部门批准的设计文件、施工图纸和说明书**

主要内容包括可行性研究报告、设计施工图和各种与工程项目相关的法律文件。

**2. 发包人和承包人签订的施工合同**

包括施工承包方的工作内容和履约责任，含施工过程中的变更通知书等。发包人和承包人在项目竣工验收时必须依照施工合同约定执行，否则应承担相应的法律责任。

**3. 设备技术说明书**

包括发包人供应的设备和由承包人采购的设备，都应符合设计标准要求。设备技术说明书是设备安装、维护、质量验收的主要依据。

**4. 国家规定的竣工验收规范和质量检验标准**

项目竣工验收必须依法办事，由于市政工程往往规模较大，涉及的专业较多，相应的验收规范和标准也较多，主要包括市政工程施工及验收规范、市政工程质量检验评定标准等。

从国外引进技术和引进设备的项目和外资工程也应依据我国有关法律规定提交竣工文件。

### 9.1.3　市政工程项目施工质量验收标准

市政工程项目涉及的专业类别多，相应的施工质量验收标准也要分门别类，总体来说，应遵循以下几点要求：

(1)施工承包方已按批准的设计文件和施工合同的约定按时按量完成施工任务。施工项目质量验收标准必须依法进行，工程发包人与承包人签署的施工合同具有相应的法律效力。《建设工程施工合同(示范文本)》通用条款 15.1 明文规定："工程质量应达到协议书约定的质量标准，质量标准的评定以国家或行业的质量检验评定标准为依据。因承包人原因工程质量达不到约定的质量标准，承包人承担违约责任。"所以承包人在交付验收之前应对自己的工程项目组织自检，及时整修不合格产品，达到竣工条件方可上报验收。

(2)工程竣工资料齐全，符合验收条件。《建设工程文件归档整理规范》(GB/T50328-2011)6.0.2 条款规定："勘察、设计单位应当在任务完成时，施工、监理单位应当在工程竣工验收前，将各自形成的有关工程档案向建设单位归档。"工程文件的内容及其深度必须符合国家有关工程勘察、设计、施工、监理等方面的技术规范、标准和规程。

(3)单位工程质量应达到竣工验收的合格标准。单位工程包含的项目质量应符合《建筑工程施工质量验收统一标准》(GB-50300-2010)的相关规定，对于不合格项目进行整改，方可交付验收。

(4)施工过程中使用的主要建筑材料、设备应提交相应的产品合格证书和抽检报告。

(5)建设项目的子项工程均能满足生产要求，可以交付使用。

(6)建设项目的子项工程包括全部生产性工程和辅助配套工艺均达到质量验收的合格标准，满足投产需要。

### 9.1.4　市政工程施工质量检查评定验收的基本内容和方法

施工质量验收是工程质量控制的关键，市政工程项目包含的专业分工类别较多，对工程质量验收进行科学的划分是十分必要的。按照项目各部分工程的规模和使用功能，可将质量验收划分为单位工程、分部工程和分项工程。项目的单位工程及各分部分项工程都应进行抽检试验，达到验收要求。

市政工程施工质量检查评定验收的基本内容和实施要点包括：

(1)施工材料(设备)的检验。包括项目施工过程中使用的原材料、成品、半成品和生产设备的检验。

(2)工程文件资料的检验。包括施工过程中的所有技术文件资料，含施工合同、材料产品的查验资料和抽检报告、生产设备的合格证书、施工自检资料、质量评定资料等。

(3)各单位及分部分项工程的外观质量验收。

### 9.1.5 竣工验收的准备工作

市政工程竣工验收是项目实施过程中的最后一个环节,为保证竣工验收的有效进行,参照施工竣工的验收依据和标准,应做好竣工验收前的各项准备工作。

项目经理部是整个工程管理的总负责人,承担项目竣工验收前的各项准备工作,也称作是项目收尾管理。由于市政工程往往规模较大,参与的专业分工也较多,项目收尾工作应当有组织、有计划地对工程实体发包人、承包人和其他项目参与者进行职责分工,制定项目竣工计划,有序地落实竣工验收前的各项收尾工作。项目竣工计划依竣工验收依据和评定标准大致有以下两方面的内容。

**1. 项目工程实体收尾**

项目工程实体收尾是针对现场的管理工作,主要是由项目经理组成领导班子对施工现场实体工程进行收尾管理。

(1)仔细核对施工图纸、合同与项目完成内容,做到无遗漏、无丢失,特别是一些零碎、容易让人忽视的项目应定期检查。

(2)做好现场维护工作。对于已经竣工完成的成品应进行有效的保护,做好项目设施的试车调试工作,清理现场各种临时设施和暂设工程,做好各种物资的回收和转移工作。

(3)组织竣工自查工作。为保证项目工程能够顺利通过竣工验收,工程承包方应在收尾阶段组织自查,及时发现缺失进行整改。

**2. 竣工验收资料的整理**

竣工验收资料是项目施工竣工验收的依据,是工程实施情况的重要记录。由项目经理组织各个专业技术负责人,由内业技术人员按照《建设工程文件归档整理规范》有关规定负责技术档案资料的收集整理工作。市政工程竣工验收资料主要包含:工程项目的开工、竣工报告;分项、分部工程和单位工程技术人员名单;图纸会审和设计交底记录;设计变更通知单;技术变更核实单;工程质量事故发生后调查和处理资料;测量观测记录;材料、设备、构件的质量合格资料;试验、自检报告;隐蔽验收记录及施工日志;竣工图;质量检验评定资料;工程竣工验收资料等。

### 9.1.6 质量不合格的处理

市政工程竣工验收前应保证各项工程质量符合验收标准,当项目工程质量不符合要求时,应作如下几点处理:

(1)对于一些不能满足验收标准或者与相关要求有偏差,但通过返修或更换可以满足要求的子项目,在施工单位进行返修或更换设备后,应对其进行重新验收检查。

(2)因为工程设计文件在标准规范要求的参考值基础上往往留有安全余量,所以经有资质的检测单位鉴定达不到设计要求但经原设计单位核算满足生产安全和使用功能的项目,应予以验收。

(3)经返工或加固的工程，虽然改变外形尺寸，影响一些次要的使用功能，但从经济层面考虑，在不影响其使用要求的前提下，可按技术处理方案和协商文件进行验收。

(4)经返工或加固后仍然不能满足生产使用要求的工程严禁验收。

## 9.2　竣工验收程序

### 9.2.1　施工单位竣工自检

施工单位依据制定的项目竣工计划，在确认已按照签署的合同文件完成全部项目工程，已具备申请竣工验收资格的情况下，应先组织内部自检工作，以确保能够及时发现问题并进行整改，不影响竣工验收的后续工作。按照项目工程的规模及承包形式，市政工程竣工验收自检的一般形式如下：

(1)若项目是承包人独立承包的，竣工自检应由项目经理部组织各专业技术负责人依照法律对工程施工质量、设备安装、材料安全、内业资料等方面的要求进行检查核对，做好质量评定记录和自检报告。

(2)若项目实行总分包模式管理，各分包人与总包人在法律上承担质量连带责任。应先由分包人组织内部对分包工程进行自检，做好自检报告并连同全部施工技术资料提交于总包人复检验收。市政工程总分包项目竣工报检流程如图 9-1 所示：

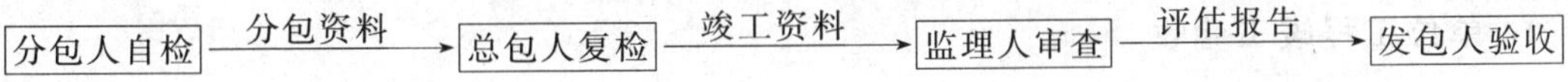

分包人自检 —分包资料→ 总包人复检 —竣工资料→ 监理人审查 —评估报告→ 发包人验收

**图 9-1　市政工程总分包项目竣工报检流程**

### 9.2.2　施工单位提交工程竣工报验单

《建筑法》第三十条规定，“国家推行建筑工程监理制度”，建筑工程监理应当依照法律、行政法规及有关的技术标准、设计文件和建筑工程承包合同，对承包单位在施工质量、建设工期和建设资金使用等方面，代表建设单位实施监督。《建设工程质量管理条例》第三十条规定：“未经监理工程师签字，建筑材料、建筑构配件和设备不得在工程上使用或者安装，施工单位不得进行下一道工序的施工。未经总监理工程师签字，建设单位不拨付工程款，不进行竣工验收。”

监理公司受发包人委托，依法对项目的施工过程进行监管，当施工单位完成自检程序后，承包人应向监理公司提交工程竣工报验单，由监理公司组织竣工预验收，审查项目是否符合正式竣工验收条件。

### 9.2.3　监理单位做现场预检

监理单位收到承包方提交的工程竣工报验单后，应根据验收法律法规、设计文件和施工合同的规定对项目工程进行预验收，对施工单位提交的技术资料和施工管理资料进行审查。《建设工程监理规范》明文规定总监理工程师在竣工验收阶段应“审核签认分部工程和单位工程质量检验评定资料，审查承包单位的竣工申请，组织监理人员对待验收的工程项目进行质量检查，参与工程项目的竣工验收”。承包人递交的“工程竣工报验单”必须由总监理工程师签署。监理人员在对施工项目进行预验收时，如果发现存有问题或者与验收规范存有偏差，应及时知会施工单位及时整改，进行返工或加固处理。整改完成总监理工程师在工程竣工报验单上签字并提出工程质量评估报告，未经总监理工程师签字不得组织竣工验收。

### 9.2.4 正式验收的人员组成

项目工程经过承包方内部自检，监理方预检并在“工程竣工报验单”上签字，工程质量评估报告确认合格后，承包人填写“竣工工程申请验收报告”给发包人，申请正式验收。发包人接到承包人的验收申请，应落实相关工程参与单位组成验收委员会或验收小组，确定验收方案，拟定验收时间等。正式验收的人员组成包括勘察、设计、发包方、总承包单位和分包单位、施工图审查机构及监理、规划、公安消防、环保、档案等部门的负责人。

### 9.2.5 竣工验收的步骤

为了保证市政工程竣工验收有序进行，按照项目工程的划分标准，竣工验收的步骤一般分为以下三个阶段：

**1. 单位工程竣工验收**

单位工程是单项工程的组成部分，是具有独立的设计文件，具备独立施工条件并能形成独立使用功能，但竣工后不能独立发挥生产能力或使用效益的工程。单位工程以专业划分。以公路工程为例，一个标段工程为单项工程，而每个标段的路基工程、路面工程就是单位工程。市政工程项目往往规模大，涉及专业分工多，将一些大型的、技术较为复杂的工程项目划分为几个单位工程，以单位工程为对象签订独立的施工合同，按照工序进行分阶段验收。当单位工程完工达到竣工条件后，承包人可按照合同约定先行交工验收，保证整个工程项目顺利进行。

**2. 单项工程竣工验收**

单项工程是工程项目的组成部分，是独立设计，独立施工，竣工后可以独立发挥生产能力和工程效益的工程。单项工程竣工验收以单项工程为独立个体，承包方在已按照施工合同完成负责承担的所有项目并经过项目部自检、监理单位预检合格后，向发包人申请正式交工验收，发包人应按照约定的程序及时组织相关部门进行正式验收工作。若一个单项工程实行总分包模式，当分包人已按计划完成承担项目并达到验收标准时，也可申请单独交工验收，但验收时必须有总包人在场。

**3. 全部工程竣工验收**

全部工程竣工验收是指整个工程项目依照设计文件和合同约定完成全部任务，已经达到竣工验收标准，由发包人组织项目参与各方(设计、施工、监理和建设单位负责人)进行工程的全面验收。全部工程竣工验收是对整个工程项目的综合评价，往往是在单位工程、单项工程竣工验收的基础上进行的，对于已经交验的单位工程和单项工程原则上不再进行重复验收，但其验收报告应作为审查内容在全部工程验收中备注说明。

### 9.2.6　竣工验收质量核定

竣工验收质量核定是城市建设机关的工程质量监督部门按照设计文件的要求和国家的《工程质量检验评定标准》对竣工工程的质量等级进行核定的行为，是工程竣工验收阶段的重要步骤。

**1. 竣工验收质量核定的方法和步骤**

(1)单位工程完成之后，施工单位应按照国家检验评定标准的规定进行自验，符合有关规范、设计文件和合同要求的质量标准后，提交建设单位。

(2)建设单位组织设计、监理、施工等单位，对工程质量评出等级，并向有关的监督机构申报竣工工程质量核定。

(3)监督机构在受理了竣工工程质量核定后，按照国家的《工程质量检验评定标准》进行核定，经核定合格或优良的工程，发给合格证书，并说明其质量等级。工程交付使用后，如工程质量出现永久缺陷等严重问题，监督机构将收回合格证书，并予以公布。

(4)经监督机构核定不合格的单位工程，不发给合格证书，不准投入使用，责任单位在规定期限返修后，再重新进行申报、核定。

(5)在核定中，如施工单位资料不能说明结构安全或不能保证使用功能的，由施工单位委托法定监测单位进行检测，并由监督机构对隐瞒事故者进行依法处理。

**2. 市政工程的质量等级评定**

同一检查项目中的合格点(组数)市政工程的质量评定分为“合格”和“优良”两种，其评定标准的主要依据为合格率：

$$合格率=\frac{同一检查项目中的合格点(组数)}{同一检查项目中的应检点(组数)}\times 100\% \tag{9-1}$$

质量不符合规定的单位工程经返修后应重新评定质量等级，经加固而改变结构外形或造成永久缺陷(但不影响其使用效果)的工程，一律不得评为优良。

## 9.3　竣工验收组织与内容

### 9.3.1　竣工验收组织

市政工程竣工验收是由发包方负责组织的，发包人接到承包人提交的竣工验收申请报告后，应依照当地建设行政监管部门印发的表式，签署同意竣工验收件，及时将“工程验收告知单”提交有关单位进行验收工作。如果超出约定时间不进行竣工验收或无提出修改意见，则视为竣工验收通过。

参与正式验收工作的人员包括项目工程涉及的各个单位，包括设计、施工、监理、建设单位和国家相关监管部门(规划、消防、环保、统计、质检)等。各个单位应派出总负责人和代表组成验收委员会或验收小组到现场参加验收活动，必要时还要邀请有关专家组成专家组对各个专业项目进行审查。

### 9.3.2 竣工验收的内容

竣工验收是验收委员会或验收小组对工程项目进行综合评价，包括对各单位工程、单项工程资料和质量的审查，还应对整体全部工程项目进行验收核定。市政工程竣工验收的主要内容有以下几点：

(1)审查工程项目各个环节(单位工程、单项工程)的竣工验收情况。

(2)听取设计、施工、监理等各个单位的工作报告。

(3)对工程技术档案资料进行审查，包括材料、构件和设备的质量合格证明，自检、预检资料，以及隐蔽工程记录、验收报告和竣工图等。

(4)实地考察，对工程项目进行全面质量验收，包括设计、施工、设备安装调试、消防安全等方面。

竣工验收委员会在验收完成后，确认工程项目符合交工验收的要求，应完成竣工验收会议纪要并签署《工程竣工验收报告》，对遗漏问题提出整改意见。

## 9.4 工程移交与保修

### 9.4.1 工程项目的移交

市政工程项目的移交是指施工项目已全部按照国家或地方建设行政主管部门的规定完成竣工验收，承包人已对验收过程中提出的问题进行整改并验收合格后，由承包人编制工程移交表格向发包人交付工程项目所有权的过程。工程项目的移交包括两个部分：工程实体的移交和工程资料的移交。

**1. 工程实体的移交**

工程项目经验收合格后，承包人应按工程建设管理办法(或与业主约定的交工方式)移交市政工程项目。工程实体移交的主要内容包括：

(1)承包方实施承包的全部实体工程。

(2)工程项目的全部附属设施，包括各房门钥匙、设备使用密码、工具及备用品等。

(3)与工程项目实物配套的相关附件、备用件及资料等。对于一些施工工艺比较复杂的项目和设备，应对移交方进行专业使用培训，移交培训教程和维修保养说明书。

**2. 工程资料的移交**

工程资料文档是市政工程项目的永久性技术资料，是整个施工过程的重要记录。在工程竣工验收后，承包方应按照《建设工程文件归档整理规范》的规定，对工程文档进行分类组卷，编制移交清单移交发包人签认后完成交接。工程文件移交的主要内容包括：

(1)工程项目的指导性文件，如可行性研究报告、招投标文档、设计图纸、施工组织设计、设计交底记录等；

(2)施工过程的记录性文件，如施工日志、测量记录、自检验收记录、设计及技术变更等；

(3)施工过程的质量保证性文件，如各种材料、设备、构件的质量合格证明等；

(4)对产品的评定文件，如各分项、分部质量检验评定资料；

(5)工程竣工验收资料等。

### 9.4.2　工程项目的保修

施工项目回访保修是我国工程建设的一项基本法律制度，《建设工程质量管理条例》规定，建设工程实行质量保修制度。承包人在市政工程竣工验收之前，与发包人签订质量保修书，工程在交付使用后，承包人在规定的保修期(缺陷责任期)内，对工程项目进行回访，对施工造成的质量问题进行保修，直到工程保修期结束为止。工程项目的保修包括回访和保修两个部分。

**1. 工程项目的回访**

为了有效进行工程项目的质量管理，及时了解项目在使用过程中出现的问题，由承包人组成项目回访小组，编制项目回访工作计划，适时地对用户进行回访，做好回访记录，对回访过程中反馈的问题及时整改。项目回访工作计划主要包括以下几方面：

(1)主管回访保修的部门。

(2)执行回访保修工作的单位及人员组成。

(3)回访的主要内容及方式、回访时间安排。

(4)回访工程记录。主要包括以下几方面：

①工程项目在使用过程中出现的问题；

②使用单位或用户对工程项目提出的意见；

③针对出现的问题应采取的措施或改进的对策；

④回访管理部门的检查验证。

回访的工作方式可以是灵活多样的，包括电话询问、登门座谈、例行回访等方式。市政工程项目回访工作方式一般采用以下几种：

(1)例行性回访

按照回访工作计划，在项目保修期内定期进行回访，一般周期为半年或一年一次。

(2)季节性回访

主要针对分项工程出现季节性变化的部位进行回访，如雨季回访屋面、墙面工程的渗水情况，冬季回访采暖系统等。

(3)技术性回访

主要针对工程项目中采用的新材料、新技术、新工艺、新设备在使用过程中的技术性能和稳定性。

(4)保修期满前的回访

这种回访一般是在保修即将届满之前进行的。

**2. 工程项目的保修**

工程项目自交付使用之日起，在工程保修期内，承包方对工程产品的质量与维修承担法律责任。《建设工程质量管理条例》第三十九条规定："建设工程实行质量保修制度。建设工程承包单位在向建设单位提交工程竣工验收报告时，应当向建设单位出具质量保修书。质量保修书中应当明确建设工程的保修范围、保修期限和保修责任等。"在正常使用条件下，根据《建设工程质量管理条例》第四十条规定，工程项目的最低保修期限为：

(1)基础设施工程、房屋建筑的地基基础工程和主体结构工程，为设计文件规定的该工程的合理使用年限。

(2)屋面防水工程、有防水要求的卫生间、房间和外墙面的防渗漏，为 5 年。

(3)供热与供冷系统，为 2 个采暖期、供冷期。

(4)电气管线、给排水管道、设备安装和装修工程，为 2 年。

(5)其他项目的保修期限由发包方与承包方约定。

## 习题

9.1 市政工程项目施工竣工验收依据有哪些?

9.2 市政工程项目施工质量验收标准是什么?

9.3 市政工程施工质量检查评定验收的基本内容和实施要点有哪些?

9.4 竣工验收前应做何准备?

9.5 当项目工程质量不符合要求时，应做何处理?

9.6 工程竣工验收的程序是什么?

9.7 竣工验收的内容包括哪些?

9.8 市政工程项目回访一般有几种工作方式?

# 第 10 章　某市政工程施工组织设计实例

## 10.1　工程概况

### 10.1.1　工程简介

××大道改造工程总长约 1830 m，现状道路红线宽度 60 m，改造后红线宽度为 60～121 m，另有 A-F 匝道工程。其中下沉式道路全长 1490 m，地面道路全长 340 m，为城市快速路；地面道路工程包括××大道地面道路改造段（长 340 m，K0＋000～K0＋170 段和 K1＋660～1＋830 段）、A-F 匝道、横四路（长约 1793.333 m），为城市次干道；××大道综合管沟工程长约 1183.332 m（含与和乐路、和悦路共同沟衔接段），和美路下穿段综合管沟工程长 103.70 m。

本项目为集美新城核心区××大道改造及共同沟等工程 H1 标段，主要工程项目包括：

（1）××大道改造工程 K0＋000～K0＋811.467（含 A、B、C 匝道工程）；

（2）横四路工程 K0＋000～K0＋931.467（含相应的交叉口）；

（3）××大道综合管沟工程 G0＋000～G0＋493（其中综合管沟标准段预制和附属工程另行招标，不含在本次招标范围内）。

### 10.1.2　气象、水文地质条件

××属南亚热带海洋季风气候。气候温和，四季如春，雨量充沛，热量充足。历年平均气温 21 ℃，极端最高气温为 38.3 ℃，极端最低气温为－1 ℃。全年年平均年降雨量 1451.6 mm，年平均蒸发量为 1698.4 mm，年平均日照时间为 2124.4 小时。风向：东风较多，东北风和东南风次之，年平均风速为 22 m/s。

××地区全年天气以雨天和阴天居多，年平均晴天 115.4 天，阴天 75.2 天，雨天 122.8 天，连续阴天最长日数达 18 天。

拟建场地属地下水排泄区，地下水靠地表水补给及邻区地下水的侧向补给、大气降雨等。地下水位及季节变化，其年变幅在 1～2.0 m。

根据钻探判断场地内岩土层自上而下依次分别为杂填土、素填土、淤泥、淤泥混砂、粗砂、亚黏土、残积亚黏土、全风化花岗岩、强风化花岗岩、中风化花岗岩、弱风化花岗岩。

## 10.2　施工组织安排

### 10.2.1　总体施工安排

在确保质量和安全文明施工的前提下，项目部加大机械设备、人员等的投入，采用多个工作面平行作业，科学合理地安排施工顺序及施工进度，确保按期完工。

施工正式开工前，项目部将对设计图纸中的道路、箱涵、共同沟、各种管线的位置、标高、接口与现状道路、管线进行复核、测量，发现设计与现状不符，应在施工前书面提出，报监理(抄报发包人项目部)协调、修改。

根据工程特点及工期要求，开工后先对场地按业主要求及工地需要进行围挡，场地整平，按先支护后开挖，先主体后附属的施工顺序完成下沉道路及共同沟工程，地面道路工程及管线工程根据下沉式道路及共同工程施工进度适时进行施工。施工顺序详见表10-1。

表10-1　下沉式道路及共同工程施工顺序

| 施工工序 | 示意图 | 说明 | 施工工序 | 示意图 | 说明 |
|---|---|---|---|---|---|
| 1 | 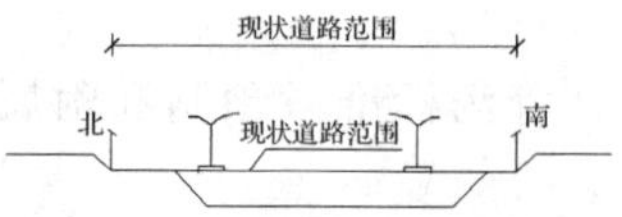 | 基坑开挖(部分路段支护)，拆除位于基坑开挖范围内现状雨污水管道，对电力电杆进行保护 | 5 | 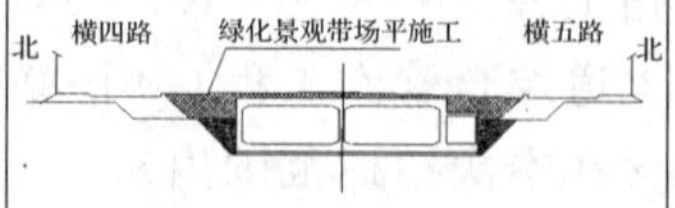 | 横四路、横五路之间绿化景观带场平施工 |
| 2 | 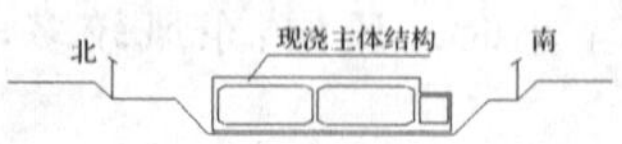 | 结合地下水情况采取基坑防排水措施，现浇下穿通道及共同沟主体结构 | 6 | 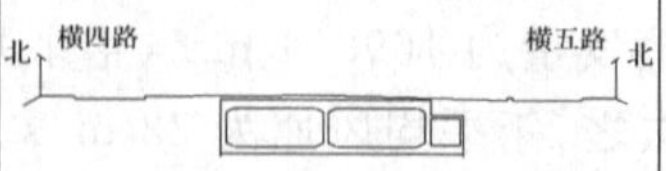 | 下穿通道贯通后，进行通道内部路面、设备及装饰施工 |
| 3 | 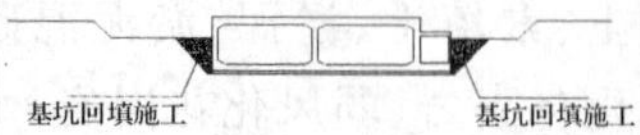 | 主体结构基坑进行回填施工 | 7 | 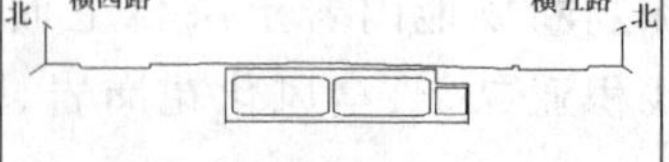 | 共同沟贯通后，沟内设备、管线施工，拆除电力电杆 |

续表

| 施工工序 | 示意图 | 说明 | 施工工序 | 示意图 | 说明 |
|---|---|---|---|---|---|
| 4 | 北 横四路 横五路 北 | 横四路(横五路)路基、路面和管线施工 | 8 | 北 横四路 现浇主体结构 横五路 北 | 横四路(横五路)人行道、照明、交通、绿化等设施完善,绿化景观带工程施工,工程竣工 |

## 10.2.2 施工任务划分及队伍配备

根据本标段的工程特征、规模及工期要求,安排四个施工队承建本工程项目施工,拟投入劳动力 560 人,具体安排见表 10-2。

**表 10-2 施工任务划分及队伍配置表**

| 序号 | 队伍名称 | 工作内容 | 劳动力(人) |
|---|---|---|---|
| 1 | 施工一队 | 负责本标段路基、路面及土石方工程施工 | 160 |
| 2 | 施工二队 | 负责本标段下沉式道路、共同沟及天桥等工程施工 | 200 |
| 3 | 施工三队 | 负责标段内雨污水工程、交通工程、道路照明、水电等安装工程、绿化及浇灌工程施工 | 150 |
| 4 | 施工四队 | 负责本标段施工全过程清洁、所用场地照明及标段内交通组织 | 50 |

## 10.2.3 临时工程布置

临时工程本着“满足需求,合理布局,节约用地,经济合理”的原则进行规划和设置,本着尽量少占用线路用地范围之外用地的原则布置施工场地,尽可能通过合理安排施工顺序,利用红线内空地作为施工临时用地。整体布局体现文明工地的特征及风貌,做到临时建筑搭建有序,材料机具设备堆放整齐,生活污水处理后排放,生活垃圾袋装化,消防设施齐备,并服从业主和社会管理部门的监督和管理。

**1. 施工营地**

项目经理部及职工办公及生活区拟租用附近民房。项目经理部按标准设置。现场设工地实验室,实验室按标准化要求建设,同时在现场按招标文件要求为业主提供办公和生活用房及相关设施,配备车辆及相关办公人员。

**2. 生产用房**

生产用房根据施工需要，分别布设在线路附近，钢筋加工棚及木工加工棚采用钢管架棚，石棉瓦覆顶；材料库、配电房、发电房等采用砖砌房。

**3. 施工便道**

本合同段与既有道路相连，交通运输条件较为方便。进场后为便于施工车辆通行和材料设备等运输，分别从既有道路向施工现场、生活区引入施工便道，与既有道路相连通，便道及便桥布置详见施工总平面布置图。施工专用便道采用级配碎石路面，与村庄共用便道采用 18 cm 稳定碎石路面＋15 cm 级配碎石垫层。村道改造采用 C35 砼路面。便道宽按设计，施工工艺参见“10.4.12 路面工程”工艺要求实施。同时在与既有公路接口处按规定设置明显标志，并派专人指挥交通，确保交通安全及畅通。在与既有公路接口处按规定设置明显标志，并派专人指挥交通，确保交通安全及畅通。

**4. 施工用电**

施工用电利用当地电网，就近接引，在生产营地附近安装 1 台变压器，以供本工程的施工用电。另外，配备发电机组，作为施工的备用电源应急，以满足大电不足或停电时应急使用。

**5. 施工供水**

施工和生活用水均采用自来水，就近接引，用引水管道从接水口引入各生产或生活区，在营地内设蓄水池（20 $m^3$），以备停水时应急用。

**6. 施工通信**

施工通信利用当地通信系统，向当地电信部门申请安装程控电话进行联络。主要人员配备移动电话以便联系。

**7. 污水处理系统**

为防止本工程施工废水、废液排放污染环境，在营地附近设置污水处理池，工程施工中产生的废水、废液等均先排入处理池中经处理达标后方可排放。

临时工程布置具体位置详见“10.15 施工总平面图及临时用地表”。

### 10.2.4 现场管理措施

**1. 现场消防措施**

健全消防组织机构，配备足够消防器材，安装消防设施，经监理工程师批准，并经地方政府消防部门检查认可，使设备处于良好状态，可随时满足消防要求。生活区及工地重要电器设施周围设置接地或避雷装置，防止雷击起火，造成安全事故。

**2. 安全保卫工作**

办公及生活区封闭管理，大门口设值班室，所有进出人员或车辆需登记检查方可通行，以避免对施工造成干扰。项目经理部配保安人员，并与工程所在地的派出所签订《治安责任承包协议书》，服从治安管理，专门负责现场的治安保卫工作，保卫所有进入施工场地的人员、财产及工程成品的安全。

**3. 现场环境卫生**

专人负责对施工便道、排水沟、沉淀池维护清理，对厕所、浴室、料场等公共卫生区进行清扫和保持，确保现场交通、排水及排污系统的正常。宿舍、办公室由职工轮流值班保持清洁，坚持文明卫生管理制度和责任检查考核办法。施工现场的清洁卫生严格按××市的有关要求、规定执行，并服从业主和社会管理部门的监督和管理。

**4. 安全、文明施工**

以人为本，做到规范、文明，现场管理到位。人员挂牌上岗，物料堆放有序，机械设备停放整齐。办公区、生活区洁、齐、静、绿。严防乱倒垃圾和明排生活污水。施工区保持现场井然有序，采取封闭施工，及夜间挂红灯警示的措施，必要时安排专人看护和指挥，以确保行人及车辆的安全通行。

## 10.3　施工测量

本工程测量控制采用两方平行控制措施(控制网采取三方即施工、监理、有资质的测量单位平行控制)，项目部对测量的准确性、正确性承担责任。

项目部设专职测量组，负责本工程全过程的施工测量放线、测量监控与内部测量复核工作，进场后对交验控制点立即进行复核并报审监理进行审核。采取全站仪、水准测量两者相结合的测量实施原则，充分利用两者测量手段优势互补的特点，互相检验，形成有机的整体系统。为了保证工程测量各环节万无一失，项目部精测队组织人员负责不定期对项目部测量组的施工放线工作指导、抽检和复检，同时加强对测量设备的管理。

进场后对设计图中道路、支路、各管线标高、接口与现状道路、管线进行复核、测量，发现与设计不符，报监理工程协调、修改。

### 10.3.1　控制测量

**1. 平面控制系统的建立**

(1)开工前，对业主或设计部门提供的控制起始坐标点(不少于 3 个点)采取平行控制测量，即邀请监理、有资质的测量单位和项目部同时对控制网点进行平行测量，并委托有资质的测量单位出具相关报告，报送工程监理部测量监理工程师和项目总监确认。

(2)起始平面控制坐标网点经联测复核合格并经工程监理部及具备资质的测量单位签认后即可进行平面控制坐标点加密测量。本工程测量控制采用两方平行控制措施。

(3)加密控制网的布设形式及选点埋石：鉴于该工程的特点，其加密平面控制网的布设采用导线测量，其加密桩尽量设置于施工区间沿线路两侧现有高度适宜的建筑物上，布点原则以能覆盖全标段有测量放线之需要者，平场边长控制在 50～200 m。

(4)平面控制点加密导线测量采用全站仪，按规范中精密导线测量的技术要求和精度指标进行。

(5)加密导线点测量完成，并经计算满足要求后，填写测量成果报验单，连同加密导线计算表一同报送工程监理部测量监理工程师签证。

(6)在工程施工过程中，定期对所布设的加密导线网进行复测，以防止因施工而引起控制点的位移变形而影响施工放线的质量及精度，复测结果形成文字资料，报送工程监理部。每次施工测量资料报监理工程师审核，对重要的主体工程至少提前 2 天通知监理工程师复测，取得其批准后方可施工。

**2. 高程控制系统的建立**

(1)对业主或设计部门提供水准基点(不少于 2 个点)进行水准联测复核，复核水准基点时采用精密水准仪，按三等水准测量的要求进行，复核结果报送监理部签认。

(2)水准点加密测量

水准路线的确定从选点埋石开始，在标段施工区间范围内的稳定位置埋设水准点标志桩，并与业主或设计部门提供的水准基点形成复合或闭合水准路线，相邻两加密水准点间距离控制在 80～120 m，以确保在进行施工时能引测高程。

测设方法：采用精密水准仪，按规范中精密水准测量的技术要求和精度指标实施。测量完成后进行平差计算，仅当通过平差计算满足规范规定的精度要求时，形成文字成果报送监理部签认。

定期复核：随施工进度的推进，对已测设完成的加密高程控制网进行定期的复核测量，以确保施工全过程中高程测量系统的统一。复核测量时按初测时的技术要求进行，复核测量成果报送监理部确认。

### 10.3.2 施工图审核

工程开工前，项目部测量工程师对施工图中给出的测量放线起始数据进行复核计算，并形成书面资料，对经计算与施工图不符的数据，连同原图纸给定的数据以及其所在施工图的位置记录一起报送工程监理部，以便及时与设计部门联系处理，这些数据只有在原设计部门有明确答复和确认后才可作为测量放线的依据。

### 10.3.3 施工测量放线

以上测量放线工作一经完成，及时进行报验，只有经监理工程师复核确认后方可作为施工的定位依据或进行下道工序施工。

**1. 桩基施工定位放线**

依据已有平面控制点坐标和各桩中心坐标安置全站仪检测站控制点，精确定向，确定待定桩位的中心桩。

采用正交线法定出该桩位的法线方向线控制桩，供混凝土护壁施工使用。每个桩护筒施工完成后，测量护筒顶标高，供检测孔深度桩底标高时使用。每个桩施工完，复测各桩中心实际位移量，此项限差为 50 mm。

**2. 道路施工测量放线**

路基施工前应做好施工测量工作，其内容包括导线、中线、水准点复测，横断面检查与补测，增设水准点等。施工测量的精度应符合规范要求。

(1)导线复测

当原测的中线主要控制桩由导线控制时，施工单位必须根据设计资料认真做好导线复测工作。导线复测应采用全站仪。仪器使用前应进行检验、校正。原有导线点不能满足施工要求时，应进行加密，保证在道路施工的全过程中相邻导线点间能互相通视。

(2)中线复测

路基开工前应全面恢复中线并固定路线主要控制桩，如交点、转点、圆曲线和缓和曲线的起讫点等。对于高速公路、一级公路应采用坐标法恢复主要控制桩。恢复中线时应注意与结构物中心、相邻施工段的中线闭合，发现问题应及时查明原因，并报现场监理工程师或业主。如发现原设计中线长度丈量错误或需局部改线时，应做断链处理，相应调整纵坡，并在设计图表的相应部位注明断链距离和桩号。

(3)校对及增设水准基点

水准点间距不宜大于1 km，在人工结构物附近、高填深挖地段、工程量集中及地形复杂地段宜增设临时水准点。临时水准点必须符合精度要求，并与相邻路段水准点闭合。如发现个别水准点受施工影响时，应将其移出影响范围之外，其标高应与原水准点闭合。增设的水准点应设在便于观测的坚硬基岩上或永久性建筑物的牢固处，也可设在埋入土中至少1 m深的混凝土桩上。路基施工前，应详细检查、核对纵横断面图，发现问题时应进行复测。若设计单位未提供横断面图，应全部补测。

(4)路基放样

施工前，应根据恢复的路线中桩、设计图表、施工工艺和有关规定定出路基用地界桩和路堤坡脚、路堑堑顶、边沟、取土坑、护坡道、弃土堆等的具体位置桩。在距路中心一定安全距离处设立控制桩，其间隔不宜大于50 m。桩上标明极号与路中心填挖高，用(＋)表示填方，用(－)表示挖方。

在放完边桩后，应进行边坡放样，对深挖高填地段，每挖填5 m应复测中线桩，测定其标高及宽度，以控制边坡的大小。

路基施工期间每半年至少应复测一次水准点，在雨季内复测间隔时间量应适当缩短，以避免水准点所在地基发生沉降导致测量偏差。

机械施工中，应在边桩处设立明显的填挖标志。高速公路和一级公路在施工中，宜在不大于200 m的段落内，距中心桩一定距离处埋设能控制标高的控制桩，进行施工控制。发现桩被碰倒或丢失时应及时补上。

取土坑放样时，应在坑的边缘设立明显标志，注明土场供应里程桩号及挖掘深度；作为排水用的取土坑，当挖至距坑底0.2～0.3 m时，应按设计修整坑底纵边沟、截水沟和排水沟放样时，宜先做成样板架检查，也可每隔10～20 m在沟内外边缘钉木桩并注明里程及挖深。

施工过程中，应保护所有标志，特别是一些原始控制点。

(5)路面施工测量

路面施工前，在已修筑好路基上恢复中线，并沿中线桩位标出各处路面设计标高。各层路面铺筑时按测设中线桩位及相应设计标高进行施工，确保路面轴线及标高符合设计及规范要求。

**3. 结构物工程定位放线**

基坑开挖前，根据设计图纸计算出结构物各控制点的坐标，用全站仪测设出控制桩，控制桩用木桩或钢筋桩并沿轴线桩撒白灰线标识。基坑沿撒白灰线进行开挖，确保基坑平面位置准确。对于改移管线，应精确定位现有管线，避免施工时损坏现有管线。

基坑开挖时，及时进行坑底标高测量放线，确保基坑不致超挖。

基坑垫层施工完后，再次将结构物控制点测设于基坑垫层面稳定位置，然后根据施工图给定的平面几何尺寸用墨线标定出中线和边线，以便于施工定位时使用。

### 10.3.4 变形测量

变形观测以经复测合格的施工区精密导线点和精密水准点为起始依据。本工程变形测量的主体是共同沟工程。

**1. 技术要求及观测方法**

(1)水平位置观测采用全站仪按精密导线测量的技术要求和精度指标进行。

(2)垂直位移(沉降)观测采用精密水准仪按国家Ⅲ等水准测量的技术要求和精度指标进行。

**2. 变形点的设置**

(1)先选 2～3 个易观测位置，施工时预埋两个变形观测点，其点布设于结构物中心左、右等距，采用埋石设置或预埋钢筋，其顶面标高应略高于规划设计的地面高程。

(2)点位一经设置应进行长期保护，保护责任直至工程交工时移交工程营运管理单位。

(3)路基变形点在路基填筑时预埋沉降杆进行观测。

**3. 观测周期**

施工阶段水平位移及垂直位移(沉降)观测周期随施工工序的变更及时跟踪观测，上部结构施工完成至交工阶段按划分的时间区段进行观测。

**4. 成果的整理及报验**

每项观测完成及时进行观测成果整理，按规定的表式报送工程监理部复核、确认。

### 10.3.5 竣工测量

**1. 竣工测量的内容**

(1)围护桩隐蔽前测量：桩的平面布置、桩顶、桩底标高及桩径。

(2)共同沟主体隐蔽前测量：共同沟主体结构的横断面图、沿线路中线的纵断面图及底、顶面高程。

(3)路基竣工测量：路基平面位置、线型、高程、宽度、平整度。

(4)路面竣工测量：路面中线、线型、高程、横坡、纵坡、宽度、平整度。

(5)结构物工程竣工测量:中线、高程、横坡、纵坡、外形尺寸。

**2. 竣工测量的方法及技术要求**

(1)竣工测量所采用的坐标系统、高程系统及图式等与原施工测量相同,其测量的基本方法和精度要求要与施工测量相同。

(2)对施工过程中已变更设计的项目实测实量其实际竣工平、立面位置。

(3)如发现竣工测量成果超过设计及规范限差时,通过补测或重测予以最终确认,确实证实超差时,在实体上作出明显标识,并专题上报工程监理部以便及时与设计部门、业主协商,提出整改和处理方案。

**3. 竣工测量成果整理**

(1)每一分部分项工程竣工测量完成后,及时编制竣工测量成果表,编绘竣工图和单项工程竣工测量报告。

(2)整个工程(承建部分)各分项工程施工完成并进行竣工测量后,依据分项工程竣工图编绘工程竣工测量总图。

### 10.3.6　施工测量的质量保证措施

(1)施工测量严格按设计图纸及相关技术规范、标准规定的技术要求进行施测,满足规定的精度要求。

(2)健全项目部的施工测量质量保证体系,加强管理,明确职责。

(3)施工测量人员在施工测量放线前,需熟悉与施工测量放线有关的施工图纸及说明,并对施工设计图纸给出的放样定位数据认真复核。

(4)坚持双检、复核制,做到放样数据要反复核实,放样点位进行换人复测。

(5)各项测量严格健全测量记录,现场测量按统一格式和表式进行记录和计算,做到清晰,签署齐全,原始记录不得涂擦更改。

(6)工程所有测量设备与器具定期进行检校。测量设备送检、现场测量设备的保管及维护遵照项目部质量体系程序文件《计量设备管理程序》的相关规定,保证测量设备长期处于良好状态。

(7)做好各项施工测量成果资料的整理、保管与归档。

## 10.4　主要工程项目的施工方案和施工方法

本次××大道共同沟沿××大道下沉式道路南侧布设,起终点分别与和乐路、和悦路共同沟相接。具体如下:

共同沟起点在和乐路北端(和乐路与横五路交叉口以南约 88 mm 处)(共同沟桩号 0+000),终点位于和悦路北端(和悦路与横五路交叉口以南约 85 m 处)(共同沟桩号 1+186.945),全长 1183.332,共同沟布置于××大道南侧。

和美路共同沟下穿××大道下沉式道路需要与下穿通道一并实施,下穿段共同沟长

103.73 m。

### 10.4.1 拆除工程

拆除工程主要为混凝土建筑基础、现有空心板桥、砖石结构及沥青砼路面等。拆除工程施工前进行四周围蔽，确保施工的安全。挖除采用人工配合挖掘机、破碎机进行施工，拆除的废料利用自卸汽车运输至指定地点堆弃。

### 10.4.2 基坑支护

共同沟及下沉式道路所处位置大部分为既建道路，采用明挖基坑，基坑开挖采用放坡开挖，开挖坡度根据地勘土层边坡坡度放坡。基坑较深时采用钢板桩支护进行开挖。

局部共同沟涉及道路外临近现状民房地段及拆迁用地限制，且该区段内建筑物地势较高，与共同沟距离较近，基坑采用人工挖孔桩支护。挖孔桩直径为 1.2 m，桩中心间距 2.0 m。桩间支护采用钢筋网混凝土喷面。

**1. 钢板桩支护**

(1)施工准备

钢板桩进场后，拼装前应对其进行检查、丈量、分类、编号，并对钢板桩端制作吊桩孔。

首先将场地整平，准确测量出钢板桩的平面位置，同时对运输到工地的钢板桩进行检查、分类、编号及登记。钢板桩锁口应以一块长 1.5～2.0 m 标准钢板桩进行滑动检查，凡锁口不合应进行修正，合格后方能使用。钢板桩长度不够时采用同类型的钢板桩等强度焊接接长，焊接时先对焊或将焊口补焊合缝，再焊加固板，相邻板桩接长焊缝要错开。

(2)钢板桩施打

先用吊车将钢板桩吊至插桩点处进行插桩，插桩时锁口要对准，每插入一块即套上桩帽轻轻锤击。在打桩过程中，为保证垂直度，用两台经纬仪在两个方向加以控制。为防止锁口中心平面位移，在打桩进行方向的钢板桩锁口处设卡板，阻止板桩位移。

最初的一二块钢板桩的打设位置和方向要确保精度，以起到样板的作用。每完成 3 m 测量校正 1 次，确保在同一直线上。

钢板桩的第一根桩施工质量直接关系到后续成桩是否竖直以及承台开挖时的防水效果。应采用水平尺、锤球等手段严格控制第一根桩成桩过程，现场准备导链等常用工具，以保证对其随时纠偏。

插打顺序从一端开始，每边由一角插至另一角。

(3)钢板桩的拔除

拔桩的顺序与打板桩的顺序相反。

基坑回填土时，拔出钢板桩，修整后重复使用。拔除前要注意钢板桩的拔除顺序、时间及桩孔处理方法。

拔桩时会产生一定振动，如拔桩再带土过多引起土体位移、地面沉降，给已施工的地下结构带来危害，影响邻近建筑物、道路和地下管线的正常使用。拔除钢板桩采用振动锤与起重机共同排除。后者用于振动锤拔不出的钢板桩，在钢板桩上设吊架，起重机在振动锤振拔的同时向上引拔。

振动锤产生强迫振动破坏板桩与周围土体间的黏结力，依靠附加的起吊力克服拔桩阻力将桩拔出。拔桩时，先用振动锤将锁口振活以减小与土的黏结，然后边振边拔。较难拔的桩，可选用柴油锤先振打，然后再与振动锤交替进行振打和振拔。为及时回填桩孔，当将桩拔至比基础底板略高时，暂停引拔，用振动锤振动几分钟让土孔填实。

拔桩选用振动拔桩机、吊车配合，并符合下列规定：

拔桩前用拔桩机卡头卡紧桩头，使起拔线与桩中心线重合；拔桩开始略松吊钩，当振动机振 1～1.5 min 后，随振幅加大拉紧吊钩，并缓慢提升；钢板桩起到可用吊车直接吊起时，停振。钢板桩同时振起几根时，用落锤打散。振出的钢桩及时吊出，起吊点必须在桩长 1/3 以上部位。拔桩过程中，随时观察吊机尾部翘起情况，防止倾覆。钢板桩逐根试拔，易拔桩先拔出。起拔时用落锤向下振动少许，待锁口松动后再起拔。

**2. 挖孔桩施工**

(1)测量定位

根据现场实际情况，施工时先平整场地，铲除松软土层，采用全站仪按设计桩位进行放样，保证桩位准确，并在桩位外设置纵、横向十字线控制桩。

(2)锁口施工

挖孔桩施工时必须在孔口处设置锁口，根据测量的孔桩中心位置，定出开挖圆，人工开挖第一节锁口。开挖完后，立即安装锁口钢筋，立模浇筑锁口混凝土。锁口采用 C25 钢筋混凝土浇筑，并预埋挂钩以便挂设上下爬梯。孔桩开挖深度 2 m 以上时，人工通过爬梯上下井，爬梯采用 $\phi16$ 钢筋分段制作，在钢筋场加工后吊入孔中，顶部做 180°弯钩，第一节挂在锁口处。为避免孔口四周的松散土石及雨水进入孔内锁口，浇筑完后顶面高于地面 30 cm。锁口完成后，在其上测放出桩的中心十字护桩和孔口标高，以方便施工过程中对孔位中心及高程的检查。孔周围应设置安全防护栏和安全警示标志，孔口上用钢管架搭设雨棚，三面封闭一面留作出渣通道。提升设备基脚安装牢固后，设置有刹车装置的绞架（工作人员要随时检查井绳、挂钩和绞架制动装置）。

(3)挖孔桩的开挖施工

为了保证挖孔桩施工安全，防止塌孔，挖孔时采取间隔桩位的施工方法，待本次挖孔桩浇筑完成后，再开始下一周期的挖孔桩作业。

土石开挖深度宜为 100 cm/工作循环。一般土层采用铁镐开挖，如遇微风化或中风化孤石采用风镐开挖。由绞架吊运土石方到地面后，采用汽车运到渣场。

当地下水量不大时，随挖随将泥水用吊桶运出。地下渗水量较大时，吊桶已满足不了排水，先在桩孔底挖集水坑，用水泵沉入抽水。地下水位较高时，应先采用统一降水的措施，再进行开挖。

开挖过程中，施工员要经常检查桩身长度、桩径尺寸和平面位置。孔桩挖至设计高程后，孔内无积水，否则应及时抽排，并应将孔底修凿平整，必须做到孔底无松渣、泥、沉淀土。

(4)护壁防护

对于在土层或松散岩层中开挖时，要及时安装钢筋浇筑混凝土护壁。锁口强度达到 2.5 MPa 后，拆模挖下一节桩孔。护壁采用厚 7.5～15 cm 的 C25 砼，每开挖一节，立即安装钢筋，浇筑护壁混凝土、护壁混凝土采用绞车吊运，人工灌注，小型单相捣固器振捣密实。

孔桩护壁模型自行加工，模型外围尺寸不小于设计孔径。护壁模型每节制作长度为1.0 m，采用薄钢板加肋，每节全环孔桩护壁模型分为4片，并且每片均做成梯形，便于脱模。模型连接边焊接角钢、钻孔眼，施工时模型之间用U形扣连接，模型内部用钢管、扣件等支撑紧固。

(5)钢筋骨架制作与吊装

钢筋表面应洁净，使用前应将表面油污、漆皮、鳞锈等清除干净。钢筋应平直，无局部弯折，成盘钢筋和弯曲钢筋均应调直。钢筋的加工和末端弯钩应符合规范要求。

箍筋在加工房集中加工，钢筋骨架现场绑扎焊接成型。钢筋骨架分节制作。

在清孔结束后，钢筋骨架的主筋与加强箍筋全部焊接后再用吊车安装，并进行焊接接长，牢固定位。钢筋骨架焊接质量经监理工程师复查合格后方可放入孔内。钢筋笼下沉时按设计安装检测用声测管。

(6)挖孔桩混凝土浇筑

经监理检查验收合格的孔桩应立即组织下钢筋骨架，浇筑混凝土，以减少桩底暴露时间。钢筋骨架箍筋和加强筋及主筋在加工房制作完成后，运输到现场。灌注桩桩身混凝土强度不得低于设计指标。泵送混凝土灌入孔桩浇筑，在混凝土自落高度超过2 m时，通过溜槽或串筒溜下浇筑面，防止混凝土倾落离析，采用插入式振捣器振实。桩身混凝土应一次灌注完毕，中途不得间断。

当自孔底及孔壁渗入的地下水上升速度较大(参考值>6 mm/min)时，则采用小型水泵进行抽水。抽水完成后应立即进行混凝土灌注施工，砼应连续灌注，应适当超过桩顶设计标高，以保证在剔除浮浆后，桩顶标高符合设计要求。在灌注工程中或浇筑完成时，如混凝土表面泌水较多，需在不扰动已浇筑混凝土的条件下，采取措施将水排除。

挖孔桩混凝土浇筑采用插入式振捣器，自下而上进行振捣施工，并插入下层混凝土50～100 mm，对每一振捣部位，必须振动到该部位混凝土密实为止，不漏振或过振。

在灌注即将结束时，应及时核对混凝土的灌入数量，以确定所测混凝土的灌注高度是否正确。

(7)桩身检测

桩身混凝土达到养护期限后，凿除桩头，按规范要求对所有桩身混凝土质量进行检测，合格后才能进行下一道工序。

**3. 压顶梁施工**

压顶梁采用C30砼。现场立模，绑扎钢筋，浇筑混凝土，插入式振捣棒振捣，浇筑完成后要加强养护。

**4. 钢筋网喷射砼施工**

基坑开挖过程中，按设计施工桩间支护喷射砼。施工前清理坡面，按设计间距及规格插设L形插筋，预埋泄水孔及喷射砼厚度控制标志。喷射第一层混凝土，绑扎钢筋网并喷射第二层混凝土。

喷射混凝土终凝2小时后，喷水养护，在标准条件下养护至28 d龄期，进行抗压强度试验。设置坡顶、坡面和坡脚的排水系统，设置截排水沟等。

### 10.4.3　基坑开挖

**1. 基坑开挖施工原则**

(1)减少施工对交通的影响,做好交通疏解,认真组织施工,确保道路交通正常,同时,确保周围建筑的安全,加强监控量测工作。

(2)施工要满足文明工地施工要求,把确保周边经济秩序良好和城市生活正常进行作为施工顺序安排的前提和原则。

(3)基坑边坡开挖采用分层开挖放坡,施工时根据地质情况调整。对挖孔桩支护地段,开挖采用垂直放坡。钢板桩护地段按设计进行开挖。

(4)健全安全管理体系,落实责任制,坚持安全检查验收制度,确保安全工作有始有终,实现安全目标。遵守安全防护规程,定期举行安全会议,经常进行安全防护教育,使安全工作警钟长鸣。

**2. 基坑开挖**

基坑开挖要在路基施工完及临时便道施工完后进行。

(1)基坑开挖前的准备工作

清除基坑范围内障碍物,修好施工现场范围内运输通道。施工前先探明地下管线的情况,以防止施工过程中损坏管线。

在基坑开挖前,根据地质和水文地质资料,做好基坑外地表排水工作,以防地表水流入基坑。

做好各种不同类型的测点布置并测得各测点的原始数据。

(2)开挖顺序

主体结构明挖基坑安排多个工作面同时水平分层开挖,开挖采用纵向分段、水平分层开挖放坡。

(3)基坑的开挖

本工程开挖主要以机械化作业为主,纵向分段、水平分层开挖放坡。开挖深度大于 5 m 时,采用分层开挖断面形式,两级边坡中间预留有 1.5 m 开挖平台,基坑两侧设置边沟及集水坑,用抽水泵抽水将水位降低至基底以下 0.5～1 m,至地面经沉淀池沉淀达标后排入市政管网。

①土方采用挖掘机进行开挖,自卸汽车运输弃渣;基底以上 0.3 m 范围内土方由人工开挖。

②开挖纵向放坡,开挖坡度按设计。开挖时坡度应根据每层土体的性质及稳定状况进行调整,同时应满足挖掘机在其上稳定行走,并倒运土石方。

③开挖当中要注意及时进行基坑降水和排水,基坑四周设截流沟和排水沟,渗水及雨水及时泵抽排走。

④开挖过程中,土方应及时清除,不得在基坑范围顶面 15 m 范围内堆放。

⑤开挖过程中由地质工程师及时绘制地质素描图,当基底土层与设计不符时,及时通知设计、监理单位共同处理。遇到文物时,立即停止开挖,保护好现场,及时通知有关部门进行

处理。

⑥在设计基底标高上 30 cm 的土层，应配合人工进行清底，严格控制标高，以防对基底土层的扰动和超挖。

⑦土石方及废渣要求按业主指定地点堆弃，弃渣运输、弃卸要制定周密环保运输方案，严格执行文明施工条例，遵守弃渣场的管理制度。

⑧基坑开挖至设计标高后迅速施工垫层。

**3. 基坑排水**

(1)基坑开挖前，为减小和防止地表水进入基坑，在地面设置一集水沟，每隔 10 m 左右设一集水井，利用水泵将水抽出，引入市政排水系统内，以防地面水流入基坑。

(2)开挖过程中，在基坑底两侧设置排水沟，每隔 10 m 左右设一集水井，利用水泵将水排向基坑外，确保基坑干燥。

**4. 弃土外运**

土方外运严格按照××市弃土外运有关规定办理。外运弃土坚决服从业主对土方的调配要求。为保证车辆整洁，防止污染周围环境，施工场区内门口均设洗车台，车辆出场前均用高压水枪清洗，使车辆外观干净，车轮清洁，不污染路面。同时车厢用盖布盖严并不许水、渣混装。运输安排在规定时间内完成。

土石方及废渣要求按业主指定地点堆弃，弃渣运输、弃卸要制定周密环保运输方案，严格执行文明施工条例，遵守弃渣场的管理制度。

### 10.4.4 下沉式道路挡墙施工

下沉式道路挡墙采用浆砌俯斜式挡墙与钢筋砼 L 形挡墙相结合的形式。

**1. 浆砌块石挡墙**

(1)基坑开挖

基坑采用明挖法分层分段开挖基坑，基坑坡比按设计要求进行，分层厚度不大于 1 m。为保证地基不被扰动，基底预留 15 cm 在基础施工前采用人工挖除，如果超挖采用换填块石压实处理。

开挖前做好临时排水设施，开挖后的弃方不得堆置在边坡顶，采用自卸汽车运输到指定地点。

基坑开挖后及时通知监理及相关单位进行验槽，及时进行下道工序施工。

(2)挡墙工程

挡墙采用石料要求石质均匀，质地坚硬，无风化，无裂纹。块石标号不低于 MU30，粒径不小于 25 cm。

挡墙施工流程：

用挖掘机开挖挡土墙基础基槽，挖至离设计底部还剩 20 cm 厚时，改用人工开挖。开挖到位后，人工整平基底，并夯实。

检验基槽结构尺寸及地基承载力，确保结构尺寸及地基承载力满足设计要求。如果发现地基土承载力达不到要求、实际施工场地和地质条件与设计不符时，及时通知设计院进行处理。

基槽开挖检验合格，精确放样后砌筑挡墙基础。

砌筑墙体，砌筑时采取挂线放坡分层砌筑法，保证完成后的坡比符合设计要求。每次砌筑高度控制在 1～1.5 m 之间。

采用坐浆法分层错缝施工，砂浆填塞饱满。挡墙顶高程按设计控制。挡墙纵向施工各部位尺寸应平顺过渡。砌筑前将石料的泥土及水锈杂质冲洗干净，砌石表面湿润，砌筑时保持平整，敲掉尖锐突出部分，内外表面按坐浆法分层砌筑，保证砂浆饱满。砌体分层错缝搭跌砌筑，块石间相互咬码，不得出现垂直通缝和水平通缝。

砌筑至顶面时按设计预埋帽石钢筋。挡墙身砌筑完成后，浇筑砼底座并安装挡墙顶栏杆。砌筑完成后及时养护，养护时间不少于设计及规范要求。

挡墙泄水孔采用空心管，并在进水口设置碎石反滤层。间距按设计要求设置。

(3)挡土墙回填

墙背填料待墙身强度达设计要求后方可回填，填料需符合设计要求，并按设计进行压实。

砌体施工完成后，墙前按设计要求采用抛石回填至设计标高。墙后采用中粗砂分层回填，在墙体上做好分层厚度标记，分层厚度不大于 30 cm，压实度不小于 0.65。回填至设计标高后再按设计要求分层回填土方，分层厚度不大于 30 cm，压实度大于 0.90。回填材料满足堤防和建筑物回填设计要求。

(4)挡墙水泥砂浆勾缝及抹面

挡土墙表面用设计要求的水泥砂浆勾缝。砌筑完成 24 小时后及时清缝，缝宽不小于砌筑宽度，深度不小于缝宽的 2 倍。勾缝前进行槽缝清洗，保持缝面湿润。勾缝时，应保持墙面洁净，黏结牢固，密实整齐。

(5)绑扎挡墙顶钢筋，安装模板并浇筑挡墙 C30 帽石。

**2. 钢筋砼 L 形挡墙**

挡墙基坑采用人工配合挖掘机放坡开挖，人工清底。基坑排水采用汇水井法排水。开挖中抽水不得停止，抽水能力应为渗水量的 1.5～2 倍。排出的水要防止回流回渗，用胶管或水槽引远。

针对地质情况和开挖深度定出开挖坡度及开挖范围，做好地表防排水工作。机械开挖至设计基底标高以上 20 cm 时，由人工挖至设计标高。

基坑开挖完成，检验基底承载力，承载力检测合格，绑扎基础钢筋，钢筋严格按照设计图纸下料、加工，下料时要根据挡墙钢筋编号和供料钢筋的尺寸统筹安排以降低损耗率。

安装基础模板，浇筑 C35 挡墙基础。基础施工时注意预埋墙身钢筋。

按设计绑扎墙身钢筋，为保证挡墙各部位保护层厚度，钢筋骨架与模板之间用不低于梁体砼强度的干硬水泥砂浆垫块支承。钢筋接头应相互错开，任意断面应不超过断面钢筋总数的 50%。钢筋骨架安装时采取加固措施以保证具有足够的刚度，在安装和砼灌注过程中避免发生松动。安装钢筋骨架时要保证其在模板中的正确位置，不得倾斜、扭曲，并不得变更保护层厚度。钢筋骨架安装过程及就位后要妥善保护。安装就位后，要仔细检查，并作出记录，如有差错立即整改。钢筋安装按设计和规范进行，安装要确保钢筋保护层厚度。

安装墙身模板及挡墙泄水管，泄水管采用 $\phi$50 空心管，间距按设计布置，模板每 60 cm

设可靠支撑及斜拉,保证模板牢固。泄水管安装时需设置可靠的固定措施。

浇筑墙身砼,砼浇筑分层进行,标号按设计。砼采用振入式振动棒振捣。顶模表面要求光洁无错台,模板接缝加贴密封胶条。砼采用泵送砼,自由倾倒高度不超过 2 m。砼配制时,在保证砼强度、坍落度的情况下,尽可能降低水灰比,同时在振捣时,加强振捣确保砼密实度,真正做到内实外美。

根据图纸安设挡墙沉降变形缝,沉降缝采用二毡三油。进行下段挡墙施工。

挡墙回填,墙背用油漆画好每一层的松铺厚度标志线(松铺厚度<20 cm,采用轻型夯实机具),压实度不小于 96%,回填土根据挡墙所处位置及回填高度严格按设计选用。回填需分层进行并压实。回填时在泄水孔内侧按设计要求铺设反滤层。各层回填土压实度等各技术指标经监理、质检检查合格后方可进行下步工序施工。

### 10.4.5 下沉式道路 U 形槽施工

#### 1. 抗浮桩施工

抗浮桩采用 $\phi$0.8 m 钻孔桩,施工工艺如下:

(1)场地准备

清除地表杂物,场地平整,做好排水,架设好电力线路等。

(2)埋设护筒

护筒用钢板卷制而成,顶端留有出浆口。先在桩位处挖出比护筒外径大的圆坑,在坑底填筑 50 cm 左右黏土,分层夯实,然后安设护筒,护筒底埋入地面 2~4 m,周围用黏土填筑。

(3)泥浆制备及泥浆循环系统设置

泥浆选用优质黏土或膨润土进行造浆,制备及循环分离系统由泥浆搅拌机、泥浆池、泥浆分离器和泥浆沉淀处理器等组成。

(4)钻孔施工

钻机就位前,对钻孔前的各项准备工作进行检查。钻机安装就位后,底座和顶端应平稳,然后将钻机调平对准钻孔,把钻头对正桩位,启动泥浆泵,等泥浆输到孔内一定数量后,方可开始钻孔。

钻孔应连续进行,不得间断,视地质及钻进部位调整钻进速度。钻进过程中,要确保泥浆水头高度高出孔位水位 1.0 m 以上,泥浆如有损失、漏失,应及时补充,并采取堵漏措施。钻进过程中,每进 2 m 应检查孔径、竖直度,在泥浆池及孔内捞取钻渣,和设计地质资料进行核对,以提供往下钻进措施的依据。

在施钻过程中,若地质情况有变化,应及时报告监理工程师并提出处理意见,经监理工程师批准后实施。

(5)终孔、清孔

钻孔到设计标高,桩位、桩长、桩尖持力层达到设计要求后,采用正循环换浆清孔。清孔应使孔底沉渣、泥浆比重和含砂率符合规范要求。钢筋笼安装后还应进行二次清孔,直至孔底沉渣厚度满足设计要求。

(6)钢筋笼制作与安装

钢筋笼严格按照设计图制作,注意声测管的预埋并连接牢固,采用汽车吊分节吊装。吊装前制定方案，保证在吊运过程中钢筋笼不发生变形。钢筋笼就位后应予以固定，避免灌注砼时，钢筋笼上浮。调入钢筋笼时，应对准孔位轻放、慢放，防止碰撞孔壁而引起坍塌。

(7)灌注水下混凝土

水下砼灌筑的导管采用 3 mm 的钢板无结套丝方式连接刚性导管，导管使用前和使用一定时间后要进行水密性和承压试验及防水胶垫的检查。水下砼由拌和站集中拌和，砼运输车运输，砼输送泵泵送灌注。在砼灌注中，要严格控制好初盘砼量并采用可靠的拔球方法，确保埋管深度符合要求。严格记录及控制导管埋深，同时通过精心组织，缩短灌注时间，确保水下砼的灌注在初盘砼初凝之前完成。

(8)桩头处理及质量检测

水下砼灌注顶面标高应比设计桩顶高出 1.0 m，待砼达到一定强度时，开挖基坑或割除护筒进行桩头的凿除处理。砼龄期达设计要求可逐桩采用无破损检测或超声波检测进行桩身质量检测。

**2. U 形槽(标准段与底板加宽段)施工**

(1)标准段 U 形槽施工

基坑开挖完成，凿除抗浮桩桩头，在槽底按设计铺设 30 cm 厚碎石垫层。垫层分层铺设并用小型机具夯实。碎石垫层铺设完毕，按设计要求对抗浮桩进行检测，检验合格后，浇筑 15 cm 厚 C15 砼垫层。垫层铺设完成后重新测量 U 形槽(共同沟)基础平面控制桩，确保平面位置准确。

绑扎基础钢筋，钢筋严格按照设计图纸下料、加工，下料时要根据钢筋编号和供料钢筋的尺寸统筹安排以降低损耗率。

安装基础模板，浇筑 C40 基础。砼抗渗标号 S6。基础施工施工时注意预埋墙身钢筋。

按设计绑扎墙身钢筋，为保证挡墙各部位保护层厚度，钢筋骨架与模板之间用不低于梁体砼强度的干硬水泥砂浆垫块支承。钢筋接头应相互错开，任意断面应不超过断面钢筋总数的 50%。钢筋骨架安装时采取加固措施以保证具有足够的刚度，在安装和砼灌注过程中避免发生松动。安装钢筋骨架时要保证其在模板中的正确位置，不得倾斜、扭曲，并不得变更保护层厚度。钢筋骨架安装过程及就位后要妥善保护。安装就位后，要仔细检查，并作出记录，如有差错立即整改。钢筋安装按设计和规范进行，安装要确保钢筋保护层厚度。

浇筑墙身砼，砼浇筑分层进行，标号按设计。砼采用振入式振动棒振捣。顶模表面要求光洁无错台，模板接缝加贴密封胶条。砼采用泵送砼，自由倾倒高度不超过 2 m。砼配制时，在保证砼强度、坍落度的情况下，尽可能降低水灰比，同时在振捣时，加强振捣确保砼密实度，真正做到内实外美。

根据图纸安设沉降变形缝，进行下段 U 形槽施工。

基坑回填，墙背用油漆画好每一层的松铺厚度标志线(松铺厚度＜20 cm，采用轻型夯实机具)，压实度不小于 96%，回填料根据基坑所处位置严格按设计要求选用。各层回填土压实度等各技术指标经监理、质检检查合格后方可进行下步工序施工。

(2)底板加宽段 U 形槽施工

K0＋455～K0＋518.634 段 U 形槽为底板加宽段，本段 U 形槽含共同沟结构，U 形槽底板及侧墙施工时，与共同沟底板、侧墙一同进行浇筑。U 形槽侧墙浇筑至共同沟侧墙顶面时，先进行共同沟顶板施工，待共同沟顶板施工完成后再进行U形槽侧墙砼浇筑施工。侧墙及底板施工参见标准段施工工艺。

共同沟顶板施工采用支架法进行施工，施工工艺参见下节“下沉式道路闭合框架段及共同沟施工”相关内容。

### 10.4.6 下沉式道路闭合框架段及共同沟施工

**1. 施工顺序**

闭合框架段及共同沟为现浇钢筋混凝土箱涵结构，每节段混凝土分两期浇筑，一期先浇筑底板及两侧底板顶面以上35 cm侧板，二期浇筑其余部分侧板及顶板，一、二期混凝土之间接缝面应按照施工规范要求进行凿毛、清洗处理以保证一、二期混凝土之间结合良好，施工缝应采用钢板止水带进行防水处理。在施工条件允许的情况下，应尽量缩短一、二期混凝土的龄期差，二期混凝土浇筑须在一期混凝土浇筑完成后28天之内进行。

**2. 找平层及垫层施工**

闭合框架段及共同沟底部垫层采用C15素混凝土。基坑开挖完成，基底检测合格并报监理工程师确认后，在基底铺设30～50 cm碎石进行找平，找平层铺设完成，经监理检查合格，即可进行C15垫层混凝土施工。垫层顶面设计高程以结构底面标高为准，施工时对其标高严格按照设计标高进行控制。

**3. 底板施工**

(1)钢筋制作及绑扎

钢筋应具备原制造厂的质量说明书，运到工地后应做抽样检查，其技术要求应符合《钢筋砼用钢筋》有关规定，钢筋接头加工安装应符合规范要求。

底板钢筋采用统一加工成型，钢筋加工前对钢筋进行清理，保证钢筋表面无锈蚀、油脂等杂物。

采用现场就地绑扎的方法进行施工，严格按照设计及技术规范施工，并按规定准确预埋与侧墙连接构造钢筋。

(2)模板安装

底板模板采用标准大块钢模板拼装，模板表面涂刷脱模剂，模板采用内撑及外部加固，支撑牢靠。位置及高程严格按测量要求控制。安装时注意按设计安装相关预埋件。

(3)混凝土浇筑

底板砼采用商品砼，砼材料及性能需满足设计要求，混凝土罐车运输，高频振捣器振捣密实，振捣时间宜在10～30 s；混凝土连续浇筑，一次成型。混凝土配比通过试验确定。

(4)拆模及养护

混凝土浇筑完成后及时用湿润草袋覆盖的方法进行养护，拆模前进行试件试压，强度达到规范要求后方可拆模，拆模后继续养护。

**4. 侧墙、顶板施工**

(1)钢筋制作及绑扎

钢筋在钢结构加工车间下料、弯制，运至作业面后在现场进行钢筋绑扎及焊接作业。为保证钢筋位置准确、上下垂直、间隔均匀，在平台上按共同沟截面尺寸设纵向钢管托架，架起墙身主筋，并固定钢筋位置，下部与基础预埋主筋钢筋进行连接，然后从下至上对称绑扎钢筋。顶板钢筋采用统一加工成型，钢筋加工前对钢筋进行清理，保证钢筋表面无锈蚀、油脂等杂物。

钢筋安装严格按照设计及技术规范施工，并按规定准确与侧墙预埋钢筋连接。

(2)模板安装

模板采用大块钢模，使用前进行充分打磨并涂刷脱模剂，保证砼表面平顺光洁。箱内模板相互支撑牢固，侧墙外模板支撑于基坑侧壁。顶板全部采用多层竹胶板为模板，顶板模板下设 60×80 木方，间距 300，钢管支撑，钢管底部均设可调支座。模板支撑牢固，板缝加橡胶条，确保混凝土浇筑不跑模、漏浆。

施工时，按设计要求准确埋设各种预埋件并预留孔道。

(3)砼施工

砼采用商品砼，罐车运输，泵送入模，高频振动棒振捣。砼浇筑时先浇筑中隔墙，再浇筑外侧墙，同一部位砼采用纵向分段、竖向分层、两侧对称浇筑施工。砼配制时，在保证砼强度、坍落度的情况下，尽可能降低水灰比，同时在振捣时，加强振捣确保砼密实度，真正做到内实外美。

混凝土在浇筑完毕后的 12 小时内对混凝土应加以覆盖并保湿养护，浇水养护时间不得少于 14 天，模板在 7 天后方可拆除。

施工中注意预埋件位置的准确，混凝土振捣时防止振动棒碰触预埋件，造成预埋件位置偏移。

闭合框架段含共同沟结构段，框架底板及侧墙施工时，与共同沟底板、侧墙及顶板一同进行浇筑。框架侧墙浇筑至共同沟侧墙顶面时，先进行共同沟顶板浇筑施工，待共同沟顶板施工完成后再进行框架侧墙砼浇筑及顶板施工。

**5. 综合管沟(共同沟)砼现浇搭板、土工格栅铺设**

共同沟在 G0＋000～G0＋069 段布置单侧搭板，G0＋069～G0＋079 段布置双侧搭板，搭板施工工艺如下：

管沟施工完毕，对基坑分层回填并压实，回填至设计标高，现浇搭板垫层砼，制安搭板钢筋，安设搭板油毛毡支座，立模浇筑搭板砼。搭板与管沟搭接处采用沥青马蹄脂灌缝，支撑处铺设沥青油毡。栓钉钢筋在施工搭板时进行预埋。

混凝土采用商品砼，砼罐车运输。

模板采用钢模，钢钎固定，对弯道和交叉路口边缘处，铁钎应适当加密。

施工工序大体为：垫层施工→安装搭板模板→装设传力杆→混凝土的拌和与运输→摊铺振实→整修表面。

(1)垫层施工

垫层采用 C15 砼，安装模板时，两侧用铁钎打入基层来固定模板。铁钎间距 0.5～1.0 m，对弯道和交叉路口边缘处，铁钎应适当加密。模板底与基层间局部出现的间隙用水泥砂浆填塞，以防漏浆。模板顶面用水准仪检查标高，不符合要求时要予以调整。施工时，经常检查模板平面和高程，并严格控制。

模板安装完成，浇筑砼，砼采用平板式振捣器振捣。

(2)安装搭板模板

安装模板时,应按放线位置把模板放在层上,其两侧用铁钎打入基层来固定模板。铁钎间距一般为内侧 1.0～1.5 m,外侧 0.5～1.0 m,对弯道和交叉路口边缘处,铁钎应适当加密。模板底与基层间局部出现的间隙用水泥砂浆填塞,以防漏浆。模板顶面用水准仪检查标高,不符合要求时要予以调整。施工时,经常检查模板平面和高程,并严格控制。为增加模板的稳定性,采用钢筋或角钢制成的水平支撑和斜支撑相间的钢模连接。然后再用铁钎打入垫层,将水平与斜支撑固定。立好的模板在浇筑混凝土之前,其内侧涂刷肥皂液、废机油等防黏剂,以便拆模。

(3)装设传力杆及油毛毡支座

模板安装好后,按设计装设传力杆。传力杆的安装方法是在嵌缝板上预留圆孔以便传力杆穿过。钢筋绑扎完成,按设计安装油毛毡支座。

(4)混凝土混合料的拌和与运输

混凝土采用商品砼集中拌制,采用水泥混凝土搅拌运输车运输。混合料从搅拌机出料后,运至铺筑施工现场进行摊铺、振捣、整平,直至铺筑结束的允许时间,可根据水泥初凝时间及施工气温确定。装运混合料,应防滑浆和离析,夏季和冬季有遮盖或保温措施,卸料高度不宜超过 1.5 m。

(5)摊铺与振捣

砼摊铺采用人工配合小型机具进行摊铺。混凝土均铺后用平板式振捣器、插入式振捣器配合施工。施工时靠边角先用插入式振捣器,然后用小型平板式振捣器纵横交错全面振捣,振捣时间以混合料停止下沉,不再冒气泡并泛出水泥浆为准。振捣密实后,用振动梁在侧模上来回行走,使表面平整并泛水泥浆。

(6)表面整修、养生、切缝

整平后,在作业面上铺上吸垫,利用真空处理设备将混凝土中游离的水吸出。随后使用拉毛机上毛刷对塑性路面进行纹理处理。

混凝土面板完成后应及时养生。混凝土需湿润养生,以防止混凝土板产生收缩裂缝,保证混凝土水化过程的进行。养生在抹面 2 h 后混凝土有相当硬度时开始。采用草袋、草帘、麻袋等覆盖于混凝土板表面,均匀洒水,保持湿润状态。

横向缩缝的施工采用切缝法,当混凝土强度达到设计强度的 25%～30%时,采用切缝机进行切割。用水冷却切缝时,应防止切缝水渗入基层和土基,冷却用水的压力不低于 0.2 MPa。

(7)搭板路段格栅铺设

根据设计,G0＋000～G0＋079 路段在路面结构层下铺设土工格栅,格栅施工工艺如下:

检测、清理下承层→人工铺设土工格栅→搭接、绑扎、固定→摊铺上层路基土→碾压→检测。土工格栅在平整的下承层上按设计要求的宽度铺设,其上下层填料无刺坏土工格栅的杂物,铺设土工格栅时,将强度高的方向垂直于路堤轴线方向布置,土工格栅横向铺设。铺设时绷紧,拉挺,避免折皱、扭曲或坑洼。土工格栅沿纵向拼接,采用搭接法,搭接宽度必须达到设计要求。铺好土工格栅后,人工铺设上层填料,及时完成碾压,避免长期曝晒。

## 10.4.7　U形槽、闭合框架及共同沟结构防水、防渗

U形槽及闭合框架段防水以结构自防水为主，结构底板及侧墙采用防水钢筋砼，抗渗标号S6。不含共同沟段侧壁采用水泥基结晶渗透型防水涂料进行防水。含共同沟侧防水采用1.0 mm厚聚氨酯防水涂膜+隔离层+1.5厚防水卷材+2～3 mm厚沥青保护板作为防水层。

主体防渗的原则是“以防为主，防、排、截、堵相结合，刚柔相济，因地制宜，综合治理”。主要通过采用防水混凝土、合理的混凝土级配、优质的外加剂、合理的结构分缝、科学的细部设计来解决共同沟钢筋混凝土主体防渗。

钢筋混凝土主体防水设防等级为二级。主体不允许漏水。共同沟侧防水采用1.0 mm厚聚氨酯防水涂膜+隔离层+1.5厚防水卷材+2～3 mm厚沥青保护板作为防水层。

主体钢筋混凝土结构在节与节之间设置变形缝，内设橡胶止水带，并用低发泡塑料板和双组分聚硫密封膏嵌缝处理，此外在缝间设置剪力键，以减少相对沉降，保证沉降差不大于30 mm，确保变形缝的水密性。

变形缝、施工缝、通风口、投料口、出入口、预留口等部位是渗漏设防的重点部位。施工缝中埋设钢板止水带。通风口、投料口、出入口设置防地面雨水倒灌措施。预留口采用标准预制件预埋，以防止渗漏。

**1. 防水涂膜、涂料及内部涂装工程施工**

(1)聚氨酯防水涂膜施工

防水涂膜施工前应确保结构表面干净、平整，无浮浆、积水；应避免在雨天、五级以上大风以及烈日暴晒等不良气候条件下施工防水涂料，涂膜固化前如有降雨可能也不得抢前施工。

基层要求表面平整，坚实无浮砂，充分干燥，阴阳角要做成圆弧形，阴角直径大于50 mm，阳角直径大于10 mm。

配料与用量：根据施工用量，将甲乙组分按比例混合，搅拌均匀使用。参考用量为：1 mm厚涂膜用量约为1.3～1.5 $kg/m^2$。

涂刷：将混合涂料用橡胶或塑料刮板均匀涂布，要求厚度一致，宜分成几遍涂刷，每遍涂刷与上次方向垂直，一般为单独成膜，特殊部位应做加强处理。

防水涂膜涂刷完成，及时粘贴橡胶防水卷材，并安装2～3厚沥青保护板进行防护。

(2)水泥基结晶渗透型防水涂料施工

清除构筑物表面杂物及污垢，查找裂痕，超过2mm的裂缝应该先用水泥进行修补。

取该药剂若干，以喷涂面积大小定量，用喷涂设备将其均匀地喷涂在构筑物表面，并有大量湿润覆面，但不要大量流淌浪费。

第一次施工结束后，给予自然干燥，夏天0.5 h，冬天晴天1 h，在此期间配制第二次喷涂药剂，为进行第二次喷涂做好准备。第二次用原药剂直接喷涂于构筑表面，以每平方米用量按厂家要求进行。

喷涂完成，达到设计要求后，静置3～4 h后，进行清水喷涂养护。

(3)涂装工程

框架顶部及侧墙上部采用乳白色涂料，侧墙中部采用浅蓝色条带，侧墙下部采用乳白色涂料，侧墙底部用深棕色。

施工工艺：砼表面清理→喷涂防火涂料→对防火材料做抹平处理→涂抹面层涂料。

①砼表面清理：清除残浆、油污等异物，清洗、打磨、局部修补，要求所有阳角弹线用铝合金靠尺校形。该工序完工达到要求后经确认方可进行下道工序。

修补保护：做好保护工作，对不应涂刷的部位要求全部用镁纹带及其他物品包紧保护，以免造成污染。

②分 1～2 次涂喷防火涂料达到设计厚度(根据涂料生产厂家的品种具体性能确定)。防火材料选用隧道专用厚型防火涂料。

③对喷涂的防火材料做抹平处理。

④涂抹面层涂料 1 mm 厚。

**2. 防水隔离层、橡胶防水卷材及沥青保护板施工**

防水涂膜施工养护完成，及时施工防水隔离层并铺设橡胶防水卷材。卷材施工工艺如下：

卷材及基层涂胶基本干燥后(手触不黏，一般 15～20 min)即可铺贴，此为满铺黏法。搭接宽度 100 mm，接茬错开 250 mm。铺贴前，必须弹线(拉线)控制，要提前计算好各部位卷材尺寸，保证铺贴严实。并每隔 1 m 对准标准线将卷材黏接一下，每铺完一张卷材立即用干净而松软的长把涂刷用力滚压一遍，以排除黏接层之间的空气。排除空气后，用压辊沿黏接面用力滚压。

卷材搭接接缝及收头必须以专用的接缝胶黏剂及密封膏进行处理。卷材防水层经检查质量合格后，即可做保护层，保护层采用沥青保护板。

**3. 变形缝、中埋式橡胶止水带施工**

变形缝要满足密封防水、适应变形、施工方便、检修容易等要求，变形缝所用产品严格按照厂家要求方法装卸、放置、装配和安装。

用于沉降的变形缝其最大允许沉降差值不大于 30 mm，温度低于 10 ℃时不得进行热浇封缝施工。变形缝处混凝土结构厚度不小于 300 mm。变形缝材料施工前，对变形缝进行检查，并将预留凹槽内砼打毛、清理干净。用于沉降的变形缝的宽度宜为 20～30 mm。变形缝的防水采用复合防水构造措施，中埋式橡胶止水带与外贴防水层复合使用。

中埋式止水带埋设位置应准确，其中间空心圆环应与变形缝的中心线重合，止水带应妥善固定顶底板内，止水带应成盆状。安设止水带宜采用专用钢筋套或扁钢，固定采用扁钢，固定时止水带端部应先用扁钢夹紧并将扁钢与结构内钢筋焊牢，固定扁钢用的螺栓间距宜为 500 mm，见图 10-1。

中埋式止水带先施工一侧混凝土时，其端模应支撑牢固，严防漏浆；止水带的接缝宜为一处，应设在边墙较高位置上，不得设在结构转角处，接头宜采用热压焊。中埋式止水带在转弯处宜采用专用配件，并应做成圆弧形，橡胶止水带的转角半径应不小于 200 mm，钢边橡胶止水带应不小于 300 mm，且转角半径应随止水带的宽度增大而相应加大。

侧墙施工时，可用聚乙烯发泡填缝板沿墙全高设置，既可作为模板用，又可作隔离用。为防止在缝两侧同时浇筑容易造成聚苯板被挤偏、侧墙钢筋位移和混凝土截面尺寸减小，可

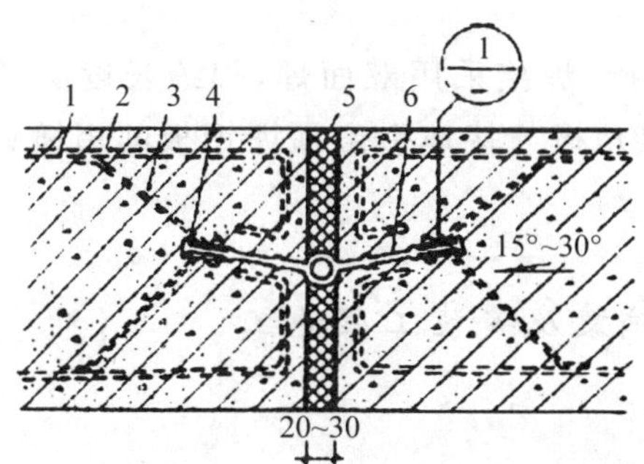


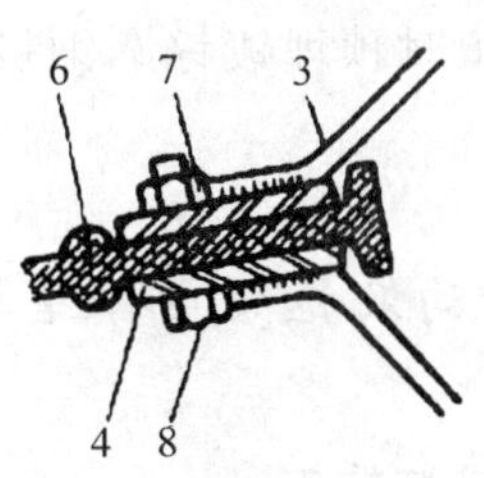


1—结构主筋；2—混凝土结构；3—固定用钢筋；4—固定此水带用扁钢；

5—填缝材料；6—中埋式止水带；7—螺母；8—双头螺杆

**图 10-1　中埋式止水带埋设图**

两侧顺序施工。侧体施工完毕后再次将缝内掉落的杂物清理干净，然后填塞双组分聚硫密封膏，深度 50 mm。

外贴式止水带定位和混凝土浇捣过程中，应注意定位方法和浇捣压力，以免止水带被刺破，所以在止水带定位和混凝土浇捣过程中，应注意定位方法和浇捣压力，以免止水带被刺破，影响止水效果。施工过程中，止水带必须可靠固定，避免在浇筑混凝土时发生位移，保证止水带在混凝土中的正确位置。

固定止水带的方法有：利用附加钢筋固定，专用卡具固定，及铅丝和模板固定等。变形缝顶底板处内部做法与墙体同。施工时按设计在变形缝处预埋钢管等相关预埋件。

**4. 施工缝防水**

U 形槽、闭合框架及共同沟在浇筑混凝土时需要分期进行。施工缝均设置为水平缝，水平施工缝一般设置在共同沟底板上 350 mm 处。施工缝中埋设钢板止水带。

## 10.4.8　U 形槽、闭合框架、共同沟、排水沟、电缆沟及钢筋接地

U 形槽、闭合框架、共同沟、排水沟，排水沟现浇，主体施工时按设计预埋排水沟钢筋，主体施工完成，按设计绑扎排水沟钢筋，现浇排水沟。

排水沟盖板采用预制安装，排水沟浇筑完成，强度达到设计要求后，进行盖板、格栅及井箅的安装。

电缆沟施工参照排水沟施工相关内容。

横向及纵向盲沟均按设计进行施工，横向渗沟采用 D50 软式透水管，纵向盲沟采用 D250 PVC 管。盲沟用透水土工布包裹。

共同沟在铺装施工过程中按设计排水沟、集水坑及铺装横向坡度，通过排沟及集水坑进行管沟内排水。

管沟用于接地的钢筋应采用焊接连接，保证电气通路。钢筋连接长度应不小于 6 倍钢筋直径，双面焊。钢筋交叉连接应采用不小于 $\phi16$ 的圆钢或钢筋搭接，搭接连接长度应不小于其中较大截面钢筋直径的 6 倍，双面焊。

纵向钢筋接地干线设于板壁交叉处，每处选两根不小于 $\phi16$ 的通长主钢筋。横向钢筋

环向接地均在距变形缝 0.35 m 处设置。

接地钢筋与接地引出预埋钢板间焊接，焊接采用双面焊，焊缝长度必须达到设计要求。基坑回填时预埋镀锌圆钢接地极，接地极与接地引出预埋钢板间用镀锌扁钢接地线连接。

### 10.4.9 管沟及框架主体结构内砼铺装及安装工程施工

**1. 配重铺装施工**

主体结构浇筑完成，在结构内按设计支立雨污水管槽模板并预埋连通管道，浇筑 C15 砼配重铺装。砼运输采用罐车运输，地泵泵送至浇筑位置，插入式振动器振捣，振动梁配合滚筒进行整平。砼铺装时按设计预埋泄水管等相关预埋件。

砼铺装浇筑时注意按设计预留集水沟。砼铺装完成，按设计安装管槽内雨污水管道，管道安装工艺参见“10.4.13 及 10.4.14 雨、污工程施工”相关内容，管道安装完成，预制安装雨污水管槽盖板。共同沟铺装完成后，用砖浆砌车道限位缘石并用水泥砂浆抹面。

**2. 给排水消防等管线安装工程**

共同沟内布置除雨、污水管道外，尚有给水管、电力电缆、电信电缆、中水管、交通信号电缆及有线电视电缆，其中给水管采用砼支墩，锚筋、管卡等在支墩浇筑时预埋。其他共同沟管线采用预埋式支架体系，在框架结构施工阶段需设置预埋件，后期根据支架管线布置采用锚固件固定管线，支架结构内的电缆和管道支架应优先采用工厂生产并符合国家或行业规范规定标准的产品。若其他系统(电力)和专用管线支架有具体要求，支架防锈采用涂防锈漆的方法。管线综合施工应按设计及施工规范要求进行。

各管线管材按设计进行选用。安装施工分述如下：

(1)安装准备

做好施工前准备工作。管材、管件、接口材料、防腐材料其材质、规格应根据设计选用，质量符合要求，有出厂合格证。施工所用机具型号必须运转状况良好，技术资料齐备，符合本项目要求。根据施工方案和技术交底的具体措施，参看有关专业设备图和建筑图，核对各种管道的坐标、标高是否有交叉，管道空间排列是否合理。有问题及时与设计和甲方、监理研究解决，做好记录。

(2)预制加工

按设计图纸画出管道分路、管径、变径、预留管口、阀门位置等施工草图，在实际安装的结构位置作上标记，分段量出实际安装的准确尺寸，记录在施工草图上，然后按草图测得的尺寸预制加工，按管段分组编号。

(3)管道安装

工艺流程：

安装准备→预制加工→干管安装→支管安装→试压→冲洗→管道防腐和保温→调试。

①钢骨架塑料复合管及镀锌钢管安装

从总进入口开始操作，将预制好的管道按编号排开，安装前清扫管膛，安装完后找直找正，复核甩口位置、方向及变径无误，并加临时丝堵。安装顺序先地下后地上，先大管后小管，先立管后支管。

a. 管道螺纹连接

机械套丝：将断好的管材按管径尺寸分次套制丝扣，套 2～4 次。将管材夹在套丝机卡盘上，留出适当长度将卡盘夹紧，对准板套号码，上好板牙，按管径对好刻度的适当位置，紧住固定板机，将润滑剂管对准丝头，开机推板，待丝扣套到适当长度，轻轻松开板机。

装配管件时应将所需管件带入管丝扣，试试松紧度(一般用手带入 3 扣为宜)，在丝扣处涂铅油、缠麻后代入管件，然后用管钳将管件拧紧，使丝扣外露 2～3 扣，去掉麻头，擦净铅油，编号放到适当位置。

b. 管道卡压式连接

卡压式连接：即卡套式锁紧技术，接头密封件采用优质硅胶及垫圈。管道用金属锯根据所需长度截断，按照滚压凹沟距离及深度用滚沟器在管道上压出凹槽，依次将螺母、锁紧圈、垫圈、密封圈套入管上，插入管件封接。

②PP-R 塑料管安装

a. 同种材质的 PP-R 塑料管及管配件之间，应采用热熔连接，安装应使用专用热熔工具。暗敷墙体、地坪面层内的管道不得采用丝扣或法兰连接。

b. PP-R 塑料管与金属管件连接，应采用带金属嵌件的 PP-R 管件作为过渡，该管件与塑料管采用热熔连接，与金属管件或卫生洁具五金配件采用丝扣连接。

c. 热熔连接应按下列步骤进行：

热熔工具接通电源，到达工作温度指示灯亮后方能开始操作，切割管材，必须使端面垂直于管轴线。管材切割一般使用管子剪或管道切割机，必要时可使用锋利的钢锯，但切割后管材断面应去除毛边和毛刺。管材与管件连接端面必须清洁、干燥、无油。用卡尺和合适的笔在管端测量并绘出热熔深度。连接时，无旋转地把管端导入加热套内，插入到所标志的深度，同时，无旋转地把管件推到加热头上，达到规定标志处。加热时间必须满足规范要求。

达到加热时间后，立即把管材与管件从加热套与加热头上同时取下，迅速无旋转地直线均匀插入到所标深度，使接头处形成均匀凸缘，刚熔接好的接头还可校正，但严禁旋转。

(4)阀门及部件安装

阀门进场后，先进行外观检查，阀体应无砂眼、裂缝，合格证应齐全。阀门安装前必须按规范规定进行强度和严密性试验，若有不合格品应及时标识隔离，并形成记录，以免流入施工现场。阀门安装的位置应便于开启、关闭、检修。阀门的进出口方向、朝向应正确。安装在保温管道上的阀门手柄不得朝下。

(5)给排水系泵类安装

基础混凝土强度、坐标、标高、尺寸和螺栓孔位置必须符合设计要求或施工规范规定。泵试运转的轴承温度必须符合施工规范规定。滑动轴承的温度不应高于 70 ℃，滚动轴承的温度不应高于 80 ℃。水泵试运转，叶轮与泵壳不应相碰，进、出口部位的阀门应灵活。检查水泵联轴器的两轴心，纵向位移允许偏差 0.1 mm，轴向倾斜 0.8 mm。减震基础必须使用符合设计或规范要求的减震材料。

(6)给排水系统试压

给水系统试压是以水为介质，按系统或区段进行。系统注满水后，启动加压泵使系统水压逐渐升高，先升至工作压力，停泵观察，再将压力升至试验压力，在 10 min 内，压降不大于

0.02MPa,强度试压合格。然后再降至工作压力,较长时间观察,若无渗漏现象,严密型试验合格。试压完毕,应及时将系统内的水排干净,并填写试压记录。

消火栓系统水压强度试验的测试点应设在系统管网的最低点。对管网注水时,应将管网内的空气排净,并应缓慢升压,达到试验压力后,稳压 30 min,目测管网应无泄漏和变形。

水压严密性试验压力应为设计工作压力,稳压 24 h,应无泄漏。

(7)给水管系统冲洗

对不能参与试压的设备、仪表、阀门及附件应加以隔离或拆除,加设的临时盲板应具有突出法兰的边耳,且应做明显标志,并记录临时盲板的数量。系统试压过程中,当出现泄漏时,应停止试压,并应放空管网中的试验介质,消除缺陷后,重新再试。首先检查全系统内各类管件的关启状态,将自来水管接进供水管的末端,开启自来水,进行反复冲洗。当排入下水道的冲洗水为洁净水时,可认为合格。管网冲洗应在试压合格后分段进行。冲洗顺序应先室外、后室内,先地下、后地上;室内部分的冲洗应按配水干管、配水管、配水支管的顺序进行。冲洗直径大于 100 mm 的管道时,应对其焊缝、死角和底部进行敲打,但不得损伤管道。

(8)给排水管道灌水试验

注水高度以一层楼为标准(如条件不具备可以首层下排水水平干管至首层地面高度为准),满水 15 min,在灌满延续 5 min,以液面不下降,不渗漏为合格。通水试验:分系统分区段进行,检查管道的溢水口,给排水通畅能力及排水点的通畅情况,管路以无塞堵、不渗漏为合格。通球试验:硬质塑料空心球,由立管顶端投入,在首层立管检查口处检查,水平管在始端投入,通水冲至引出管末端排出。

(9)灭火器箱、泡沫液压罐安装

各器材按设计进行采购,安装严格按设计及相关规范进行。

**3. 电气安装工程**

施工流程:准备工作→配管→管内穿线→桥架、支架安装→电缆敷设→配电箱、柜安装→灯具安装→开关、插座等用电器具安装→送配电、接地系统调试。

(1)配管

进场钢管先要进行防腐,对管线加设的防水套管,埋设防水套管时,先进行防腐处理。

暗配管连接采用套管焊接,焊接前先把管道选好调直,清理好管膛。就位找正,对准管口,使预留口方向准确,找直后点焊固定,然后施焊。焊接钢管的焊口平直,焊波均匀,焊缝表面无结瘤、夹渣。管道安装完,检查坐标、标高、预留口位置和管道变径等是否正确,然后找直,用水平尺校对复合坡度,调整合格后,再调整吊卡螺栓 U 形卡,使其松紧适度,平整一致,最后焊牢固定卡处的止动板。同时摆正或安装好管道穿结构处的套管,填堵管洞口,预留口处应加好临时管堵。

明配管采用管箍丝接,套管长度为连接管径的 1.5～3 倍,连接管口的对口处应在套管的中心,焊口应焊接牢固严密。为便于穿线,管线超过下列长度,应加装接线盒:无弯时 45 m,有一个弯时 30 m,有两个弯时 20 m,有三个弯时 12 mm。钢配管在建筑物变形缝处应设补偿装置。

塑料管路的煨管,利用弯簧插入塑料管需煨弯处,两手抓住弯管两端头,膝盖顶在被弯处,用手扳逐步煨出所弯度,连接采用塑料套管黏接,黏接应牢固紧密。管路入盒、箱一律采用端接头与锁母连接,立管管口采用端帽护口,防止异物堵塞管路。塑料管暗配时,应绑扎牢固，主体配合时，每隔200 mm用扎丝绑扎，和钢管交叉处及施工缝处应加钢管保护，浇筑时，应派专人看管，出现问题时及时修复。

(2)管内穿线

在穿线前，应首先检查各个管口的护口是否齐整，如有遗漏和破损，均应补齐和更换。当管内有积水、杂物时，应将布条的两端牢固绑扎在带线上进行拖动或采用气泵进行吹扫，将管内积水及杂物清理干净。穿线时应严格区分导线的颜色，A相黄色，B相绿色，C相红色，零线淡蓝色，PE线黄绿双色，决不能混用。

导线接头采用绞接时，缠绕圈数不少5圈，并应搪锡，黑胶布包扎不少于4层。线路绝缘电阻应不小于0.5兆欧，引入设备的电线应加设可绕性金属软管，采用专用接头连接。

(3)桥架安装

根据设计和现场实际的情况确定其走向，弹线标出现场具体位置。

根据弹线位置制作支架，支架钢材平直，下料偏差在5 mm范围内，安装牢固，横平竖直。

桥架接口平整，接缝处紧密平直，槽盖装上平直无翘角，出线口位置准确，所有非导电部分铁件均应用不小于2.5 $mm^2$多芯软铜线相互连接和跨接，使之成为连续导体，并做好整体接地。

(4)电缆敷设

敷设前首先进行绝缘测试，1 kV以下电缆线间及对地的绝缘电阻应满足设计要求。先画出电缆的排列图，穿电缆钢管打好喇叭口。敷设时用对讲机联络统一指挥，从上向下或从始端向末端敷设。应放一根卡固一根，桥架内用专用扎带1 m扎一道，敷设后在电缆两端、拐弯、交叉处应挂好标志牌。电缆敷设完毕后，应对管口进行封堵及防火处理。

(5)配电箱安装

箱体安装应平整牢固，其垂直偏差不应大于3 mm，管进箱不大于5 mm。暗装时，照明配电箱四周应无空隙，其面板四周边缘应紧贴墙面，箱体与建筑物接触部分应涂防腐漆。配电箱接线应牢固规范，多股软线要搪锡，铜接线端子要蘸锡，接线时每个端子不多于两个线头。配电箱的进出线布置规范，扎带绑扎牢固。

(6)电气系统调试

单元件试验→分部系统调试→单体试车→联动调试。

①单元件试验阶段

盘柜内各电器元件试验校核及主回路二次回路绝缘检查。对空开的动作值、整定值，继电器的动作值、通电值、动作时间、绝缘电阻，热继电器的整定值、动作值，二次回路的绝缘电阻等进行检查和测试。配电装置、照明回路及馈出电缆电线绝缘测试。电机检查及绝缘电阻、吸收比、空载试验。

②分部系统调试阶段

各盘柜二次回路模拟动作试验；各盘柜主回路受电；照明配电箱盘、照明回路受电试照。

③单体试车阶段及联动调试：各种风机水泵及设备单体试运行，做好电机的动行记录，包括电气系统本身的联调配合，自动投入异地控制转换等功能；给排水及其他设备投入，自动起动及停动试验。

### 10.4.10 基坑回填

主体结构强度达到设计要求后，应尽快进行基坑回填。回填料根据基坑所处位置（是在路基下等）及标高严格按设计要求进行选用。基坑回填时需两侧均匀对称回填，分层夯实，分层厚度一般为 300 mm 左右。各层回填土压实度等各技术指标经监理、质检检查合格后方可进行下步工序施工。

### 10.4.11 地面路基土方工程施工

本工程施工前应采用可靠方法对所有管线进行验正复核，复核内容包括各管线位置、标高、接口、现状道路平面及高程位置等，确认无误后方可进行施工。发现城市地下管线信息数据未作记录的地下管线，项目部将及时报告发包人现场工程师和监理工程师，书面向城建档案馆或建设行政主管部门报告并采取保护措施。

**1. 施工准备**

路基土方采用机械化施工。

在路基施工前，先由测量组对施工红线边线进行放样，按业主要求及工地需要对场地进行围挡，各边放样点需用木桩标志，并在桩位处标明里程，边线桩位按 50 m 进行控制，桩位放样完成后，用白灰将施工范围标志出。红线施工范围定出后，利用正铲或反铲挖掘机将原地面不合格土等清除，清除及换填厚度根据现场各土层力学性质确定，所清除土方用自卸汽车运输至指定地点。清表后将地基表层碾压密实。

**2. 特殊路基处理**

本工程特殊路基以横四路为主，针对不同的工程地质情况采取不同的处理方式：

(1)桩号 0＋220～0＋280 和 1＋060～1＋200 段，表层素填土或耕植土厚度小于等于 2 m 处，挖除后，换填路基土的方式。

(2)桩号 0＋50～0＋220 和 1＋200～1＋794.343 段，淤泥厚度大于 4 m，采用深层搅拌桩（湿法）的处理方式加固地基。施工顺序为：整平场地、曝晒→回填 50 cm 厚中粗砂垫层→钻机就位，水泥搅拌桩施工→桩基检测→分层回填至路基设计标高→路面施工。

搅拌桩按正三角形布置，桩径 0.5 m，桩中心间距 1.0 m，拟采用 GPP-5 型水泥深层搅拌桩机组进行施工。

水泥搅拌桩施工工艺如下：

①平整场地：清除施工场地上的障碍物及杂物（包括树根、草皮、垃圾等），将原地面整平，回填砂填至桩顶 50 cm 左右。

②施工放样：在整平的地面上，按设计图纸的要求，放出每根桩的具体位置，打入竹钎并标出明显的标志。

③移架就位：即将深层水泥搅拌机运到设计桩位，就位对中，检查导向杆垂直度，清扫喷射口。

④钻进、喷浆：钻进下沉至设计标高，启动搅拌机下钻，当钻至桩底设计标高时，搅拌机

通过搅拌翼的孔口，喷出水泥浆，可提升钻机，边提升边喷浆边搅拌。水泥浆配合比按设计。

⑤搅拌机预搅下沉时不宜冲水，当遇到较硬土层下沉太慢时，方可适量冲水，但要确保桩身的质量。

⑥搅拌机喷浆提升的速度和次数符合规范的要求。

⑦复搅：当钻头提升至距地面 50 cm 时，进行第二次复搅，以达到充分搅拌的要求。

⑧重复搅拌提升至孔口，边提钻、边搅拌，到达桩顶时停拌，提出搅拌钻头，移动机体至下一桩位。

⑨检测：根据技术规范要求进行检测。

⑩水泥搅拌桩施工完后按规定进行养护。

⑪搅拌桩养护期结束后分层填筑路基。

**3. 土方开挖**

为保证边坡稳定，对土质边坡采用 1∶1。当边坡开挖高度较大时，分级开挖，分级边坡高按设计。

(1)施工前按图恢复中线，复测断面，测设出开挖边线，并鉴定既有边坡是否稳定，如不稳定，采取必要的加固防护措施。做好堑顶截排水，并随时注意检查。临时排水设施与永久性排水设施相结合。

(2)土方开挖以机械为主，分段进行。每段自上而下分层开挖，并及时用人工配合挖掘机整刷边坡，对不便机械施工的地段采用人力开挖。

(3)开挖过程中，派专人仔细调查开挖坡面稳定情况，发现问题及时加固处理，同时做好地下设备的调查和勘察工作。土方地段的路床顶面标高，考虑因压实而产生的下沉量，其值由实验确定。施工时加强测量控制，边坡随开挖随成型，保持边坡平顺。土方开挖完毕，应尽快施工上部结构。如遇地下水位较高时，路槽底采用碎石、砂垫层或碎石盲沟及架深边沟，或在边沟下增设洞式渗沟。边沟或洞式渗沟的深度根据现场水文情况确定。

(4)雨季开挖土路堑时，分层进行开挖，每层底面设大于 1% 的纵坡，挖方边坡沿边坡预留 30 cm 厚，待雨后再整修到设计边坡线，开挖路堑在距基顶面 30 cm 时停止开挖，待雨季后再挖到设计标高。

(5)土方开挖时，对地下管线、缆线、文物古迹和其他构造物做好妥善保护。在居民区附近开挖土方时，采取有效措施保证居民及施工人员的安全，并为附近居民的生活提供有效的临时便道或便桥。

**4. 路基填筑**

(1)施工准备

路基工程的施工准备，除应做好施工调查、核对设计文件、交桩复测等常规准备工作外，还要着重做好与压实度密切相关的土质调查试验和压实工艺试验工作。

①土质调查试验：填土材料要求采用易压实的砂性土或黏土，严禁采用高岭土等不良土体进行路基填筑，同时填料中不得草根等植物根系，最大粒径不得大于碾压厚度的 1/3。施工之前做好本工程内各类土的最佳干容重试验。开工前进行土质补充调查试验，以取得足够详细数据，为基底处理、取土利用方的选择、弃方利用等提供施工依据，确定最佳施工方案。

②试验方法：利用初选的压实机械对计划使用的各种填土进行现场小区段填筑，所填土应选择砂性土。填土前应进行压实试验，征得监理工程师的同意，找出机型、填料、含水量、层厚、碾压遍数的相互关系，绘制与设计指标相关规律曲线，确定标准化施工工艺。

③试验路段：为确定路堤填筑各项施工参数，选取一定长度的填土路堤作试验段。试验段施工前，首先按重型击实法确定土的最大干密度和最佳含水量，并按土方路基要求确定各项施工参数。根据试验做施工技术交底，试验段开始后要详细记录各次。

将试验的有关数据，及最后选出的土分层松铺厚度、碾压遍数、土壤的最佳含水率以及石方的推铺、级配、碾压等参数和施工工艺、机械配置报监理工程师批准后作为以后路堤土方填筑施工的依据。

(2)施工程序

路基填筑过程分为四区段、八流程。四区段：填土区、平整区、碾压区、检验区。八流程：施工准备→基底处理→分层填土→摊铺平整→洒水晾晒→碾压密实→检验签证→路基整修。

(3)施工要点

①测量放线：根据设计放出路堤填筑边桩线。边桩处应布设标志桩，以方便施工。

②基底处理：将地基表层碾压密实，基底压实度(重型)不小于90%；当路基填土高度小于路面和路床总厚度时，应将地基表层土进行超挖并分层回填压实，其处理深度不应小于重型汽车荷载的工作区深度。

③分层填土：按照试验确定的填料，进行分层填土压实。同一层应采用同一种填料，以利施工控制。为了保证压路基边缘部分的压实度，按路面标准每侧加宽30 cm，碾压后削坡，削坡坡度按设计。填挖交界面需将挖方部分表层挖松后再进行压实。对于高路堤段落，要严格按路基施工规范要求进行，并注意施工和调运工序，严禁出现下部填土、上部填石的情况。

④洒水或晾晒：应在平整工作前或伴随平整工作进行。无论洒水或晾晒，应使填料含水量保持在最佳含水量允许波动范围内，一般情况控制在－3%～＋2%限值以内。

⑤摊铺整平：用推土机或平地机将填料按合理层厚摊铺平整，以便获得均匀的压实效果。一般情况下，在基面下0.8 m以内每层摊铺厚度为30～40 cm，基面下0.8 m以外摊铺厚度为40～50 cm。施工作业时，根据现场实际情况及土壤试验而确定。

⑥机械碾压：粗粒土宜用重型振动碾碾压，细粒土用振动碾或轮胎式压路机碾压，碾压作业时，行间(横向)应重叠0.3～0.5 m，碾压区段间(纵向)应重叠1.0 m以上。在基面下0.8 m以内碾压遍数为6～9遍，基面下0.8 m以外碾压遍数为5～7遍。

⑦检验签证：按照设计指标，以填层的平密度、相对密度或地基系数等指标判定是否合格。不合格者，应进一步碾压，直到合格为止，此时检验量加倍。合格后经签证方可进行下道工序施工。

⑧路面整修：路面整修应结合填筑基床表层的最后一层进行。按设计断面形式和计划填筑高度控制摊铺层厚，并挂线细致找平。碾压中若发现凹凸不平，需及时找平，使碾压好的路面形状和高程符合要求。

⑨夯拍：边坡宜随填层的填筑逐步将其夯拍密实，全部路堤填筑完成后，用人工进行修边，满足设计要求。

**5. 填方施工控制**

以土工试验和现场填土压实试验资料为依据，对填料复查试验频次、填料含水量、填层厚度、整平程度、碾压遍数等进行施工控制，达到经济有效的施工管理，确保质量指标实现。

路基必须密实、均匀、稳定、干燥，填土应严格分层填筑、分层夯实，路基填料应采用不含有害杂质的砂性土或亚黏土，填料中不得含有草根、垃圾、腐土等杂物。

在施工过程中，对施工现场应注意做好临时排水工作，以保证施工质量。

路基压实度采用重型击实标准，压实度要求见表 10-3。

**表 10-3　重型击实压实度表**

| 填挖类型 | 路槽底面以下深度/cm | 压实度/%(重型击实标准) |
| --- | --- | --- |
| 填方 | 0～80 | ≥93 |
|  | >80 | ≥90 |
| 零填及挖方 | 0～30 | ≥93 |

人行道路基压实度采用重型击实标准，要求路槽以下路基压实度不低于 90%。

**6. 排水及防护工程**

由于道路两侧地块开发相对滞后，为保证路基的稳定、安全，根据路基高度，综合考虑路基的边坡坡率、路基土的地质情况，采用植草防护、土工格网防护、方格网防护、拱形骨架护坡和浆砌片石护坡坡等。详见表 10-4。

**表 10-4　边坡防护类型表**

| 边坡高度 $H$/m | 边坡防护形式 |
| --- | --- |
| $H\leqslant 2$ m | 植草护坡 |
| 2 m$<H\leqslant$4 m | 土工格网护坡 |
| 4 m$<H\leqslant$8 m | 方格网护坡 |
| 浸水路基 | 浆砌片石护坡 |

路基排水通过边沟及排水沟进行。边沟及排水沟采用人工配合机械开挖，排水设置根据现场实际需要进行设置，浆砌片石采用人工挂线挤浆法砌筑施工。

(1)植草防护：先在路基边坡覆盖 25 cm 种植土(利用清基表土)，坡面平整，接着采用人工方式把植草植于坡面，土路肩采用铺贴草皮的方式，最后加盖无纺布后养护成坪，其间适时施肥并注意病虫害预防及防治工作。

(2)土工格网护坡的施工

施工时先将坡面上的冲坑分层夯实填平，然后削坡，清除坡面的尖刺物，土工格网直接铺在整修好的坡面上。

土工格网网宽方向与路线方向一致，格网用锚筋锚固于坡面上，锚筋间距按设计进行施工，锚筋使用前需做好除锈、刷防锈漆、表层涂沥青处理。锚筋结构尺寸见设计图。相邻两土工格网间重叠 7.5 cm。

施工注意事项：

①尽可能选择良好的植草期。一般情况下,暖季型草宜在春末至初夏种植,冷季型草宜在夏末种植,不应在入伏或入冬后种草。

②坡面处理。适当平整坡面,当土质适宜时,可直接在坡上植土,松土厚度 20 cm 左右;若坡面土不宜于植草,应铺土质适宜的种植层,种植土厚度为按设计要求进行铺填,种植土铺设同时撒 1 cm 坡面基肥。

(3)拱形骨架护坡及浆砌片石方格网植草护坡

①施工前,先清理施工场地,修整边坡使施工地带的标高和边坡坡度与图纸要求相一致。然后按图纸所示的地点进行施工放样,浅挖骨架的基坑,并进行人工夯实。

②经检查当标高和边坡坡度与图纸要求相一致后,即可采用 M7.5 水泥砂浆砌筑片石框架及衬格,原浆勾缝。片石骨架沉降及伸缩缝按设计间距设置,在地基土质变化处还应设置沉降缝。

③骨架条带宽度按设计,作为骨架的片石应竖载,挖槽铺砌,深入土中为 35 cm,上端外露 5 cm。砌筑骨架同时,按设计图纸安装砼镶边石,砌筑平台边沟、流水槽及踏步。

④施工完成后,将残留物清除干净,同时不得损坏已成的网格,如有松动或脱落之处必须及时修整。然后在骨架网格内铺填 10 cm 厚耕植土,人工满铺草皮,并洒水湿润。

⑤骨架及方格网施工完成,对网格及骨架内进行植草养护。

(4)浆砌片石护坡

基础采用人工配合挖掘机开挖,墙身采用 7.5 号浆砌片石厚 30 cm,人工挂线挤浆法施工。基础开挖严格按设计尺寸和标高进行,基础清理后,经监理工程师检验合格后,方可砌筑防护基础,墙身砌筑采用挤浆法施工。施工时,先在底面敷铺一层砂浆,然后逐一安放片石并挤压紧密,石块缝之间用砂浆填塞饱满,大石块之间缝隙用小石块填塞。片石砌筑采用“一丁一顺”或“一丁二顺”法施工,要求砌缝横平竖直,美观统一。砌筑工程一律勾成凹缝,同时要求侧沟、排水沟与满铺防护形式协调,以利整体美观。确保砌体灰浆饱满,砌缝严密。砌筑时严格控制断面几何尺寸及表面平整度,严格按规范及设计图纸要求办理。浆砌片石护坡伸缩缝间距按设计,缝宽 2 cm,缝内填沥青麻絮。护坡中、下部设 10 cm×10 cm 矩形泄水孔,泄水孔间距 3 m,泄水孔后 0.5 m 范围内设碎石反滤层。

(5)浆砌片石边沟

排水边沟采用 M7.5 浆砌片石砌筑,断面按设计,边沟每隔 15 m 设伸缩一道,缝内用沥青麻筋填塞。开挖边沟基槽时,应保证槽底地基的承载力,可采用人工整平、夯实。开挖土方用人工装车运输至指定地点。排水边沟尺寸按设计施工。沟渠边坡平整、稳定,不贴坡,纵坡顺适,沟底平整,排水畅,无冲刷和阻水现象,线形美观,直线顺直,曲线圆滑。浆砌片石工程砂浆配合比符合试验规定,砌体咬扣紧密,嵌缝饱满、密实,勾缝平顺无脱落,缝宽大体一致,表面抹面光滑。

**7. 场平工程**

施工工艺程序安排是:现场勘察→清除地面障碍物→标定整平范围→设置水准基点→设置方格网,测量标高→计算土方挖填工程量→平整土方→场地碾压→验收。场地平整要考虑满足总体规划、生产施工工艺、交通运输和场地排水等要求,并尽量使土方的挖填平衡,减少运土量和重复挖运。

(1)测量放样

开工前，应根据设计规定及施工要求，对场平位置及原地形地貌进行复测核对。按设计平面图上的桩号次序，按尺寸及标高，边沟、取土坑等的特征点，标定在实际地面上。

(2)土方工程

①清表及地基处理

填筑施工前，利用推土机将测量组定出施工红线范围的原地面表层土、耕植土、腐殖土及软弱土清除，所清除土方采用自卸汽车运输至指定地点。清表后将地基表层碾压密实。在场平四周修建一些临时排水设施，保持场地处于良好的排水状态，以防工程或附近农田受冲刷、淤积。临时排水设施与永久性排水设施相结合。流水不得排入农田、耕地，污染自然水源，也不应引起淤积和冲刷。

②土方工程

本工程利用场内土方作为场平地块的填方使用以节约投资，降低工程造价。为了保证填土的强度和稳定性，必须正确选择土料与填筑方法。回填土质必须采用不含其他杂质的砂类土、碎石土和黏质土等，其最佳含水量为 12%～18%，施工含水量与最佳含水量之差控制在−4%～2%之内。填筑采用挖掘机挖装，自卸汽车运输，推土机摊铺，平地机精平，洒水车洒水，压路机压实，把施工过程划分为“三阶段”、“四区段”、“八流程”。三阶段即为准备阶段、施工阶段、竣工阶段；四区段即为填筑区、平整区、碾压区、检查区；八流程即为施工准备、基底处理、分层填筑、摊铺整平、洒水及晾晒、机械碾压、检查签证、面层整修。回填土自下而上进行分层摊铺压实，每层松铺厚度不得大于 30～50 cm。填筑由中央逐渐向四周填筑压实。在填料场地按 20 m×20 m 方格网插立标杆撒石灰线，指示出铺土松铺厚度。根据自卸车容量计算堆土间距，以便平整时控制层厚均匀。施工时注意分区之间的碾压。压实度按设计。施工过程中做好场地排水。

③其他未尽事宜参照设计图纸及相应的规范要求执行。

### 10.4.12　路面工程

本工程包括地面道路路面及下沉式道路路面，在共同沟设计有搭板处，考虑管沟顶路面面层的过渡，在机动车道范围内路基基层底设一层土工格栅，防止横向裂纹。

**1. 级配碎石层施工**

级配碎石施工前，对所施工路段路基整形并碾压检查，达到设计要求后方可进行级配碎石施工。级配碎石的最大粒径、压碎值、针片状颗粒含量均应满足规范要求。摊铺采用自动找平平地机，碾压采用重型振动压路机和光轮压路机配合。在铺筑垫层前，将路基面上的浮土、杂物全部清除，并洒水湿润。

采用自卸汽车按计算好的堆放距离堆卸碎石，用平地机摊铺后的碎石无离析现象，或采用细集料做嵌缝处理。按试验路段确认的压实工艺，在全宽范围内均匀地压实。作业时，严禁压路机在已完成的或正在碾压的路段上调头和急刹车。两段作业衔接处，第一段留下 5～8 m 不进行碾压，第二段施工时，将前段留下未压部分与第二段一起碾压。凡压路机不能作业的地方，采用机夯进行压实，直到达到要求的压实度。在已完成的垫层上每一作业段或不大于 2000 $m^2$ 随机取样 6 次，按规范规定进行压实度试验，并按规定检验平整度、纵断高程等其他项目。

**2. 水泥稳定碎石层施工**

(1)水泥稳定碎石主要技术指标

5%水泥稳定级配碎石混合料7天龄期抗压强度不小于3.0 MPa,压实度不小于98%。3%水泥稳定级配碎石混合料7天龄期抗压强度不小于2.0 MPa,压实度不小于97%。碎石最大粒径不大于37.5 mm,压碎值不大于35%,配合比通过实验确定。

(2)混合料组成设计

基层混合料采用3%和5%水泥稳定碎石,稳定碎石的粒料级配、配合比等需在施工前通过实验进行确定,施工时严格控制确保质量达至设计要求。水泥稳定碎石层厚度、压实度严格按设计要求进行施工。

①水泥稳定碎石混合料的设计应充分考虑气候、水文条件等因素的影响。通过试验选取最适宜的碎石,确定最佳的水泥用量及最佳含水量。

②取工地实际使用的集料分别进行筛分,按颗粒组成进行计算,确定各种集料的组成比例,混合料的级配应符合设计及规范要求。

③取工地使用的水泥,按不同水泥剂量分组试验,制备不同比例的混合料,用重型击实法确定各组混合料的最佳含水量和最大干密度。

④根据确定的最佳含水量拌制水泥稳定碎石混合料,按要求压实度制备混合料试件,标准养护后做强度试验。

⑤选取符合强度要求的最佳配合比作为生产配合比,用重型击实法求其最佳含水量和最大干密度,报批后指导施工。

(3)试验路段

正式施工前在验收合格的路基上进行试铺。试铺前将试验路段的施工方案交监理工程师报批。施工方案包括试验人员、机械设备、施工工序和施工工艺等。

①在路幅的一侧车道选择长度为300～600 m的试验路段,每种方案试验100～200 m,按监理工程师认可的混合料配合比进行试验,试验段施工按路面施工技术规范进行。

②通过试验,验证用于施工的集料配合比例;检查混合料含水量、集料级配、水泥剂量、7天抗压强度;确定一次铺筑的合适厚度和松铺系数;确定标准施工方法及一次施工长度。

③当使用的原材料和混合料、施工机械、施工方法及试铺路段各检查项目的检验结果都符合规定,即可编写"试铺总结"交监理工程师审查,批准后即可作为正式施工的依据。

(4)混合料的拌和与运输

水泥稳定碎石采用稳定土拌和站拌和,自卸汽车运输,摊铺机摊铺,光轮压路机及振动压路机碾压。

①在正式拌和混合料之前,先调试所用的拌和设备,使混合料的颗粒组成和含水量都达到规定的要求。集料的颗粒组成发生变化时,应重新调试设备。

②拌和的混合料要均匀,无离析现象,集料、水泥、水的用量偏差不超过技术规范要求。拌和混合料时含水量应高于最佳含水量1%～2%,以补偿运输、摊铺及碾压过程中的水分损失。不同粒级的碎石以及细集料分开堆放,并加以覆盖,防止雨淋。

③运输混合料的车辆要均匀地在铺筑层整个表面上通过,速度要缓,减少不均匀碾压或车辙。

④运输车辆必须配备覆盖篷布,以防雨淋或水分蒸发,保持装载高度以防混合料离析。

运到现场的混合物料应尽快摊铺，现场存放时间不得超过 24 h。

(5)摊铺和整形

混合料的摊铺用摊铺机分层摊铺。

①摊铺时按试验路段确定的松铺厚度、规定的施工工艺摊铺。

②摊铺的混合料的含水量要高于最佳含水量 0.5%～1.0%，以补偿摊铺及碾压过程中的水分损失。

③摊铺机后面应配备专人消除粗细料离析现象，特别是局部粗集料窝的铲除，并用新拌混合料填补。

(6)碾压

碾压时，先采用光轮压路机跟在摊铺机后及时进行碾压，后用重型振动压路机及轮胎压路机进行碾压。碾压时先静压 1～2 遍，再振动碾压。

①混合料经摊铺和整形后立即在全宽范围内碾压，直线段由两侧向中心碾压，超高段由内侧向外侧碾压。每道碾压轮迹应与上道碾压轮迹相重叠，压后的表面平整无轮迹或隆起，且断面正确，路拱符合设计要求。

②碾压过程中，稳定碎石的表面始终保持湿润，如表面水蒸发得快，要及时补洒少量的水。

③严禁压路机在已完成或正在碾压的路段上调头和急刹车，以保证表面不受破坏。

④在摊铺碾压过程中配备专人用 3 m 直尺随后即时检查初步压实的表面是否满足要求，发现问题及时处理，以保证碾压完成后表面的平整度。

(7)横缝处理

摊铺机摊铺混合料时，中间不能随意中断，摊铺机因故中断摊铺或当天工作段结束时要设置横缝，摊铺机要驶离摊铺的混合料末端。

①人工将混合料的末端弄整齐，紧靠混合料放两根方木，方木的高度要与混合料的压实厚度相同，整平紧靠方木的混合料。

②方木的另一侧用碎石回填约 3 m 长，其高度要高出方木几厘米。将混合料碾压密实。在重新开始摊铺混合料之前，将碎石和方木除去，并将下承层顶面清扫干净。

③摊铺时返回到已压实层的末端，重新开始摊铺混合料。

④施工中利用 3 m 直尺检查接缝处平整度，将不合格部分垂直切去，然后再摊铺新的混合料。

(8)纵缝处理

路面基层摊铺时要按总体施工方案进行，应避免纵向接缝，在不能避免纵向接缝的情况下，纵缝必须垂直相接，严禁斜接，并按下述方法处理。在前一幅摊铺时，在靠后一幅的一侧用方木或钢模板做支撑，方木或钢模板的高度要与稳定土层的压实厚度相同。养生结束后，在摊铺另一幅之前，拆除支撑木。

(9)养生及交通管制

水泥稳定碎石在碾压完成后及时养生，养生期不少于 7 d，并始终保持表面潮湿。养生期内封闭交通。

(10)气候条件

雨季施工要特别注意天气变化，勿使水泥、粒料遭受雨淋。降雨时必须停止施工，已摊铺好的混合料应尽快碾压密实，对刚碾压成型的部分用塑料布进行覆盖，并排除表面的积水。

**3. 沥青砼路面施工**

沥青砼施工前，项目部组织人员对路面检查井进行详细检查，井壁、井周必须用高标号水泥混凝土浇捣密实。在原有沥青路面上铺设时，用路面铣刨机对原路面刨铣 2～3 cm 后再进行沥青砼面层铺筑施工。基层施工完后，在其上洒布透层油；再铺设 AC-25C、AC-16C 沥青砼，沥青砼层间需洒布黏层沥青。

沥青混凝土采用热拌热铺法施工，压实度不小于 95%，混合料最佳沥青用量通过马歇尔试验确定。施工时严格控制沥青砼混合料的施工温度。砼采用商品砼，摊铺机摊铺。采用左右幅全断面摊铺，下面层采用两侧钢丝基准线找平控制高程，上面层采用浮动均衡梁控制摊铺厚度和平整度，尽量不设纵缝。半幅通车，半幅摊铺，保证施工车辆通行。压实分为初压、复压和终压三个压实阶段进行。改性沥青面层施工时不得采用轮胎式摊铺机和轮胎式压路机。

(1)材料要求

各沥青层的粗、细集料、填料，透层沥青、黏层沥青的材料规格、混合料级配应符合《公路沥青路面施工技术规范》(JTGF40-2004)的要求。密集配沥青混合料均采用粗型(C 型)。

(2)透层、黏层施工

采用沥青洒布机浇洒透层、黏层沥青，个别漏洒处采用人工喷壶补洒。石屑采用石屑撒布机施工。

①透层施工

a. 施工准备

浇洒透层前，将路面清扫干净，可用秃的竹扫帚用力将基层表面的所有杂物扫出路基外，然后用 2～3 台肩扛式鼓风机沿路纵向向前将基层表面的浮尘吹干净，尽量使基层表面骨料外露，以利于沥青与基层的联结。对路缘石及桥涵构造物采取覆盖防护措施，以防污染。

b. 沥青洒布施工

透层紧接在基层施工结束、表面稍干后浇洒，浇洒温度不小于 70 ℃。采用沥青洒布车一次均匀喷洒，喷洒时要保持稳定的速度和喷洒量。洒布车在整个洒布宽度内必须喷洒均匀。先洒靠近中央分隔带的或路中间的一个车道，由内向外，一个车道接着一个车道喷洒，下一个车道与前一个车道原则上不重叠或少重叠，但不能露白，露白处需用人工喷洒设备补洒。洒布车喷完一个车道后，必须立即用油槽接住排油管滴下的沥青，以防局部沥青过多，污染基层表面。在铺筑沥青面层之前，或局部地方尚有多余的透层沥青未渗入基层时，应予清除。

按设计的沥青用量一次浇洒均匀，当有遗漏时，用人工补洒。透层沥青洒布后应不致流淌，渗透入基层一定深度，不得在表面形成油膜。浇洒透层沥青后，严禁车辆、行人通过。

②黏层施工

黏层施工程序如下：下层表面准备工作→撒布沥青。黏层沥青用沥青洒布车喷洒，在路缘石、雨水进水口、检查井等局部用刷子人工涂刷。浇洒黏层沥青后，严禁除沥青混合料运输车以外的其他车辆、行人通过。黏层沥青洒布后应紧接铺筑沥青层，但乳化沥青应待破乳、水分蒸发完后铺筑沥青层。

(3)混合料的配合比设计

路面用料的质量及各种技术指标要满足规范要求。热拌沥青混合料配合比设计要严格按《公路沥青路面施工技术规范》的步骤进行。配合比设计按“目标配合比设计、生产配合比设计、生产配合比验证”三个阶段进行。

①目标配合比设计阶段:根据实际使用的材料和设计配比要求计算出材料配比,在室内拌制沥青混合料,用旋转压实机成型混合料试件,计算沥青混合料的体积指标符合要求,从而确定矿料的比例和最佳沥青用量,并以此作为目标配合比。

②生产配合比设计阶段:将二次筛分后进入热料仓的材料取样筛分,以确定各热料仓的材料比例,使矿料合成级配接近规定级配范围的中值,供控制室使用,同时反复调整冷料仓进料比例以达到供料均衡。再根据目标配合比的最佳沥青用量及其±0.3%三挡进行马歇尔试验,检验各项指标,进行级配设计。

③生产配合比验证阶段:采用生产配合比进行试拌,铺筑试验路段,并用拌和的沥青混合料及路上钻取的芯样进行马歇尔试验检验,由此确定生产用的标准配合比。

(4)商品砼试拌与试验路段

沥青混凝土摊铺层开工之前,每一种混合料均做一段100～200 m长试验路段进行试拌、试铺和试压试验,以验证混合料的稳定性,机械设备组合的合理性及制定正式的施工程序。沥青混合料摊压实12小时后,进行抽样试验,频率满足规范要求,为大面积施工取得可靠数据和经验。

(5)运输

本工程沥青砼采用商品砼,砼采用厂拌集中拌和。

①施工前对全体驾驶员进行培训,使每个驾驶员均掌握运输路线、运料顺序、工作程序、注意事项以及发生故障时的处理方法,同时加强对汽车保养,避免运料途中汽车抛锚使混合料冷却受损。

②在往运料车上装载沥青混合料时,为减少混合料颗粒离析,尽量缩短出料口至车厢的下料距离,且自卸汽车不应停在一个位置上受料,每往车厢内装一斗料,车就移动一次位置。为使装料均匀,分次装料一般以奇数次为宜,一车料最少应分三次装载,首先将料放于车厢的前部,然后移动运料车,将料放于车厢的后部,最后再移动运料车,使余下的料在车厢的中部均匀分装。

③开始摊铺时,摊铺机前面等待卸料车不少于5辆,在运输时还要组织好车辆在拌和厂装料处和工地卸料的顺序以及车辆在工地卸料时的停车地点。对每辆运输车辆,在装料处经过安全检查后再启运。

④运料汽车在摊铺机前10～30 cm处停住,不得撞击摊铺机。卸料过程中汽车挂空挡,靠摊铺机推动前进,以确保摊铺层的平整度。

⑤为了精确控制混合料数量,运料车装料或出厂时应进行称量,并记录每辆车装载的混合料质量,同时,在混合料出厂时,签发一式三份的运料单,一份存拌和厂,一份交摊铺现场,一份交司机。根据这些资料,可在事后推算某车混合料所铺筑的位置,便于质量跟踪。在摊铺现场凭运料单收料,并检查沥青混合料的质量,如混合料的颜色是否一致,有无白花料,有无结团或严重离析现象,温度是否在容许的范围以内。如果混合料的温度过高或过低,废弃不用。已经离析或结成团块或在运料车辆卸料时滞留于车上的混合料,以及低于规定铺筑温度或被雨水淋湿的混合料都应废弃。

⑥运料车辆应尽快将混合料运抵现场,尽快铺筑。运至铺筑现场的混合料应在当天或当班完成压实。

⑦混合料运至摊铺地点后要检查拌和质量,不符合要求的混合料不得铺筑。

⑧运料道路应经常洒水以防止扬尘,运料车辆在路基上行走时,要防止将混合料漏、掉在路面上,掉落后及时清理。

⑨将混合料从拌和厂运到摊铺现场必须用篷布覆盖运输车内的沥青混合料,以保持混合料的温度。在雨季施工时,运料车还要有防雨篷布。混合料运至工地要检查温度是否符合规范要求。

(6)摊铺

①混合料摊铺温度满足规范要求,下面层采用两侧钢丝基准线找平控制高程,钢丝为扭绕式,直径 5 mm,钢丝安装拉力大于 800 N。每 10 m 间距设钢丝支架,严格测量架上钢丝顶点标高,以保证下面层的高程和平整度。

②上面层采用浮动均衡梁控制摊铺厚度和平整度。摊铺机两侧各安装一台基准装置,装置总长 15 m,每副装置的前端基梁上装有 12 个可上下伸缩的雪橇板,滑行在下承层的表面上,后端基梁装有 6 个雪橇板,滑行在已摊铺的沥青混合料表面上。由于基梁装置的雪橇板能上下自由伸缩,因而可消除下承层和摊铺层表面的局部不平整,使摊铺层既达到了设计标高和厚度,又提高了平整度。

③采用两台摊铺机组成梯队摊铺,两台摊铺机前后距离一般为 10～30 m,轨道重叠 50～100 mm。摊铺机必须缓慢、均匀、连续不间断地摊铺,摊铺过程中不得随意变换速度或路途停顿。摊铺速度根据拌和机产量、施工机械配套情况及摊铺层厚度、宽度确定,并符合 2～6 m/min 的要求。

④机械摊铺的混合料不应用人工反复修整,当出现特殊情况时,可在现场主管人员指导下进行人工修补。

⑤当下层受到污染时,在铺筑上层之前对下层进行清扫或冲洗干净,并浇洒黏层沥青。

⑥沥青混合料的摊铺厚度为设计层厚乘以松铺系数,松铺系数通过试铺碾压测定。

⑦在路面狭窄部分、平曲线半径过小的匝道或加宽部分以及小规模工程可用人工摊铺,人工摊铺沥青混合料应符合下列要求:半幅施工时,路中一侧事先设置挡板,沥青混合料卸在铁板上,摊铺时扣锹摊铺,不得扬锹远甩。边摊铺边用刮板整平,且用力一致,往返刮 2～3 次,不得反复撒料、反复刮平以免引起离析。撒料用的铁锹等工具宜加热使用。摊铺要连续进行,不得中途停顿,摊铺好的沥青混合料要紧接碾压。低温施工时,卸下的混合料要以苫布覆盖。

(7)混合料的压实

①混合料完成摊铺后应立即进行压实,沥青砼碾压温度满足规范要求。压实前应检查宽度、厚度、平整度、路拱及温度,对不合格之处应及时进行调整,随后按试验路确定的压实设备的组合及程序充分、均匀地压实。

②混合料压实分初压、复压和终压三阶段进行。

③初压用钢轮压路机。初压后应检查平整度和路拱,必要时应予以修整。复压在初压完成后紧接着进行,采用三钢轮压路机。终压采用双钢轮压路机。

④碾压终了温度满足设计及规范要求。

⑤碾压应纵向并由低边向着高边慢速均匀地进行。相邻碾压至少重叠宽度为 1/2～

1/3轮宽。

⑥碾压时，压路机不得中途停留、转向或制动。当压路机来回交替碾压时，前后两次停留地点应相距 10 m 以上，并应驶出压实起始线 3 m 以外。

⑦应采取有效措施，防止油料、润滑脂、汽油或其他杂质在压路机操作或停放期间落在路面上。

⑧压实时，如接缝处（包括纵缝、横缝或因其他原因而形成的施工缝）的混合料温度已不能满足压实温度要求，应采用加热器提高混合料的温度，以便达到要求的压实温度，再压实到无缝迹为止。否则，必须垂直切割混合产料并重新铺筑，立即共同碾压到无缝迹为止。

⑨在沿着缘石或压路机压不到的其他地方，应采用手扶式振动压路机碾压密实。已经完成碾压的路面，不得修补表皮。

(8)横接缝的处理

①每天摊铺碾压完后，将末端低于设计标高的地方用镐刨掉，接缝处刨齐或用切割机切齐。

②接缝施工前将摊铺机熨平板放在已做好的路面上，打开熨平板加热装置，将路面预热半小时。

③施工时应选混合料温度高的车卸料，卸料后用热料再将接缝处预热几分钟，然后开始摊铺。

④碾压应先横向压实，压路机先位于已压实的路面上，然后开始横压，第一遍轮子伸入新铺层 15～20 cm，然后每压一遍向新铺层伸入 15～20 cm，直至轮子全部在新铺路面上。横向压实完成后，再进行纵向碾压。

⑤横向接缝处相连的层次和相邻的行程间均应至少错开 1 m。

⑥缝处要做到平整密度，无错台不跳车。

(9)纵缝处理

纵缝采用热接缝，施工时将已铺混合料部分留下 10～20 cm 宽暂不碾压，作为后摊铺部分的高程基准面，最后做跨缝碾压以消除缝迹。不能热接时，铺加宽段前将缘边切齐，清扫干净，并涂少量黏层沥青。碾压时先在已压实部分路面上行走，碾压新铺层 10～15 cm，然后压实新铺部分，再伸过已压实路面 10～15 cm，充分将接缝压实紧密。上、下层的纵缝错开 15 cm 以上，表层的纵缝应顺直，宜留在车道区画线位置上。

**4. 便道及村道改造工程施工**

村道改造采用 5％水泥稳定碎石＋C35 砼路面。水泥砼路面施工工艺如下：

(1)安装模板

安装模板时，应按放线位置把模板放在层上，其两侧用铁钎打入基层来固定模板。铁钎间距一般为内侧 1.0～1.5 m，外侧 0.5～1.0 m，对弯道和交叉路口边缘处，铁钎应适当加密。模板底与基层间局部出现的间隙用水泥砂浆填塞，以防漏浆。模板顶面用水准仪检查标高，不符合要求时要予以调整。施工时，经常检查模板平面和高程，并严格控制。为增加模板的稳定性，采用钢筋或角钢制成的水平支撑和斜支撑相间的钢模连接，然后再用铁钎打入垫层，将水平与斜支撑固定。立好的模板在浇筑混凝土之前，其内侧涂刷肥皂液、废机油等防黏剂，以便拆模。

(2)混凝土混合料的拌和与运输

混凝土采用商品砼集中拌制，采用水泥混凝土搅拌运输车运输。混合料从搅拌机出料后，运至铺筑施工现场进行摊铺、振捣、整平，直至铺筑结束的允许时间，可根据水泥初凝时间及施工气温确定。装运混合料应防滑浆和离析，夏季和冬季有遮盖或保温措施，卸料高度不宜超过 1.5 m。

(3)摊铺与振捣

砼摊铺采用人工配合小型机具进行摊铺。混凝土均铺后用平板式振捣器、插入式振捣器配合施工。施工时靠边角先用插入式振捣器，然后用小型平板式振捣器纵横交错全面振捣，振捣时间以混合料停止下沉，不再冒气泡并泛出水泥浆为准。振捣密实后，用振动梁在侧模上来回行走，使表面平整并泛水泥浆。

(4)表面整修、养生、切缝

整平后，在作业面上铺上吸垫，利用真空处理设备将混凝土中游离的水吸出。随后使用拉毛机上毛刷对塑性路面进行纹理处理。混凝土面板完成后应及时养生。混凝土需湿润养生，以防止混凝土板产生收缩裂缝，保证混凝土水化过程的进行。养生在抹面 2 h 后混凝土有相当硬度时开始。采用草袋、草帘、麻袋等覆盖于混凝土板表面，均匀洒水，保持湿润状态。横向缩缝的施工采用切缝法，当混凝土强度达到设计强度的 25%～30%时，采用切缝机进行切割。用水冷却切缝时，应防止切缝水渗入基层和土基，冷却用水的压力不低于 0.2 MPa。

**5. 人行道及附属工程**

(1)人行道块料铺设

人行道垫层采用无砂混凝土或普通砼，采用无砂砼垫层时，垫层上方铺设土工布，用 3 cm 中粗砂找平。用普通砼时，采用 M7.5 砂浆进行找平。人行道块料施工工艺如下：

①准备条件

地砖进场后后详细检查品种、规格、数量等是否符合要求，有裂纹、缺棱、掉角、翘曲和表面有缺陷时，应予剔除。对砼垫层进行检查，平整度是否满足要求。场地预埋电管及穿通地面的管线均已完成。

②工艺流程

准备工作→试拼→弹线→试排→水泥砂浆平层→铺地砖→镶缝、擦缝。

③铺地砖时，根据现场拉设的十字控制线，纵横各铺一行，作为大面积铺砌标筋用，在十字控制线交点开始铺砌，先铺中粗砂找平层，再铺地砖。安放时四角同时往下落，用橡皮锤或木锤轻击木垫板，根据水平线和铁水平尺找平，铺完第一块，向两侧和后退方向顺序铺砌。铺完纵、横行之后有了标准，可分段分区依次铺砌。

④灌缝、擦缝：在板块铺完 1 至 2 昼夜后进行灌浆擦缝。以上工序完成后面层加以覆盖，养护时间不应小于 7 d。

(2)公交站台施工

公交站硬化带铺地面砖为 2.5 cm 厚，采用水泥砂浆坐浆，密缝砌筑，基层采用 C15 混凝土。地面砖铺设参见人行道块料铺设。

(3)缘石及障碍墩安装

缘石采用花岗岩制作，机械切割。缘石截面尺寸按设计。

①缘石安装时，正面和顶面要与路线线形及纵坡一致。缘石基础按设计。

②铺筑前将石块清洁并充分浇湿，铺砌时接缝宽按设计及规范要求。

③砌完后的线条要平顺，顶面平行，曲线圆滑，无折曲和波浪现象，勾缝密实平整，无沥青或脏物污染。

障碍墩采用花岗岩制作，安装严格按设计及规范进行。

### 10.4.13　雨水工程施工

本工程施工前应采用可靠方法对所有管线进行验正复核，复核内容包括各管线位置、标高、接口及现状道路平面及高程位置等，确认无误后方可进行施工。发现城市地下管线信息数据未作记录的地下管线，项目部将及时报告发包人现场工程师和监理工程师，书面向城建档案馆或建设行政主管部门报告并采取保护措施。

雨水管道按设计进行选材料，管井根据管径不同采用不同的规格。井盖、井座采用满足设计、规范要求的。各井施工严格按设计及规范要求进行。

施工工艺如下：

**1. 施工测量及放样**

根据控制点或加密点的平面位置及高程，利用全站仪、水准仪按照常规的测量原理，可以很方便地进行施工测量及放样。其中曲线段的测量放样可采用偏角法或直角坐标法，纵断面测量采用水准测量法，对于横断面可采用简易测法。

**2. 沟槽开挖、支护**

开挖前必须验证本开挖部位无其他需移除管线或结构。雨水口连接管管槽采用直槽开挖，其余沟槽采用挖掘机放坡开挖施工。沟槽挖土采用水平分层开挖及纵向分段施工，流水作业，以避免沟槽暴露时间过长。沟槽采用人工与机械互相配合。挖土应倒退进行，水平挖土分两层进行。若有超挖和遇障碍物清除后，应采用低标号砼或中粗砂填实，不得用土回填。开挖后基础若如设计不符，通知设计人员确定好处理办法时再进行施工。

沟槽挖出土后，除满足沟槽回填所需外，装载机配合自卸汽车将余土及时运至指定地点。现场土方堆放至距沟槽两边 2 m 外地方，并不得超过设计高程。管道施工过程中，为维持开挖的沟槽内无水直到施工完成，必须认真做好沟槽排水工作，排水必须 24 小时连续进行。另外在沟槽外两侧填筑土坝，尽量减少表面水和雨水流入沟槽内，以保证管道质量和安全。

**3. 管道基础**

塑料管道采用 200 mm 厚中粗砂基础。槽底平直、干燥，垫层平整密实。钢筋砼管基按设计进行施工。

**4. 管道埋设与接口**

管道铺设时两个管井间的管道一起铺设，使管道轴线间距、水平位置等调整比较容易。一节管道排管结束后，开始砌筑管井。排管前需清除基础表面污泥、杂物和积水，复核好高程样板（龙门板）的中心位置与标高。排管时，按照从下坡往上坡和承口向前的原则进行。钢筋砼管下管采用汽车吊起吊，吊点设在管子的重心处，用拦腰起吊的方式起吊，禁止钢索穿管吊管的方法，并在吊运管时，防止管节接口受损。铺管时，将管节平稳吊下，用手拉葫芦将管节平移到排管的接口处,调整管节的标高和轴线,使管节平顺相接。砼管道采用承插式橡胶圈柔性接口,塑料管道采用电熔连接接口。

**5. 检查井施工**

雨水井施工工序如下:测量放样→基坑开挖→基坑支护→垫层施工→管井砌筑、内外侧勾缝、抹面→井盖购买→井盖安装→基坑回填。雨水井采用砖砌。井的开挖、砌筑、回填与管道同时进行,并保证各种井的位置及接入支线的方向及高程的准确性。井盖、井座采用满足设计、规范要求的。基坑开挖采用人工配合挖掘机进行。开挖至设计标高,浇筑砼垫层,垫层施工完毕,强度达到设计要求后,井身采用砖砌筑,砌体用墙厚按设计施工。雨水检查井井壁要求内抹面至顶面,外抹面至地下水位以上 50 cm,内设踏步。井盖从专业厂家购买,汽车运至现场,人工配合小型吊具安装井盖。沉砂池盖板采用预制法进行施工。混凝土检查井采用现浇法施工,施工过程中注意各孔洞及构件预埋。

**6. 排洪箱涵施工**

排洪箱涵采用现浇砼结构,箱涵基坑开挖完成,对基础进行检测,检测合格后方可进行下步工序施工。基础为软基处,采用回填碎石夯实或填块石进行加固。施工工艺参照“10.4.6 下沉式道路闭合框架段及共同沟施工”相关内容。

**7. 闭水试验**

管道闭水试验在沟槽回填土前进行。井室砌筑完成后,进行闭水试验的管道两头用砖砌管堵,在养护 3～4 d 达到一定强度后方可进行闭水试验。闭水试验的水位为试验上游管内顶以上 2 m。闭水过程中同时检查管堵、管道、井身无漏水和渗水,再浸泡 1～2 d 后进行闭水试验。

**8. 沟槽、井坑回填**

管道安装完成并经闭水试验检验合格后,开始进行管沟回填,采用设计和规范要求的填料。沟槽回填根据不同回填部位,按设计及规范要求,采用人工或人工配合小型机械分层对称回填。沟槽回填按基底排水方向由高至低管腔两侧同时分层进行,填料不得直接扔在管道上。沟槽底至管顶以上 700 mm 的范围均采用人工夯填。管底至管顶以上 400 mm 范围内填料按设计采用中粗砂,相对密实度不小于 0.7,超过管顶 700 mm 以上可采用机械回填,管槽上方采用回填土,并分层夯实。

沟槽深度较深时则在沟槽两侧边壁搭设溜板,采用人工或人工配合装载机下料,人工摊铺。沿管道两侧同时以等速度均匀分层回填中粗砂,每层回填铺料厚度不大于 20 cm,采用打夯机夯实,操作中不能扰动管道,必要时,对管道采取支撑固定措施。回填过程中管道两侧的高程差不超过一层填筑厚度。当回填到管顶以上规定覆土厚度后,压实采用压路机压实,碾压重叠宽度不小于 20 cm。井室周围的回填应采用中粗砂,其宽度不宜小于 0.4 m;井室周围的回填应与管道沟槽的回填同时进行,当不便同时进行时,应留台阶形接茬;周围的回填压实时应沿井室中心对称进行,且不得漏夯。

**9. 施工要求及注意事项**

(1)沟槽采用机械开挖时,沟底应预留 20 cm 土层暂不挖除,铺管道前必须用人工清理至设计标高,如局部超挖,用级配碎石回填至设计标高。沟槽开挖遇有地下水时应进行施工降水,保证干槽施工。管道铺设应在沟底标高、基础垫层厚度、表面有无扰动等作业项目检查合格后方准铺设安装。

(2)沟槽边坡根据现场情况，应采取适当的支护措施。沟槽上堆土坡脚应距槽边 2 m 以上。

(3)管槽在管道安装与铺设及有关试验完成后及时回填，如沟内有积水，必须全部排尽后再回填，回填土中不允许含有直径大于 40 mm 的砾石，并分层对称回填、夯实，每层回填高度不大于 0.3 m。用机械回填管沟时，机械不得在管道上行走。

(4)安装和铺设管道时，应按照从下坡往上坡和承口向前的原则进行。

(5)混凝土拌和不得采用海水，也不得使用海水养护，混凝土水灰比不大于 0.50。

(6)其余未尽事宜详见有关规范、规定要求。

### 10.4.14 污水工程施工

污水管道采用高密度聚乙烯(HDPE)缠绕增强管(外带肋管)，接口采用承插式电熔连接，管基采用砂垫层管基及预制砼管基两种形式，砂垫层厚 20 cm，预制砼管基尺寸按设计进行，砼标号 C20。预制砼管基安装采用人工配合小型机具进行。坐落在原状土基上的管段应先进行沟槽开挖及铺设管道，再回填砂。坐落在淤泥上的管段先进行路基处理再铺设管道，然后回填砂。接入支管及检查井基础处理同相应干管。施工中实际开挖基础若与设计不符，需及时通知设计人员另行确定处理办法。

本项目污水工程施工参照雨水工程。混凝土检查井施工工艺参照管沟现浇段施工，各检查井盖板安装采用小型机具配合人工进行。

### 10.4.15 道路照明工程施工

本工程主要包括路灯基础、灯杆安装、管线敷设、配电系统施工等内容。

路灯基础采用砼基础，灯杆根据各路段按设计进行选型，电缆规格按设计选择，电缆按设计埋设、保护。横穿道路及交叉口则套 DN80 mm 镀锌钢管保护敷设。送配电系统严格按设计及规范要求进行施工。

本工程接地采用 TN-S 接地保护系统。路灯灯杆外壳、电缆保护管及所有金属支架外壳均与 PE 线有良好连接。在每条线路的首、末端及分支处设置接地网(接地网由 $-40$ mm×4 mm 镀锌扁钢作接地母线，埋深 $-1.1$ m；接地极用镀锌圆钢 $\phi 25$ mm×2500 mm；接地极间距 5 m)，接地网的接地电阻满足设计及规范要求；其余每根灯杆处 PE 线均作一组重复接地(重复接地用 BV-25 专用接地线与接地极可靠连接，接地极用镀锌圆钢 $\phi 25$ mm×2500 mm)，接地电阻不大于设计要求。

变压器采用干式变压器并接零保护，变压器中性点直接接地。在变压器处设置接地网，接地电阻 $R \leqslant 4$ 欧。接地网由 $-60$ mm×6 mm 镀锌钢板作接地母线，埋深 $-0.7$ m。接地极用镀锌圆钢 $\phi 25$ mm×2500 mm，接地极间距 5 m。

电源引入线保护管可靠接地，以防雷电波侵入。

中杆灯要设避雷针装置，并与接地系统可靠连接。

基础、灯杆安装、管线敷设、配电系统施工参照交通工程施工及 10.4.9 管沟及框架主体结构内砼铺装及安装工程施工相关内容。

### 10.4.16 交通工程施工

本项目交通工程主要包括交通标志、标线工程、交通信号系统及相应管线工程。

**1. 基础及管线施工**

基础施工步骤如下：测量放线→基坑开挖→制作、采购基础预埋件→基底平整夯实，垫层施工→浇筑基础砼并安装预埋件→养生等强→基坑填土夯实。

基坑采用明挖法施工，开挖采用人工开挖，开挖前对基础用全站仪按测量规范进行放样并请监理工程师检查复核，经监理同意后可进行基础开挖施工。基础开挖采用放坡开挖。基底应先整平、夯实，控制好标高。施工完毕，基坑应分层回填夯实。

基坑开挖到设计标高，检测基底土压实度及承载力情况，对不符合要求者，用人工夯实，并请监理工程师进行检查验收，验收合格，根据设计图施工垫层。

基坑开挖同时，按设计图纸加工基础预制件及基础底内部钢筋网。基础钢筋规格及保护层必须严格按设计及规范要求施工。

基础顶面应预埋 A3 钢地脚螺栓，螺母及垫圈为 45 号钢制作，法兰盘为 Q235 钢制作。地脚上的螺纹及螺母、垫圈宜事先进行热浸镀锌处理。基坑开挖完成，验收合格后，安装基础钢筋网及基础地脚螺栓，螺栓要加固牢固，位置需精确。

基础砼标号按设计，砼浇筑前按设计预埋各基础电缆保护管及其他预埋件，以上各工序经监理验收合格，浇基础砼，对设计有大理石镶边的基础，浇筑完成后按设计进行安设。砼用商品砼，插入式振动振捣，砼浇筑完成后，洒水养生，强度达至设计要求后回填并夯实基础基坑。

在现场浇筑混凝土时，应注意使底座法兰盘与基础对中，并将其嵌入基础，其上表面与基础顶面齐平，同时保持其顶面水平，顶面预埋的地脚螺栓与其保持垂直。

施工完毕，对地脚螺栓外露螺纹部分加以妥善保护。

管线基坑根据管线埋深采用人工配合小型机具开挖，开挖至设计标高，铺设管线 PE 管并穿 8＃铁线。管线铺设完成，及时对管槽回填。管线检查井施工参照雨水工程施工。对穿越结构物的管线采用 PE 管顶进法，即定向钻敷顶管进行管线埋设。

电源线敷设及送配电系统等安装严格按设计及规范进行，工艺参照管沟内安装工程相关内容。

**2. 交通标志施工**

标志在厂家加工，现场安装。标志板材料采用挤压成型异型铝材制作，标志板与滑动槽钢采用铝合金铆钉连接，板面上的铆钉头应打磨平整。

标志板边缘应做角钢加固处理。立柱、抱箍、底衬、柱帽等均应进行热镀锌处理。所有金属构件除特殊说明外均采用 Q235 钢制作。为防止雨水渗入，立柱顶部应加柱帽。标志板与横梁采用抱箍连接。标志板的反光膜均采用超强级反光膜。

标识安装采用汽车吊配合人工进行，施工注意事项：

(1)施工的全过程应顺序作业，标识外观顺直、流线、平滑、垂直；

(2)标识朝向、角度与设计一致；

(3)标识的防锈层不得破坏；

(4)电缆线接头牢固可靠，防水绝缘，不易暴露；

(5)标识平面位置准确；

(6)吊装时注意交通行人、行车的安全；

(7)标识在吊装时，一定要系溜绳，控制起重物的姿态稳定；

(8)吊装时要设置警示标志。

注意事项：

(1)所有标志基础应严格按照设计图纸位置施工，若遇树木、路灯等路上或地下构筑物与设计标志基础相矛盾的，经与现场监理协商可依据现场实际情况将标志基础沿道路中线纵向平移 0～2 m。

(2)所有标志基础长边均应平行于相应道路中心线，标志板面长边垂直于相应道路中心线。

(3)施工中需与使用方(交警设施处、科技处等)加强联系，紧密配合，必要时应通知使用方人员到场。

**3. 交通标线施工**

所有标线和标记均采用白色(或黄色)热熔反光材料。热熔标线厚度为(2±0.2) mm，涂料中要混合占总重 15%～22%的玻璃微珠，在喷涂时标线表面还要均布 170 $g/m^2$ 的玻璃微珠。

标线施工前将道路表面的污物、松散的石子和其他杂质清除干净，使路面干净，满足施工要求。然后用全站仪、经纬仪精确定点，并选取基准点，采用汽车打水线，以保证线形和各部位尺寸的准确。在基准水线的位置上，若路面被污染，清理干净后，涂布相应的底油，宽约 18～20 cm。涂料在加热釜中加热，应根据施工现场的气温及地表温度确定一个最佳温度值，待底油充分干燥后，使用涂布车进行标线涂布。虚线部位的两端切断平正，以确保虚线的美观及尺寸的准确性。施工中质量检验人员随涂布车随时检查各项数据，对施工中出现的缺陷及时进行处理。标线经充分干燥后始可开放交通。

**4. 其他**

交通信号系统及相应管线工程，交通监控系统、交通护栏按照设计及施工规范要求进行施工。施工工艺参照“10.4.9 管沟及框架主体结构内砼铺装及安装工程施工”相关内容。

防撞桶按设计进行制作安装，栏杆采用工厂加工，汽车运输，人工配合小型机械安装。活动隔离栏杆(含电动安装)严格按设计说明书进行。

### 10.4.17　绿化及浇灌工程

**1. 绿化工程**

(1)绿化地的平整和清理

清除绿化带内碎石及杂草杂物，回填种植土 30 cm 厚。平整绿化地面至设计坡度要求，绿化地平整坡度控制在 1.5%～2%，坡向道路。

(2)基肥

施工种植前按设计的基肥量，下足基肥，弥补绿地土壤瘦瘠对植物生长的不良影响，以使绿化尽快见效。

(3)苗木要求

①严格按苗木规格购苗，应选择枝干健壮、形体优美的苗木。苗木移植尽量减少截枝量，严禁出现没枝的单干苗木，乔木的分枝点应不少于三个。

②规则式种植的乔灌木，同种苗木的规格大小应统一。

③苗木品种规格严格按设计进行选择。

a. 自然高：苗木经常规处理后的种植高度，单位 cm。

b. 胸径：所种植的乔木离地面 130 cm 处的直径，表中规定为上限和下限时，最小不能小于表列下限，以求种植苗木均匀统一，利于生产。单位 cm。

c. 土球：苗木挖掘后保留的泥头直径，土球尽可能大，确保植物成活率提高。

④要求所有苗木健康、新鲜，无病虫害，无缺乏矿物质症状，生长旺盛而不老化。

⑤严格按设计规格选苗，花灌木尽量选用容器苗，地苗应保证移植根系，带好土球，包装结实牢靠。

(4)定点放线

按施工平面图所标尺寸定点放线，如为不规则造型，应用图中比例定点放线，图中未标明尺寸的种植，按图比例依实放线定点。要求定点放线准确，符合设计要求。

(5)挖穴

根据设计图土球规格，以××市现行园林建筑绿化预算定额所定挖穴规格标准施工验收。

(6)乔木及地被植物种植

按园林绿化常规方法施工，要求基肥与碎土充分混匀。成列的乔木应按苗木的自然高度依次排列；点植的花灌木应自然种植，高低错落有致。种植土应击碎分层捣实，最后起土圈并淋足定根水。乔木胸径≥6 cm 的需加支撑保护。人行道行道树支撑做法采用四角木制支撑架，非机动车道与机动车道行道树支撑做法采用竹竿三角支撑架。乔木种植完成，重新洒播基肥并片植地被植物。

**2. 浇灌工程**

绿化浇灌管道布置各绿化带内，其绿地浇灌水源接市政给水管，采用人工浇灌形式。浇洒管道为 PVC-U 硬聚氯乙烯塑料给水管，接口采用黏结剂黏接。浇洒管道所选管材需符合国家现行行业标准的技术要求。管基按 100 mm 砂基设置。

浇灌工程施工步骤如下：

(1)管沟开挖

根据浇灌工序特点要求，在回填好种植土后进行开挖，开挖时，深度必须达到设计要求。

(2)沟槽挖完后，及时报项目部质检员做检查工作，在自检达到设计要求及施工规范的条件下，请监理工程师进行验收，以便于及时组织管道安装。管道材质、规格型号等符合设计要求和施工规范规定，管道的允许偏差严格控制在设计要求范围内。

(3)沟槽开挖同时，开挖洒水栓井及水表井基坑，砌筑洒水栓井及水表井并预制混凝土支墩，各井施工及支墩预制需符合图纸和相应规范要求。

(4)管道设备安装

根据管道设备安装的技术要求先于沟底铺砂垫层，再按设计要求进行安装，PVC 塑料管接头采用黏接安装。其他管材、阀门接头及连接按设计图纸和相应规范要求进行。安装完成后，浇灌工程需做好闭水试验，试验合格，对管道进行消毒冲洗。冲洗完成，以上各工序经监理检查合格后方可进行土方回填。

(5)回填

管道安装经监理验收合格后方可回填，回填时，需分层回填并夯实，回填料的选用需符合设计要求。

**3. 园路工程**

道路结构采用在土基上铺设 20 cm 厚碎石垫层＋15 cm 厚 C15 砼基层。面层采用花岗岩面板或花岗岩小料石，颜色根据设计图纸要求进行选择。

### 10.4.18　人行天桥、便桥工程

**1. 天桥工程**

天桥基础采用钻孔灌注桩，梯坡道及墩柱现场浇筑，天桥主梁 Q345C 全焊钢结构，主梁在工厂制作，现场拼装。

(1)梯坡道、承台、墩桩施工

承台、墩桩、梯坡道均采用现浇法，施工工艺分述如下：

①承台施工

承台采用人工配合机械开挖，现场绑筋，采用大块组合钢模板，钢管、方木支撑加固体系。混凝土罐车运输，泵送入模。

承台基坑采用人工配合挖掘机放坡开挖，人工清底，凿除桩头。

a. 先清除地面杂物，放出基坑开挖线。

b. 针对地质情况和开挖深度定出开挖坡度及开挖范围，做好地表防排水工作。机械开挖至设计基底标高以上 20 cm 时，由人工挖至设计标高。

c. 基底检验与处理：凿除桩头，清除基底面松碎石块和杂物，按设计要求进行基底处理，基底标高符合设计要求。

d. 灌注基础砼：基底经检验合格后，绑扎承台及墩台身预埋钢筋，钢筋埋入长度与露出长度符合设计要求。基础采用组合钢模板施工，经检查合格后，方可灌注砼。灌注完成后应加强保温、保湿养护，延缓降温速率，防止砼表面干裂。

承台砼拆模后，基坑及时用原土分层回填夯实。

②墩身施工

墩身采用整体钢模板，一次浇筑成形。

a. 模板制作

所有钢模均在厂内统一加工制作，制作时必须严格保证精度要求。模板安装必须符合设计和规范要求。

b. 钢筋工艺

钢筋品种、规格、间距、接头及焊接等均符合设计图纸和施工规范的要求，并严格做好原

材料抽检和焊接试验。绑扎承台钢筋时，其间距、位置及混凝土保护层厚度等的设置必须符合设计和规范要求。承台底层按设计铺设防裂钢筋网。

墩(台)身预埋钢筋及临时设施的预埋件必须按照设计要求预埋，混凝土浇筑前要进行认真的检查，防止漏埋、错埋而给后续工作造成麻烦。

c. 立模

基础施工完成后，对与墩台身接触部分进行凿毛处理，然后进行立模施工。立模时要严格保证模板的位置与垂直度，并用揽风绳固定。模板间的缝隙塞橡胶条，模板内侧涂刷高效脱模剂。

d. 砼浇筑

采用商品砼，混凝土分层连续灌注，一次成型。分层厚度宜为 30～50 cm，分层间隔灌注时间不得超过试验所确定的混凝土初凝时间。

在砼强度达到设计或监理工程师的要求后拆模、养生。

③梯坡道施工

梯坡采用支架法现浇，钢管支撑，钢管底顶部均设可调支座。顶托纵向铺设 15 cm×10 cm 方木，横向铺设 10 cm×10 cm 方木，间距 35 cm，坡道底板以多层竹胶板为模板，竹胶板与方木之间用钉子固定。模板支撑牢固，板缝加橡胶条，确保混凝土浇筑不跑模、漏浆。

在支架经整架验收合格，底模板铺设完成后按梁体 1.2 倍重加载。根据加载前和卸载后的标高计算支架的变形量计算底模预拱度，并设置在梁的跨径中点，其他各点按二次抛物线进行分配。

根据预压观测数据，调整底模面板高程。模板调整完成，检查合后绑扎坡道钢筋。

钢筋绑扎完成后，经监理检查同意，浇筑砼。采用商品砼，一次成型。砼要按规定留置试块，施工中保证钢筋位置的正确，严禁踩踏，特别是重视结构的保护层。不能随便移动预埋件及留洞原来的位置，如发现偏移，应及时校正。在浇捣过程中，要严格按有关操作规程施工，明确岗位职责，严格交接班制度，严防漏振造成蜂窝麻面及狗洞现象。

在砼强度达到设计或监理工程师的要求后拆模、养生。

(2)箱梁制安

钢箱梁委托有资质钢结构加工单位进行制作。加工前对钢材进行喷砂除锈，根据设计钢箱梁图纸转化成加工工艺图，将钢箱梁划分若干个单元件进行加工制造，减少焊缝数量，批量生产并易于质量控制。

①单元件制造流水作业

钢箱梁分解后的单元件按类型设置生产流水线，单元件制造程序见图 10-2：

材料处理 → 下　料 → 画线、装配 → 焊　接 → 矫　正 → 存　放

**图 10-2　单元件制造程序**

钢材预处理：进厂板材复验合格后，进入钢板预处理流水线，经喷砂处理，除去铁锈及其污物等，再喷涂预处理防锈漆。

下料：经预处理后的钢板由数控切割机按每块钢板的下料图编程序切割，为了减少热切割引起的变形和减少切割表面硬化的影响，使用氧气等离子切割。

画线：下料后的零件移至画线平台，按图用钢带画线。部分零件在数控切割机切割前按编程喷锌粉自动画线。

装配：在单元件装配机上装配单元件结构，按焊接工艺规程执行定位焊。

焊接：将装配好的单元件吊到焊接胎架上，加反变形预紧，面板单元还需转动角度，用自动气体保护焊施焊。

矫正：焊后的单元件，上矫正胎架进行火焰矫正。

存放：单元件检验合格后，按存放规程存放。

②箱梁喷涂

钢箱梁节段的内涂装和外涂装均在工厂内进行，内涂装最后一道用浅色油漆，外涂装面漆在工地涂，现场并接焊缝处留 50 mm 不涂装。

(3)桥梁附属工程

①桥面铺装

a. 清除桥面杂物，用清水冲洗干净。绑扎桥面铺装钢筋。

b. 桥面施工采用导轨、振动梁及提浆滚筒。首先利用槽钢，依据铺装层顶标高制作导轨，以承受振动梁运行及保证桥面高程，并起到侧模作用。

c. 砼采用商品砼，用砼运输车运至桥面卸料。人工摊铺，使用平板式振动器搓平，利用振动梁刮平并振实，滚筒提浆，然后对砼表面进行抹平、压光、拉毛处理。

d. 使用塑料薄膜覆盖并洒水养生。

桥面铺装完成，强度达到要求，施工桥面及梯道防水层按设计铺设人行道地砖。

②栏杆、标志及接地等

桥梁护栏及栏杆采用工厂加工，汽车运至桥面上，人工配合小型机械安装。护栏安装完成，按设计要求对护栏进行喷砂及油漆施工。桥梁标志施工参照 10.4.16 交通工程相关内容。桥梁接地采用墩身及桩基内钢筋作为接地极。桥梁整体施工完成，对桥梁按设计进行涂装施工。

**2. 便桥施工**

(1)便桥设计及构造

便桥设计荷载汽—15。便桥总长 90 m，桥面宽 9.75 m。桥下部采用灌注桩基础，上部采用 321 军用贝雷梁。

(2)便桥施工工艺

①测量放样

根据设计图图示位置，用全站仪放出桥台及灌注桩位，定出钢便桥中轴线。

②横垫梁安装

桩顶横梁安装经测量放线后，直接安装在桩顶上，横梁与灌注桩顶间通过斜撑进行连接。

③贝雷片拼装

贝雷片预先在陆上或已搭设好的栈桥上按每组尺寸拼装好，然后运输到位，吊车起吊安装在桩顶工字钢横梁上。贝雷片的位置需放线后确定，以保证栈桥轴线不偏移。贝雷片安装到位后，横向、竖向均焊定位挡块及压板，将其固定在横梁上。贝雷片任何位置严禁施焊。主梁等构件采用人工配合汽车吊进行安装就位。

④横向分配梁安装

贝雷片拼装完毕吊装到位后，其上满铺横桥向分配梁槽钢（槽口向下），槽钢采用钢筋焊接成整体。

⑤桥面钢板铺装

横梁上铺设桥面板，并在桥面板上两侧安设护轮木，桥面板之间设置 1～2 cm 宽伸缩缝隙。

⑥桥台

便桥桥台采用钢筋砼扩大基础。

## 10.5 工程投入的主要物资（材料）情况描述及进场计划

### 10.5.1 主要材料供应原则

（1）主要材料供应提早进场，确保有足够时间对材料进行检验。

（2）主要材料按照均衡生产、节约资金及减少租地的原则组织供应。

（3）根据施工预算对材料分析和施工进度计划，编制主要材料供应计划，确保生产合理、有序、均衡进行。

（4）施工过程中，根据工程实际进展情况，分阶段、分批量合理供应主要材料，减少因材料积压所占用资金及场地，提高资金及场地利用率。

（5）采购材料设备必须按投标书中确定的产品采购，采购前需经业主和监理工程师确认。工程中主要材料（包括商品混凝土、钢绞线、锚具、钢筋、支座、伸缩缝、涂装材料、防水材料、波纹管、钢板、沥青、隔音屏等）及影响工程质量关键性材料的选择必须办理订货前审批手续。并提供生产厂家的资质情况及拟采购材料的合格证、试验报告等相关资料报送给监理工程师审查通过，并征得业主同意后方可签订采购合同及进场使用。

项目部采购的材料设备必须符合现行国家、地方法规的规定和设计使用要求及相关行业协会的标准和要求，必须具有相关的国家、省、市认可的合格证书、生产许可证、产地证明、装箱清单、规格、型号证明、质量保证书及产品说明等相关随货文件，并经监理工程师和工程师现场检验通过后方可进场。

### 10.5.2 主要材料采购方案

为确保工程材料质量，工程中的主要材料实行招标制采购。在招标过程中邀请业主指挥部、监理参加。采购材料设备必须按投标书中确定的产品采购，采购前需经业主和监理工程师确认。项目部采购的材料设备必须符合现行国家、地方法规的规定和设计使用要求及相关行业协会的标准和要求，必须具有相关的国家、省、市认可的合格证书、生产许可证、产地证明、装箱清单、规格、型号证明、质量保证书及产品说明等相关随货文件，并经监理工程师和工程师现场检验通过后方可进场。监理工程师和工程师认为不合格的，有权拒绝该材料进场,项目部自费将上述材料无条件在监理工程师规定的时间内搬运出场,并应重新采购符合要求的产品。

(1)项目部采购的材料设备的品牌必须与项目部投标时承诺确定的品牌一致,并符合招标文件规定。

(2)当项目部需要使用代用材料设备或调整材料设备的生产厂家、产地、产品型号、品牌应经业主工程师审查书面批准,变更后的材料设备高于原材料设备合同价的部分由项目部承担(非承包人原因除外),低于原材料设备合同价的,按实际调整减少的价款从原合同价中扣减。

(3)在招标文件中没有推荐的材料、设备,项目部提供不少于三家中档以上的材料、设备资料及其供应商资料,供工程师和发包人选择确认。

### 10.5.3　主要材料进场方法

本标段位于××区,其公路、铁路和航运发达,材料运输条件便利。主要材料进场主要先通过汽车、火车或轮船运输至××市,再采用汽车运抵工地。

### 10.5.4　主要材料进场计划

主要材料进场计划见表 10-5。

表 10-5　主要材料进场计划表

| 序号 | 材料名称 | 单位 | 数量 | 进场日期 |
|---|---|---|---|---|
| 1 | 非泵送商品(水泥 32.5)碎石混凝土 $\phi$31.5 C25 | $m^3$ | 2259.74 | 提前与商品砼厂家联系,砼使用时进场 |
| 2 | 非泵送商品(水泥 32.5)碎石混凝土 $\phi$20 C20 | $m^3$ | 560.46 | |
| 3 | 非泵送商品(水泥 32.5)碎石混凝土 $\phi$20 C25 | $m^3$ | 207.69 | |
| 4 | 非泵送商品(水泥 42.5)碎石混凝土 $\phi$31.5 C20 | $m^3$ | 99.24 | |
| 5 | 非泵送商品(水泥 42.5)碎石混凝土 $\phi$31.5 C25 | $m^3$ | 434.00 | |
| 6 | 非泵送商品(水泥 42.5)碎石混凝土 $\phi$31.5 C30 | $m^3$ | 2494.69 | |
| 7 | 非泵送商品(水泥 42.5)碎石混凝土 $\phi$31.5 C35 | $m^3$ | 209.76 | |
| 8 | 非泵送商品(水泥 42.5)碎石混凝土 $\phi$20 C30 | $m^3$ | 266.54 | |
| 9 | 非泵送商品(水泥 42.5)碎石混凝土 $\phi$20 C40 | $m^3$ | 3.27 | |
| 10 | 非泵送商品混凝土 C15,碎石 $\phi$20,水泥 32.5 | $m^3$ | 769.71 | |
| 11 | 非泵送商品混凝土 C15,碎石 $\phi$40,水泥 32.5 | $m^3$ | 2149.42 | |
| 12 | 非泵送商品混凝土抗折 4.0,碎石 $\phi$40,水泥 42.5 | $m^3$ | 96.13 | |
| 13 | 非泵送水下桩商品混凝土 C35,碎石 $\phi$40,水泥 42.5 | $m^3$ | 2163.25 | |
| 14 | 泵送防水抗渗商品(水泥 42.5)碎石混凝土 $\phi$20 S6 C40 | $m^3$ | 17105.28 | |
| 15 | 泵送商品(水泥 42.5)碎石混凝土 $\phi$31.5 C25(≤160 mm) | $m^3$ | 84.83 | |

续表

| 序号 | 材料名称 | 单位 | 数量 | 进场日期 |
|---|---|---|---|---|
| 16 | 泵送商品(水泥 42.5)碎石混凝土 $\phi$31.5 C30(≤160 mm) | $m^3$ | 23.5 | 提前与商品砼厂家联系，砼使用时进场 |
| 17 | 泵送水下桩商品混凝土 C30,碎石 $\phi$40,水泥 32.5 | $m^3$ | 482.67 | |
| 18 | 泵送水下桩商品混凝土 C35,碎石 $\phi$40,水泥 42.5 | $m^3$ | 644.24 | |
| 19 | 道路水泥稳定混凝土碎石 $\phi$40,水泥用量 3% | $m^3$ | 6741.47 | |
| 20 | 道路水泥稳定混凝土碎石 $\phi$40,水泥用量 5% | $m^3$ | 6857.2 | |
| 21 | 墩身 C30 微膨胀商品砼 | $m^3$ | 19.94 | |
| 22 | 中粒式沥青砼 AC-16-C | $m^3$ | 1772.72 | |
| 23 | 中粒式沥青砼 AC-20-C | $m^3$ | 428.4 | |
| 24 | 粗粒式沥青砼 AC-25-C | $m^3$ | 2200.55 | |
| 25 | 改性沥青砼 SMA-13 | $m^3$ | 1422.91 | |
| 26 | 无砂混凝土 | $m^3$ | 723.86 | |
| 27 | 中砂 | $m^3$ | 590.29 | 分批提前进场，并做好相应检验工作。场外验收合格后提前一天进场 |
| 28 | 喷射混凝土碎石 $\phi$20 C20 | $m^3$ | 141.6 | |
| 29 | 喷射混凝土碎石 $\phi$20 C25 | $m^3$ | 53.47 | |
| 30 | 水泥 32.5 | $m^3$ | 2625.78 | |
| 31 | 中(粗)砂 | $m^3$ | 43620.99 | |
| 32 | 块石 | $m^3$ | 4435.35 | |
| 33 | 碎石 | $m^3$ | 121.21 | |
| 34 | 碎石 $\phi$20～40 mm | $m^3$ | 9196.55 | |
| 35 | 碎石 $\phi$40 mm 以上 | $m^3$ | 1269.16 | |
| 36 | 碎石 $\phi$5～16 mm | $m^3$ | 878.21 | |
| 37 | 碎石 $\phi$5～20 mm | $m^3$ | 256.12 | |
| 38 | 碎石 $\phi$5～31.5 mm | $m^3$ | 224.36 | |
| 39 | 碎石 $\phi$5～40 mm | $m^3$ | 2104.62 | |
| 40 | 碎石 $\phi$5～80 mm | $m^3$ | 20326.7 | |
| 41 | 粉煤灰砖 240×115×53 MU10 | 千块 | 370.38 | |
| 42 | 1.0 mm 厚非焦油彩色弹性聚氨酯防水涂料 | kg | 12867.4 | |
| 43 | 1.5 mm 厚三元乙丙/丁基橡胶防水卷材 | $m^2$ | 8306.7 | |
| 44 | 10＃热镀锌槽钢 | kg | 14300.29 | |
| 45 | 100×100×50 花岗岩小料石 20 厚 | $m^2$ | 41.55 | |
| 46 | 200×300 铸铁箅子 | 套 | 500.52 | |

续表

| 序号 | 材料名称 | 单位 | 数量 | 进场日期 |
|---|---|---|---|---|
| 47 | 750×500×45 钢纤维井盖 | 套 | 17.46 | 分批提前进场，并做好相应检验工作。场外验收合格后提前一天进场 |
| 48 | 8 米悬臂式信号灯杆 | 根 | 3.88 | |
| 49 | D250 管卡 | 套 | 287.12 | |
| 50 | D300 扁铁管卡 | 套 | 194.97 | |
| 51 | FSB 复合防水涂料 | kg | 33817.69 | |
| 52 | KZG-I 电源控制箱及附件安装(含 UPS 系统) | 套 | 0.97 | |
| 53 | M16 螺栓成套 | 套 | 9956.08 | |
| 54 | M30×1670 地脚螺栓(含热镀锌处理，镀锌量 350 $g/m^2$) | kg | 1456.46 | |
| 55 | M36×1600 地脚螺栓 | kg | 405.87 | |
| 56 | O 型密封圈 DN150 | 个 | 1357.46 | |
| 57 | PE 管 $\phi$150×10 | m | 376.31 | |
| 58 | PE 管 $\phi$32×2 DN32 | m | 769.27 | |
| 59 | PE 管 $\phi$80×6 | m | 502.48 | |
| 60 | PVC-U 给水管 $\phi$40×3.0，1.6 MPa | m | 3748.08 | |
| 61 | PVC 管 DN100 | m | 124.07 | |
| 62 | TGS-D-80-80 经编土工隔栅 | $m^2$ | 1629.04 | |
| 63 | 板方材松木 | $m^3$ | 81.54 | |
| 64 | 包塑防腐铁爬梯 | 座 | 9.7 | |
| 65 | 玻璃钢盖板 | $m^2$ | 4.25 | |
| 66 | 玻璃钢管 $\phi$150 | m | 3957.6 | |
| 67 | 玻璃钢通风罩 1.5 m×2.5 m | 套 | 1.94 | |
| 68 | 不锈钢钢格栅(含支座预埋件)，厚 50 mm | $m^2$ | 7.28 | |
| 69 | 不锈钢钢丝网 | $m^2$ | 8.43 | |
| 70 | 不锈钢管 | kg | 8858.65 | |
| 71 | 彩色混凝土强化料 | $m^2$ | 515.63 | |
| 72 | 草板纸 80# | 张 | 1269.43 | |
| 73 | 超强钢纤维砼雨水口井蓖 750×450 重型 | 座 | 52.41 | |
| 74 | 超强级反光膜 | $m^2$ | 213.92 | |
| 75 | 衬塑钢管 DN65 | m | 121.64 | |
| 76 | 成套低压路灯控制柜 XLW-1-18 | 台 | 0.97 | |
| 77 | 冲击钻头 $\phi$8 | 个 | 1294.3 | |
| 78 | 醇酸防锈漆 C53-1 | kg | 374.78 | |

续表

| 序号 | 材料名称 | 单位 | 数量 | 进场日期 |
|---|---|---|---|---|
| 79 | 带帽带垫螺栓 | kg | 208.11 | 分批提前进场，并做好相应检验工作。场外验收合格后提前一天进场 |
| 80 | 单臂连体灯杆安装，高 12 m，臂长 1.5 m，150 W | 根 | 17.55 | |
| 81 | 单臂连体灯杆安装，高 6 m，臂长 1.0 m，70 W | 根 | 9.75 | |
| 82 | 单臂连体灯杆安装，高 9 m，臂长 1.5 m | 根 | 35.09 | |
| 83 | 地脚螺栓成套 | 套 | 93.07 | |
| 84 | 电力专用防盗井盖 | 套 | 5.82 | |
| 85 | 调和漆 | kg | 293.31 | |
| 86 | 定型钢模板 | kg | 329 | |
| 87 | 镀锌扁钢 40×4 | kg | 985.45 | |
| 88 | 镀锌钢板 | kg | 15708.7 | |
| 89 | 镀锌钢管 DN150 | m | 737.18 | |
| 90 | 镀锌钢管 DN50 | m | 344.69 | |
| 91 | 镀锌钢管综合 | t | 10.13 | |
| 92 | 镀锌角钢∠60 | kg | 693.83 | |
| 93 | 镀锌圆钢接地极（$\phi$25 mm×2500 mm） | 根 | 130.95 | |
| 94 | 对夹式蝶阀 DN150 | 个 | 5.82 | |
| 95 | 法兰闸阀 Z45T-10 DN150 | 个 | 4.19 | |
| 96 | 反光玻璃珠 | kg | 262.02 | |
| 97 | 反光突起路标 | 个 | 194 | |
| 98 | 枋木 | $m^3$ | 191.99 | |
| 99 | 防滑砖 300×300 | $m^2$ | 1176.66 | |
| 100 | 防火涂料 | kg | 12064.29 | |
| 101 | 防水粉 | kg | 3175.62 | |
| 102 | 防水剂 | kg | 332.38 | |
| 103 | 防锈漆 C53-1 | kg | 430.46 | |
| 104 | 防撞桶，$\phi$600×800 | 个 | 5.82 | |
| 105 | 肥料 | kg | 8582.45 | |
| 106 | 酚醛树脂 2130 | kg | 158.31 | |
| 107 | 钢板 | t | 129.64 | |
| 108 | 钢管隔离护栏 | m | 364.1 | |
| 109 | 钢护筒 | t | 0.54 | |
| 110 | 钢筋混凝土管 $\phi$300 | m | 167.48 | |

续表

| 序号 | 材料名称 | 单位 | 数量 | 进场日期 |
|---|---|---|---|---|
| 111 | 钢筋混凝土管 $\phi$450 | m | 166.55 | 分批提前进场，并做好相应检验工作。场外验收合格后提前一天进场 |
| 112 | 钢筋砼Ⅲ级承插管 $\phi$1000(承插口) | m | 105.81 | |
| 113 | 钢筋砼Ⅲ级承插管 $\phi$600(承插口) | m | 870.97 | |
| 114 | 钢筋砼Ⅲ级承插管 $\phi$800(承插口) | m | 94.55 | |
| 115 | 钢直扶梯 | kg | 87.77 | |
| 116 | 高密度聚乙烯 HDPE 缠绕增强管 DN300 | m | 968.17 | |
| 117 | 高密度聚乙烯 HDPE 缠绕增强管 DN400 | m | 685.21 | |
| 118 | 高密度聚乙烯 HDPE 缠绕增强管 DN500 | m | 34.67 | |
| 119 | 高强级反光膜 | $m^2$ | 50.4 | |
| 120 | 高压胶管 $\phi$50 | m | 70.66 | |
| 121 | 固定式车行分隔栏 | 片 | 333.68 | |
| 122 | 管道倒流防止阀 DN75 | 个 | 1.94 | |
| 123 | 焊接钢管 | kg | 1317.2 | |
| 124 | 焊接钢管 DN32 | m | 82.52 | |
| 125 | 焊接钢管 DN50 | kg | 2374.89 | |
| 126 | 焊接钢管 DN80 | m | 414.3 | |
| 127 | 合金钻头(一字形)$\phi$10 | 个 | 4639.4 | |
| 128 | 红砖 240×115×53 | 块 | 34746.27 | |
| 129 | 花岗岩条石障碍墩($\phi$25) | 个 | 58.2 | |
| 130 | 化学泡沫室 100～150 L/S | 个 | 5.82 | |
| 131 | 环保透水地砖 | $m^2$ | 4041.2 | |
| 132 | 环氧树脂各种规格 | kg | 368.32 | |
| 133 | 黄锈花岗岩荔枝面 50 厚 | $m^2$ | 373.99 | |
| 134 | 活动隔离栏杆 | m | 28.81 | |
| 135 | 机动车信号灯 | 套 | 7.76 | |
| 136 | 基肥 | $m^3$ | 23775.37 | |
| 137 | 集水坑玻璃钢格栅 | $m^2$ | 4.69 | |
| 138 | 监控系统 | 套 | 1.4 | |
| 139 | 检查井安全网 | 座 | 43.65 | |
| 140 | 将军红花岗岩火烧面板 50 厚 | $m^2$ | 146.43 | |
| 141 | 交通标志板 | $m^2$ | 175.75 | |

续表

| 序号 | 材料名称 | 单位 | 数量 | 进场日期 |
|---|---|---|---|---|
| 142 | 交通标志杆及零星构件 | kg | 30951.25 | 分批提前进场，并做好相应检验工作。场外验收合格后提前一天进场 |
| 143 | 交通信号电源线 KVV22 7×1.5 | m | 1412.88 | |
| 144 | 交通信号电源线 VV22 2×6 | m | 393.82 | |
| 145 | 交通信号机 | 套 | 0.97 | |
| 146 | 胶合板十三夹板 | $m^2$ | 96.07 | |
| 147 | 脚手钢管 ϕ48 mm | kg | 3799.24 | |
| 148 | 脚手管(扣)件 | 个 | 2660.68 | |
| 149 | 紧固件 | 套 | 723.99 | |
| 150 | 景湖石 | t | 43.65 | |
| 151 | 矩形球墨铸铁井盖井座 | 套 | 16.49 | |
| 152 | 聚乙烯发泡填缝板 | $m^2$ | 768.32 | |
| 153 | 冷底子油 3∶7 | kg | 7693.93 | |
| 154 | 立缘石 120×320 | m | 3115.64 | |
| 155 | 立缘石 16×42 cm | m | 1099.01 | |
| 156 | 立柱式信号灯杆，制作安装 | 根 | 1.94 | |
| 157 | 砾石 ϕ5～40 mm | $m^3$ | 37.32 | |
| 158 | 零星卡具 | kg | 13871.8 | |
| 159 | 路灯控制柜混凝土基础 | 套 | 0.98 | |
| 160 | 路缘石 150 宽 | m | 29.1 | |
| 161 | 绿色土工格网，网眼尺寸 5×5300G | $m^2$ | 810.79 | |
| 162 | 螺纹钢筋 | kg | 2103633 | |
| 163 | 螺纹钢筋 ϕ20 以内 | t | 1157.85 | |
| 164 | 煤焦油沥青漆 L01-17 | kg | 321.51 | |
| 165 | 密封井盖 | 套 | 0.97 | |
| 166 | 灭火器箱 | 个 | 3.88 | |
| 167 | 模板嵌缝料 | kg | 1842.57 | |
| 168 | 尼龙帽 | 个 | 9704.14 | |
| 169 | 盆式金属橡胶组合支座[GPZ(II)0.8DX] | 个 | 4.85 | |
| 170 | 盆式金属橡胶组合支座[GPZ(II)1.0DX] | 个 | 1.94 | |
| 171 | 片石 | $m^3$ | 2343.24 | |
| 172 | 平焊法兰 DN150 | 片 | 19.4 | |

续表

| 序号 | 材料名称 | 单位 | 数量 | 进场日期 |
|---|---|---|---|---|
| 173 | 平焊法兰 DN50 | 片 | 422.92 | 分批提前进场，并做好相应检验工作。场外验收合格后提前一天进场 |
| 174 | 平缘石 120×220 | m | 133.38 | |
| 175 | 平缘石 100×200 | m | 2464.77 | |
| 176 | 平缘石 100×120 | m | 213.4 | |
| 177 | 普通钢板 0＃～3＃，δ10～15 | kg | 715.54 | |
| 178 | 球阀 DN32，DN50 | 个 | 105.73 | |
| 179 | 球墨铸铁防盗检查井井盖、井座 | 套 | 62.43 | |
| 180 | 球墨铸铁井盖井座 $\phi$700 | 套 | 49.79 | |
| 181 | 取水阀 DN32，DN50 | 个 | 105.73 | |
| 182 | 热镀锌钢板 | kg | 22449.8 | |
| 183 | 热熔标线涂料 | kg | 3466.88 | |
| 184 | 热塑标线底漆 | kg | 134.66 | |
| 185 | 人行横道信号灯 | 套 | 5.82 | |
| 186 | 人行横道信号灯杆 | 根 | 5.82 | |
| 187 | 人行天桥，桥名牌 7 $m^2$ 以内 | 块 | 1.94 | |
| 188 | 人行天桥标志（含基础、标志杆、标志牌等） | 根 | 5.82 | |
| 189 | 三相箱式变压器混凝土基础 | 套 | 0.98 | |
| 190 | 杉原木化锯材 | $m^3$ | 3.88 | |
| 191 | 声测钢管 DN57×3 | kg | 15601.57 | |
| 192 | 声测钢管 DN57×3 | kg | 5225.57 | |
| 193 | 石屑 | $m^3$ | 170.75 | |
| 194 | 石英砂 | $m^3$ | 75.86 | |
| 195 | 石油沥青 | kg | 79955.17 | |
| 196 | 石油沥青 10＃ | kg | 1137.71 | |
| 197 | 石油沥青 60～100＃ | t | 75.62 | |
| 198 | 石油沥青玛碲脂 | kg | 798.59 | |
| 199 | 室外地上式消火栓 1.6 MPa 浅 150 型 | 套 | 4.85 | |
| 200 | 双壁波纹管—1DN250 | m | 178.09 | |
| 201 | 双臂悬挑灯架对称式，高 10 m，臂长 1.5 m | 套 | 9.75 | |
| 202 | 双臂悬挑灯架对称式，高 13.5 m | 套 | 20.47 | |
| 203 | 双栓室内消火栓 | 套 | 3.88 | |
| 204 | 双组分聚硫密封膏 | kg | 788.7 | |

续表

| 序号 | 材料名称 | 单位 | 数量 | 进场日期 |
|---|---|---|---|---|
| 205 | 水泥基结晶渗透型防水涂料 | kg | 8191.07 | 分批提前进场，并做好相应检验工作。场外验收合格后提前一天进场 |
| 206 | 松木锯材 | $m^3$ | 24.76 | |
| 207 | 素水泥浆 | $m^3$ | 57.32 | |
| 208 | 隧道灯 TCLZS-01SB250 | 套 | 9.8 | |
| 209 | 塌落度 10～30(水泥 32.5)砾石混凝土 $\phi$40 C20 | $m^3$ | 20.93 | |
| 210 | 铁件 | kg | 8646.44 | |
| 211 | 砼预制块 | $m^3$ | 8.72 | |
| 212 | 铜芯电力电缆 YJV22-4×120+1×70 | $m^3$ | 19.73 | |
| 213 | 铜芯电力电缆 YJV22-4×25+1×16 | m | 3272.54 | |
| 214 | 透水软管 $\phi$50 | m | 220.62 | |
| 215 | 土工布 300G | $m^2$ | 5126.72 | |
| 216 | 外墙普通防水涂料 | $m^2$ | 2681.92 | |
| 217 | 外贴式止水带 | m | 658.37 | |
| 218 | 网络玻璃纤维布 | $m^2$ | 8552.59 | |
| 219 | 无缝钢管综合 | kg | 1186.04 | |
| 220 | 限高标志牌 1 $m^2$ 以内 | 块 | 3.88 | |
| 221 | 橡胶圈(带座钢筋砼管)DN1000 | 个 | 52.38 | |
| 222 | 橡胶圈(带座钢筋砼管)DN600 | 个 | 430.68 | |
| 223 | 橡胶圈(带座钢筋砼管)DN800 | 个 | 46.56 | |
| 224 | 橡胶止水带 P250 | m | 604.99 | |
| 225 | 新型花岗岩广场砖 30 mm 厚 | $m^2$ | 1516.75 | |
| 226 | 型钢综合 | kg | 1450.16 | |
| 227 | 锈石火烧板，25 mm 厚 | $m^2$ | 66.34 | |
| 228 | 益胶泥 A 型 | Kg | 8225.03 | |
| 229 | 硬塑料管 DN80 | m | 392.72 | |
| 230 | 硬塑料管 DN75 | m | 3880.11 | |
| 231 | 硬塑料管接头 D100 | 个 | 793.76 | |
| 232 | 硬质空心管 $\phi$50 | m | 176.21 | |
| 233 | 油毛毡 400 g | $m^2$ | 8721.24 | |
| 234 | 雨水格栅 | 套 | 11.64 | |
| 235 | 预埋电力、电信专用缆线防水组件，12 孔 | 套 | 13.58 | |
| 236 | 预埋式 CB 型橡胶止水带(320×8，带钢边) | m | 415.14 | |

续表

| 序号 | 材料名称 | 单位 | 数量 | 进场日期 |
|---|---|---|---|---|
| 237 | 预制混凝土构件 C20 | $m^3$ | 3.77 | |
| 238 | 预制混凝土构件 C25 | $m^3$ | 29.54 | |
| 239 | 圆钉 | kg | 2788.25 | |
| 240 | 圆钢 $\phi$10 | kg | 2266.31 | 分批提前进场，并做好相应检验工作。场外验收合格后提前一天进场 |
| 241 | 圆钢 $\phi$10 以内 | kg | 440900.44 | |
| 242 | 圆钢 $\phi$10 以外 | kg | 16407.84 | |
| 243 | 圆钢筋 | kg | 72064.72 | |
| 244 | 圆木 | $m^3$ | 52.55 | |
| 245 | 黏土 | $m^3$ | 984.8 | |
| 246 | 枕木 | $m^3$ | 3.91 | |
| 247 | 绿化乔木及植被 | 略 | | 场外验收合格后提前一天进场 |

## 10.6　工程投入的主要施工机械设备情况描述及进场计划

### 10.6.1　主要机械设备配置原则

(1)主要施工机械设备的配置原则：满足要求，确保使用，略有富余，并充分考虑各种设备的性能配套。自备发电机组、蓄水池等，防止停电、停水影响施工。

(2)本着就近、从优的原则，机械设备主要从福州和××本地调配。

### 10.6.2　主要施工机械设备情况

本工程投入的主要施工机械设备情况详见“表 10-6 拟投入的主要施工机械设备表”。

### 10.6.3　主要机械设备进场方法

大型机械设备和非行走设备：如钻机、挖掘机等采用平板车或轮船和平板车相结合的方式运输至工地。行走设备直接沿既有公路开进施工现场。

### 10.6.4　主要机械设备进场计划

各主要机械设备及试验、测量设备在监理工程师规定的截止日期前进场。其他设备根据工程实际进展情况在工程需要时进场。本工程竣工验收通过后 15 日内，项目部将无条件自行拆除施工临时设施，撤退施工机械设备并清理场地，修复场内的交通道路，撤离所有施工人员。

**表 10-6　主要施工机械设备进场计划表**

| 序号 | 机械或设备名称 | 数量 | 进场日期 | | | | | | | | |
|---|---|---|---|---|---|---|---|---|---|---|---|
| | | | 30 天 | 30 天 | 30 天 | 30 天 | 30 天 | 30 天 | 30 天 | 30 天 | 30 天 |
| 1 | 汽车吊 | 8 台 | 4 台 | 4 台 | | | | | | | |
| 2 | 柴油发电机 | 3 台 | 3 台 | | | | | | | | |
| 3 | 钻机 | 30 台 | 30 台 | | | | | | | | |
| 4 | 挖掘机 | 15 台 | 15 台 | | | | | | | | |
| 5 | 平地机 | 2 台 | 2 台 | | | | | | | | |
| 6 | 压路机 | 4 台 | 4 台 | | | | | | | | |
| 7 | 泥浆分离器 | 3 台 | 3 台 | | | | | | | | |
| 8 | 支架 | 50 t | 50 t | | | | | | | | |
| 9 | 钢泥浆箱 | 6 个 | 6 个 | | | | | | | | |
| 10 | 路面铣刨机 | 1 台 | 1 台 | | | | | | | | |
| 11 | 泥浆运输车 | 2 辆 | 2 辆 | | | | | | | | |
| 12 | 装载机 | 3 台 | 3 台 | | | | | | | | |
| 13 | 推土机 | 2 台 | 2 台 | | | | | | | | |
| 14 | 自卸汽车 | 12 台 | 12 台 | | | | | | | | |
| 15 | 自卸汽车 | 10 台 | 10 台 | | | | | | | | |
| 16 | 稳定土拌和站 | 1 台 | | | 1 台 | | | | | | |
| 17 | 光轮压路机 | 2 台 | 2 台 | | | | | | | | |
| 18 | 轮胎压路机 | 1 台 | 1 台 | | | | | | | | |
| 19 | 振动压路机 | 2 台 | 2 台 | | | | | | | | |
| 20 | 水稳摊铺机 | 2 台 | | | 2 台 | | | | | | |
| 21 | 沥青砼摊铺机 | 2 台 | | | 2 台 | | | | | | |
| 22 | 洒水车 | 1 台 | 1 台 | | | | | | | | |
| 23 | 蛙式打夯机 | 2 台 | 2 台 | | | | | | | | |
| 24 | 钢筋弯曲机 | 2 台 | 2 台 | | | | | | | | |
| 25 | 钢筋切断机 | 2 台 | 2 台 | | | | | | | | |
| 26 | 钢筋调直机 | 2 台 | 2 台 | | | | | | | | |
| 27 | 电焊机 | 8 台 | 8 台 | | | | | | | | |
| 28 | 插入式振动棒 | 20 个 | 20 各 | | | | | | | | |

续表

| 序号 | 机械或设备名称 | 数量 | 进场日期 | | | | | | | | |
|---|---|---|---|---|---|---|---|---|---|---|---|
| | | | 30 天 | 30 天 | 30 天 | 30 天 | 30 天 | 30 天 | 30 天 | 30 天 | 30 天 |
| 29 | 水泵 | 10 台 | 10 台 | | | | | | | | |
| 30 | 变压器 | 1 台 | | | 1 台 | | | | | | |
| 31 | 水泥搅拌桩机 | 3 台 | 3 台 | | | | | | | | |
| 32 | 全站仪 | 1 台 | 1 台 | | | | | | | | |
| 33 | 水准仪 | 2 台 | 2 台 | | | | | | | | |
| 34 | 精密水准仪 | 1 台 | 1 台 | | | | | | | | |
| 35 | 土工试验设备 | 1 套 | 1 套 | | | | | | | | |
| 36 | 混凝土试验设备 | 1 套 | 1 套 | | | | | | | | |
| 37 | 水泥试验设备 | 1 套 | 1 套 | | | | | | | | |
| 38 | 压力试验机 | 1 台 | 1 台 | | | | | | | | |
| 39 | 万能试验机 | 1 台 | 1 台 | | | | | | | | |
| 40 | 沥青混合料搅拌机 | 1 台 | | 1 台 | | | | | | | |
| 41 | 燃烧式沥青含量测定仪 | 1 台 | | 1 台 | | | | | | | |
| 42 | 马歇尔试验仪 | 1 套 | | 1 套 | | | | | | | |
| 43 | 沥青针入度仪 | 1 台 | | 1 台 | | | | | | | |
| 44 | 沥青脆点仪 | 1 台 | | 1 台 | | | | | | | |
| 45 | 温控沥青延度仪 | 1 台 | | 1 台 | | | | | | | |
| 46 | 路面车辙检测仪 | 1 台 | | 1 台 | | | | | | | |
| 47 | 平整度仪 | 1 台 | | 1 台 | | | | | | | |
| 48 | 弯沉仪 | 1 台 | | 1 台 | | | | | | | |

## 10.7　劳动力安排情况描述

### 10.7.1　人员动员周期

项目部一旦中标，将迅速组建××大道改造及共同沟等工程 H1 标段经理部，施工队伍将就近从已完工的工点整建制调迁。项目管理班子必须按监理工程师指定的日期进场。

第一批施工人员将在接到中标通知书 3 天内进场，进行桩点和相关资料的交接及现场调查，确定临时工程的施工方案，编制实施性施工组织设计。

第二批施工人员按业主要求如期进场，实施临时工程建设、施工材料准备及先期工程的施工准备，在工程正式开工前达到“三通一平”，并完成主要临建工程。

其余人员根据工程进展需要提前进场，确保施工生产的顺利进行。

### 10.7.2 组织机构设置、职能划分及劳动力管理

**1. 组织机构设置**

为确保本标段工程安全、优质、高效、按期完成，本着“精干、高效、快速、有序”的原则组建“××大道改造及共同沟等工程 H1 标段”项目经理部，实行项目法人管理，落实项目经理负责制，由项目经理全权负责，全面履行合同。组织机构设置见图 10-3。

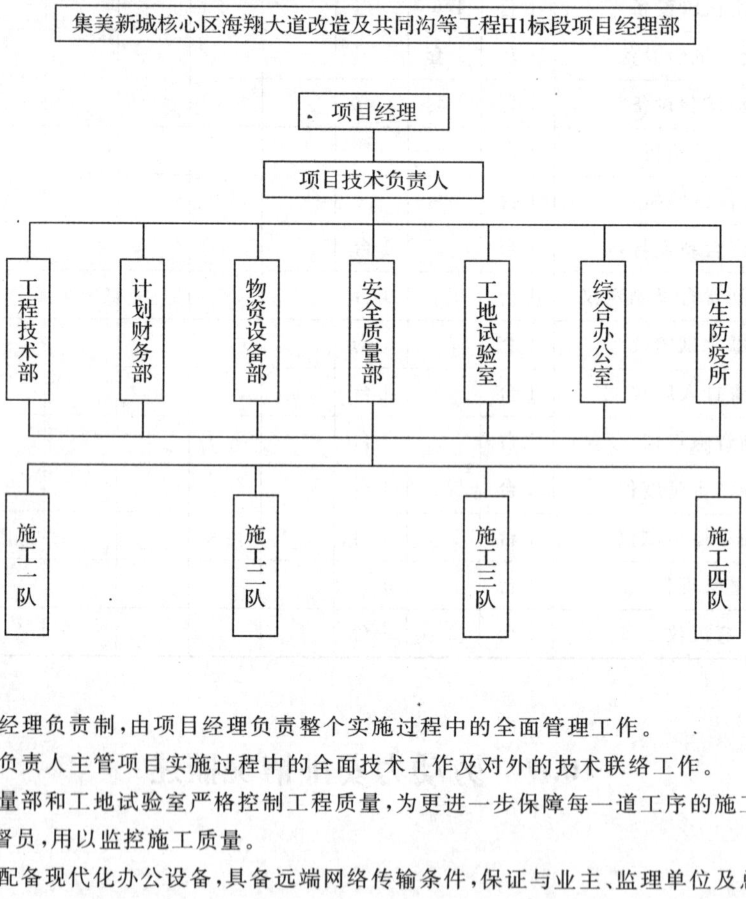

集美新城核心区海翔大道改造及共同沟等工程H1标段项目经理部

项目经理

项目技术负责人

工程技术部 计划财务部 物资设备部 安全质量部 工地试验室 综合办公室 卫生防疫所

施工一队 施工二队 施工三队 施工四队

说明：

1. 实行项目经理负责制，由项目经理负责整个实施过程中的全面管理工作。

2. 项目技术负责人主管项目实施过程中的全面技术工作及对外的技术联络工作。

3. 由安全质量部和工地试验室严格控制工程质量，为更进一步保障每一道工序的施工，在每个施工班组设专职质量监督员，用以监控施工质量。

4. 项目部内配备现代化办公设备，具备远端网络传输条件，保证与业主、监理单位及总部联系的准确、快捷。

5. 总部对现场项目部直接进行管理。总部各部门垂直管理现场项目部相应部门。部门管理做到上下一条线，条理清楚。

**图 10-3 现场组织机构框图**

项目部下设 4 个施工作业队：施工一队负责本标段路基、路面及土石方工程施工任务；施工二队负责本标段下沉式道路、共同沟及天桥等工程施工；施工三队负责本标段内雨水工

程、污水工程、交通工程、道路照明、水电等安装工程、绿化及浇灌工程施工；施工四队负责本标段施工全过程清洁、所用场地照明及标段内交通组织。

**2. 职能划分**

项目经理：按照合同条款，负责制定项目管理目标和创优规划，搞好项目机构的设置、人员选调及职责分工，全面组织工程项目的施工，保证项目目标的实现，满足业主的合同要求。

项目技术负责人：主持编制实施性施工组织设计（含质量计划），组织制定质量保证措施，定期组织工程质量检查和质量评定，掌握质量现状，搞好现场质量控制。

工程技术部：负责工程项目施工过程控制，制定施工技术管理办法，编制实施性施工组织设计及技术交底，进行过程监控，解决施工技术难题；负责编制竣工资料和进行技术总结，组织实施竣工工程后期服务。

计划财务部：负责对项目承包合同管理、财务管理及成本核算工作，组织工程项目验工计价、统计报表的编制，按时向业主及有关部门报送各种报表。

物资设备部：负责物资采购和物资管理及施工设备管理工作，制定施工机械、设备管理制度。

安全质量部：依据本公司质量方针和目标，制定质量管理工作规划，负责质量综合管理，行使质量监察职能。

综合办公室：设置办公室、派出所，负责生产经营和管理方面的调查研究、社会治安等任务。

工地试验室：负责整个施工过程中的试验项目工作及各种试验资料的整理。

卫生防疫所：负责本工程施工期间疾病防治及有关医疗卫生知识的宣传教育。

**3. 劳动力管理**

管理服务人员和生产人员合理配置，形成较强的生产能力，劳动力的规模应根据施工生产任务的增减情况实施动态管理。

进入施工现场人员必须进行环境保护、生态保护、民俗等方面知识的培训工作，做到先培训、后上岗。

从事各类技术工作和特殊工种的人员必须持证上岗，无相应证书者，限期进行培训，经考核合格后，方能上岗作业。

### 10.7.3　劳动力安排及使用计划

**1. 主要技术工人及普工配备**

初步安排劳动力 500 人，高峰期可达 560 人。各阶段主要技术工人及普工配备情况详见“表 10-8 劳动力计划表”。施工期间，根据各分项工程进度的实际需要，随时做进一步的调整和加强。

**2. 劳动力计划表**

详见“表 10-8 劳动力计划表”。

## 10.8 确保工程质量的技术组织措施

### 10.8.1 质量目标及要求

质量目标：合格(其中，共同沟土建、桥梁基础和外观达到优良标准)。

质量控制要求：

(1)本工程测量控制采用两方平行控制措施(控制网采取三方即施工、监理、有资质的测量单位平行控制)，确保测量的准确性。同时委托有资质的测量单位出具相关报告。

(2)工程主要材料(商品混凝土、钢绞线、锚具、钢筋、支座、伸缩缝、涂装材料、防水材料、波纹管、钢板、沥青、隔音屏等)采用订货前报审制。

(3)保证桩基各分项质量达到优良。成桩质量达到Ⅰ、Ⅱ桩标准。

(4)本工程外观质量(含外露砼面、承台、砌体)必须达到优良标准。

(5)施工原始记录(包含100%试验原始旁站纪录)必须平行纪录(班组及项目部)，确保真实准确。

### 10.8.2 确保工程质量的组织措施

**1. 质量管理组织机构**

为了确保工程质量，在项目经理部实行二级质量管理制度。项目经理部设专职质量检查工程师，每个班组设兼职质检员。质量检查工程师直接对项目经理和项目技术负责人负责，行使监督权、检查权和质量检查否决权。

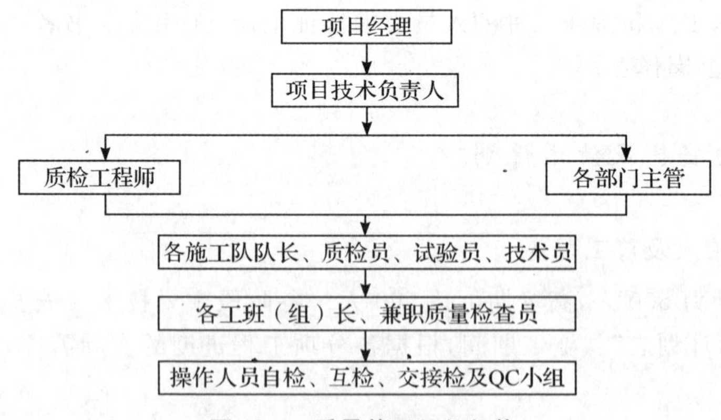


图10-4 质量管理组织机构

**2. 建立健全自检制度**

项目经理部建立“横向到边、纵向到底、控制有效”的质量自检体系，在施工过程中自下而上按照“跟踪检查、复检、抽检”三个检测等级分别实施检查任务，配齐人员做到职能相符。

在严格内部“自检、互检、交接检”“三检”制度的基础上，认真接受建设单位质量监督和监理单位的监理，接受社会质量监督部门的监督，并自始至终密切配合，严格服从。

**3. 保证质量管理措施**

(1)选派经验丰富、素质精良的项目经理、专业技术人员、管理人员、协调人员和各类熟练工人，形成项目质量管理网络。

(2)按工程需要投入优良品牌机械以及自动化和精度高的测量和试验设备，确保施工机械化和高质量。

(3)建立以项目经理负责制的质量保证体系，在项目经理部下设专职质量检查工程师，每个班组设兼职质检员，形成二级质量管理网络，严把质量关。

(4)建立一个完善的工地试验室，配备相应的设备仪器对所检验测试的项目按有关规程认真操作，全面实施对工程所用的原材料或试件等进行检验和质量控制。

(5)物资设备部对订货或采购的材料按技术规范的有关规定报请监理工程师认可后方可办理，所进的材料必须符合质量标准，有产品合格证或质量检验证明，按有关规定需要进行复试抽验的要认真进行复检，不合格的材料不用于工程。

(6)把质量责任制横到边、竖到底，项目经理与各主要管理人员和每位技术人员、现场施工人员、关键岗位的操作工签订质量管理目标责任书，做到责任明确，奖罚分明，真正把工程质量终身制落实到每个职工。

(7)抓好全面质量管理工作，开展 QC 活动，成立 QC 小组，对工程施工中的技术难点和比较难避免的质量问题，用全员、全过程努力的办法来解决。

(8)强化规范施工，各级质检人员挂牌上岗，并在各路段和各结构物处立牌明确质量责任人，广泛地发动群众共同参与质量监督。

(9)虚心听取和接受监理工程师指导和监督，坚决执行监理工程师的各项指令，提供满足监理工程师在现场检测需要的人员、仪器设备等，搞好与监理工程师的配合工作，同心协力，创造优良工程。

(10)项目经理部定期对全线工程进行全面检查，加强过程控制，发现问题限期整改，并开展全线各施工作业组的质量竞赛，奖罚并举。

(11)制定创优计划，分阶段按步骤落实，使工程质量切实落实到实处。

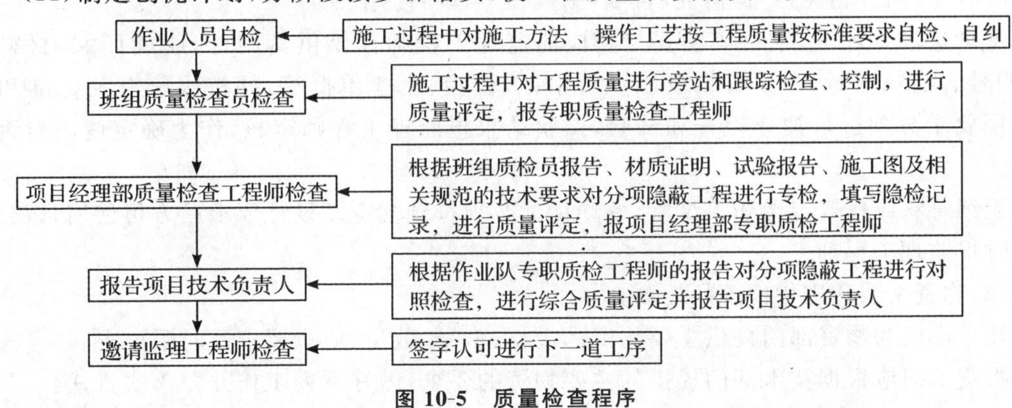


图 10-5　质量检查程序

### 10.8.3 确保工程质量的技术措施

**1. 确保工程测量准确性的技术措施**

配齐具有资质、具备责任心、工作细心的人员和具有准确度要求的仪器设备，按施工组织中的施工测量方案，采用两方平行控制措施（控制网采取三方即施工、监理、有资质的测量单位平行控制），认真做好控制测量、施工测量和竣工测量，认真做好复测工作，确保测量工作准确。同时，委托有资质的测量单位出具相关报告。

(1)施工测量严格按设计图纸及相关技术规范、标准规定的技术要求进行施测，满足规定的精度要求。

(2)健全项目部的施工测量质量保证体系，加强管理，明确职责。

(3)施工测量人员在施工测量放线前，需熟悉与施工测量放线有关的施工图纸及说明，并对施工设计图纸给出的放样定位数据认真复核。

(4)坚持双检、复核制，做到放样数据要反复核实，放样点位进行换人复测。

(5)各项测量严格健全测量记录，现场测量按统一格式和表式进行记录和计算，做到清晰、签署齐全，原始记录不得涂擦更改。

(6)工程所有测量设备与器具定期进行检校。测量设备送检及现场测量设备的保管和维护遵照项目部《计量设备管理程序》的相关规定，保证测量设备长期处于良好状态。

(7)做好各项施工测量成果资料的整理、保管与归档。

**2. 确保工程主要材料质量的技术措施**

(1)严把主要材料采购、进场检验关

进入工程施工的主要材料要严格按照招标文件、设计技术文件和国家有关规定的具体要求，从符合设计要求、具有一定生产规模和市场信誉好的厂家进货，同时采用订货前报审制。提供生产厂家的资质情况及拟采购材料的合格证、试验报告、质保书，以及必要的检验、化验单据等相关资料报送给监理工程师审查，符合国家规定的技术标准，并且经业主委托的监理单位或具有相应资质的检测机构检测合格，经同意并征求业主同意后方可签订采购合同及进场使用。

所有材料必须有出厂合格证，否则，不得在工程中使用。

每批进场外加剂、钢材等主要材料应向监理工程师提供供货附件，明确厂家、材料品种、型号、规格、数量、出厂日期及出厂合格证，检验、化验单据等，并按国家有关标准和材料使用要求分项进行抽样检查和试验，试验结果报监理工程师审核，作为确定使用与否的依据。

粗细骨料应按规定做相关试验，各项指标必须符合规定及设计要求后方可使用，试验结果同时报监理工程师。

(2)物资采购和进货检验的控制

技术部门为物资部门提供主要物资的规格、型号、数量、质量要求及时限要求。

物资部门应根据技术部门提供的主要物资的要求，做好下列工作并要落实责任：

对主要材料供应商进行调查并评定。根据评定结果确定合格供应商，并造册登记。

购进的原材料必须有生产合格证、检验试验单，并进行清点验收。物资部门应通知试验部门对购进的主要材料进行复验，经复验合格方能使用。对不合格的物资要按不合格品的规定进行处理，不准发放不合格物资。

物资部门应对复验合格的主要物资管理并标识。物资发放前要登记物资的流向，如工点、部位、规格、数量、作业班组。领料班组要签字，以便追溯。

(3)产品标识和可追溯性

用于工程上的原材料及主要辅助材料在存放地悬挂标牌进行标识，并作好记录；对检验、测量、试验及其他施工设备，在仪器设备上贴标签标识，并作好记录。

工程施工过程中的每道工序、每个部位、分项工程、分部工程及单位工程的标识用质量检查证和质量记录来载明。

产品标识记录和控制由工序技术人员、领工员、材料员、试验员及质检员实施，以确保根据产品标识，实现对工程质量形成过程、状态的追溯。

**3. 确保工程外观质量达到优良标准的技术措施**

(1)施工模板控制措施

①模板的设计加工质量是保证砼结构物的关键因素，外露面所有模板均采用新制的单块面积大于 1.5 $m^2$ 的定型大块钢模板，选材用大型钢板，板厚 6～8 mm。模板委托专业厂家按设计图纸加工，其特点是单元面积大，接缝严密平顺，模板多为装配式，装拆方便。

②模板加工完成后，应做好试拼验收工作，测量检查模板加工精度，不合格的坚决不能用于本工程。

③模板的安装和保养应严格按照有关工艺要求进行，安装前先给模板内侧涂撒脱模剂，涂撒要均匀，待油剂自然风干后才进行安装操作。

④确保模板加固牢靠，浇筑砼时经常观察模板、支架、堵缝等情况。如发现有模板走动，应立即停止浇筑，并在砼凝结前修整完好。

⑤每次使用之前，要检查模板变形情况，禁止使用弯曲、凹凸不平或缺棱少角等变形模板。

(2)对于砼表面产生蜂窝、麻面、气泡的预防措施

①严格控制配合比，保证材料计量准确。现场加强砂石材料的含水量检测，根据含水量调整现场配合比，加水时应制作加水曲线，校核搅拌机的加水装置，从而控制好砼的水灰比，减少施工配合比与设计配合比的偏差，保证砼质量。

②砼配合比根据不同构造对砼强度及施工性能的不同进行配制，在施工过程中对砼的和易性、流动性、初凝时间及坍落度进行监控，根据实际情况调整。

③砼均采用商品砼，利用砼输送车运输，尽可能采用泵送入模等机械化施工，既能保证砼质量，又能加快施工进度。砼拌和要均匀，搅拌时间不得低于规定的时间，以保证砼良好的和易性，从而预防砼表面产生蜂窝。

④砼采用分层浇筑，分层捣固，分层厚度一般为 30～50 cm，并掌握好每一层插振的振捣时间。采用振动棒振捣时，振捣时间一般控制在 30～40 s。对模板转折处和钢筋密集处加强捣固，振捣棒快进慢出，以减少气泡的残留量。注意掌握振捣间距，使插入式振捣器的插入点间距不超过其作用半径的 1.5 倍(方格形排列)或 1.75 倍(交错形排列)；平板振捣器

与模板的距离不应大于振捣器有效作用半径的1/2。在振捣上层砼时,应将振动棒插入下层砼5～10 cm,以保证砼的整体性,防止出现分层产生蜂窝。

⑤浇筑时如果砼倾倒高度超过2 m,为防止产生离析要采取串通、溜槽等措施下料。

⑥控制好拆模时间,防止过早拆模。夏季砼施工不少于24 h拆模;当气温低于20 ℃时,不应小于30 h拆模,以免使砼粘在模板上产生蜂窝。

⑦所用模板选择刚度大、表面平整光滑、无变形翘曲的好模板。立模前进行受力检算,保证选用合适模板支架,且支架稳定,无松动、跑模、超标准的变形下沉等现象。板面要清理干净,模板浇筑砼前应用清水充分洗净,不留积水。模板缝隙要堵严,模板接缝控制在2 mm左右,并采用玻璃胶涂密实、平整以防止漏浆。

(3)对产生露筋的预防措施

①施工时注意固定好垫块,干混砂浆垫块要植入铁丝并绑扎在钢筋上以防止振捣时移位,检查时不得踩踏钢筋,如有钢筋踩弯或脱扣者,应及时调直,补扣绑好;要避免撞击钢筋以防止钢筋移位,钢筋密集处可采用带刀片的振捣棒来振捣,配料所用石子最大粒径不超过结构截面最小尺寸的1/4,且不得大于钢筋净距的3/4。

②操作时不得踩踏钢筋,采用泵送砼时,由于布灰管冲击力很大,不得直接放在钢筋骨架上,要放在专用脚手架上或支架上,以免造成钢筋变形或移位。

③壁较薄、高度较大的结构,钢筋多的部位应以$\phi$30 mm和$\phi$50 mm两种规格的振捣棒为主,每次振捣时间控制在5～10 s;对于钢筋密集处,除用振捣棒充分振捣外,还应配以人工插捣及模皮锤敲击等辅助手段。

(4)预防缝隙夹层产生的措施

①用压缩空气或射水清除砼表面杂物及模板上粘着的灰浆。

②在模板上沿施工缝位置通条开口,以便清理杂物及进行冲洗,全部清理干净后,再将通条开口封板,并抹水泥浆等,然后再继续浇筑砼。浇筑前,施工缝应先铺抹水泥浆1道。

(5)对骨料显露,颜色不均匀及砂痕的预防措施

①模板应尽量采用有同种吸收能力的内衬,防止钢筋锈蚀。

②砼原材的选用应严把材料质量关,选用质量好、相对固定的原材料,保证砼外观颜色的协调。

③严格控制砂、石材料级配,水泥、砂尽量使用同一产地和批号的产品,严禁使用山砂或深颜色的河砂;采用泌水性小的水泥。

④尽可能采用同一条件养护,结构物各部分物件在拆模之前应保持连续湿润。

(6)砼施工组织管理措施

①强化测量放线及监测工作,以确保结构线形的精度,保证结构棱角鲜明,线条流畅。

②加强钢筋加工安装质量管理,确保结构钢筋安装稳定性和精度,避免钢筋与模板的冲突,保证结构砼保护层的均匀性,有效防止露筋等外观缺陷。

③加强砼的养护工作,防止砼结构外表发生裂纹。每个施工点设有专人负责砼的养护。

④注重文明施工,注意结构物外观防护,保持砼结构外观的清洁。

(7)砼施工防裂措施

①模板安装

模板安装准确牢固,在浇筑砼过程中不得有明显变形和跑模。箱梁结构的钢筋保护

层厚度必须切实保证，防止垫块布置过稀、箍筋凸出、扎丝外露而产生砼露筋、开裂的现象。

②配合比

为防止收缩裂缝和过大的徐变，严格按试验确定的配合比进行施工。

③振捣

角隅及其他钢筋密集处是振捣的重点，注意砼布料厚度与振捣振动深度的配合，防止振捣不足或重复振捣而过度。空间小的部位应使用小型振捣棒。在现浇混凝土的过程中，对容易开裂的部位可在砼浇筑后一定时间内进行二次振捣。

④养护

拆模后及时进行养生，采用湿土工布覆盖全部砼表面，保持连续湿润，不得形成干湿循环。

**4. 防水防渗结构质量保证措施**

(1)严格按设计要求进行混凝土施工缝、变形缝的设置，保证工程质量。

(2)合理确定结构分段，一般不大于 10 m，降低混凝土收缩量，结构施工缝设在受剪力或弯矩最小处。

(3)施工中严格按设计要求及工艺进行施工。

(4)PVC板之间的焊接及分区防水是本防水施工的一个重要环节，必须安排技术熟练的操作人员进行焊接，保证防水质量。

(5)在施工期间，对混凝土要保证振捣密实，混凝土达到初凝后，要及时洒水养生，达到混凝土抗渗标准。

**5. 隐蔽工程质量保证措施**

健全各项质量检查和验收制度，并切实予以执行，是保证质量的关键。

(1)隐蔽工程采用班组自检、专业复检与监理签认相结合的检查方式。

(2)各工序完成后，班组先自检，合格后由主管技术人员、质量检查工程师会同各工班长按技术规范进行检验，不合格者坚决予以返工处理。

(3)邀请监理工程师检查验收，并做好验收记录、签证及资料整理工作。

(4)隐蔽工程填写施工记录，记录上有技术负责人、质量检查人签字。

(5)工序中间交接时，有明确的质量合格交接意见。

**6. 预埋件、预留孔洞的施工质量保证措施**

(1)建立质量控制多级检查体系。

(2)施工前，主管工程师对图纸进行详细的审查，对各类图纸中反映的预埋件、预留孔洞的位置尺寸、大小、数量、规格等进行仔细复核，充分了解设计意图，发现问题，及时向驻地监理工程师及设计人员反映，不私自变更原设计。

(3)每个结构段施工之前，将该段内的预留孔、预埋件详细统计，并绘制交底图及表格说明，向施工员和班组长交代清楚，做好技术交底，并严格执行复核制。

(4)预埋件、预留孔洞严格控制其中心线位置及标高，测量执行双检制。

(5)预留孔模型加工尺寸误差符合设计、规范要求，预埋件选用合格材料精心加工，并认真做好防水处理。模板支撑牢固，防止跑模变位。

(6)混凝土灌注前,主管工程师会同质检人员共同对预留孔、预埋件位置进行仔细检查,自检合格后,报请监理工程师验收并做好记录。混凝土灌注过程中,对预留孔等模型设置变形量测点,进行监测以控制混凝土灌注。混凝土振捣时,振动棒离孔模不能太近,并采取措施保证孔壁混凝土密实。

**7. 成品保护措施**

(1)项目部成立成品保护监察小组,定期对管理和操作人员进行文明施工、成品保护教育,提高职工自觉保护成品的质量意识。

(2)在基层班组设成品保护员,负责成品、半成品的保护工作,发现问题及时上报并果断处理。

(3)制定成品保护奖惩办法,做到奖罚分明,用经济手段提高作业人员成品保护意识。

(4)对成品保护采用包、护、盖、封等措施,即视不同的情况分别对成品进行栏杆隔离保护,用塑料布或纸包裹、彩条布覆盖或对已完工部分进行局部封闭。

**8. 确保施工原始记录平行记录、真实准确的技术措施**

项目派专人负责竣工资料整理,主动与市档案局、发包人档案室联系,按要求编制竣工资料,在竣工验收后 15 天内提交竣工资料。

施工质量原始记录与质量活动同步进行,内容要客观、具体、完整、真实、有效,字迹清晰,具有可追溯性,各方签字要齐全。由施工技术、质检、测试人员或施工负责人按时收集记录并保存,确保本工程全过程记录齐全。各项测量严格健全测量记录,现场测量按统一格式和表式进行记录和计算,做到清晰、签署齐全,原始记录不得涂擦更改。质量检查资料采用统一格式,并符合档案资料分卷归档要求。

**9. 确保工程质量的其他技术措施**

(1)施工技术准备

①施工人员培训

项目管理人员和专业技术人员取得相应的专业技术职称,进行“三级”教育,增强其质量和安全意识。推广使用新技术、新工艺、新设备、新材料前进行相关知识的培训。

②施工技术准备

严格以项目技术负责人为首的技术负责制,认真熟悉施工图纸,领会设计意图,及时进行技术交底。编制实施性施工组织设计和各种技术管理制度,严格组织技术交底,不断完善和优化施工组织设计,使施工方案科学合理,措施翔实、可行、可靠。

③物资设备准备

编制材料和设备需求计划。安排好施工机具、设备的维修和保养工作,提高机械使用与管理水平。控制物资采购,做好分供方的评价和材料的进货检验,确保用于工程的所有材料均符合质量要求。

④施工现场准备

清除地面障碍物,按批准的实施性施工组织设计和总平面布置图进行布置。

(2)施工阶段技术质量控制

①接受监督和检查

施工中积极配合和接受××市有关质量监督部门的监督管理。开工前向××市质量监督部门申请,请求质量监督。

②工程监理制度

主动接受业主派驻的质量监督人员的质量监督管理和委托质量监理单位的监理,并积极做好所有配合工作。

每个单项工序开工前7天向监理提交施工开工报告,取得书面许可后方可开工。施工过程中,班组自检、作业队和质检工程师复检合格后及时通知监理工程师检查签认,隐蔽工程经监理工程师签认后方能隐蔽及进行下道工序的施工。

③施工技术管理

执行以项目技术负责人为首的技术责任制,使施工管理标准化、规范化、程序化。认真熟悉施工图纸,深入领会设计意图,严格按照设计文件和图纸施工及时进行技术交底,在施工期间技术人员要跟班作业,发现问题及时解决。

④全面质量管理教育

定期对全体施工人员进行全面质量管理教育,牢固树立"百年大计,质量第一"、"质量是企业的生命"的观念,不掌握操作工艺、不明确质量标准的人员不上岗操作。广泛开展群众性的质量管理活动,一切从实际出发,实事求是,精心施工,不断提高工程质量。

⑤严格例行质量检查制度

工程施工过程中,加强施工过程质量控制,实行"三检制"。经理部设专职质检工程师,各作业队设专职质检员,班组设专职质检员,保证施工过程始终在质检人员的严格监督下进行,严格执行质量一票否决权。

⑥工程试验

项目部按有关规范标准设置自己的工地试验室,并按有关规程、规范、标准进行工程施工质量的自检工作,并接受监理工程师的检查、监督及管理。

工地试验室配齐具有资质的人员及完成所有检测、试验项目所需的设备、仪器、工具。对工程使用的钢材、水泥、砂、石、防水材料等建筑用料要进行认真的检验,把好进货关,不使用不合格材料。

⑦检测、试验工具的检查

施工中所用的各种检测、试验仪器仪表按规定周期进行检查和标定,确保精度和准确度,以使检测、试验结果科学准确。

⑧内部质量承包责任制

制定相关的质量奖罚制度,明确奖罚标准,做到奖罚分明,将工程质量与个人的经济利益挂钩,杜绝质量事故发生。

⑨加强对成品的保护

施工过程中对已完分项、分部工程制定防护措施加以保护。对成品的保护,着重抓施工顺序和防护措施,不颠倒工序,按正确的施工流程组织施工,防止前道工序损坏或污染后道工序。

⑩认真开展QC小组活动

根据本工程的难点成立相应的QC小组,制定相应的分项质量管理目标并开展工作。QC小组活动实行总工程师负责制,运用排列图、因果图、直方图、控制图等统计技术,按照PDCA循环的基本作用方法分析研究影响质量波动的原因,采取对策,进行控制。

(3)竣工验收阶段质量控制

制定收尾工程的施工计划，由一名负责人专门负责收尾工作，做好成品保护工作。竣工前，由项目技术负责人组织质检人员、工程技术人员、作业班组长等，对已完工程进行预检，对照图纸找出漏洞或需修补的项目，采取措施抓紧落实。坚持执行竣工验收标准，按规定整理、编制竣工验收文件。

(4)保修回访阶段的质量控制

工程竣工后，按项目部合同规定，在一定期限内对工程进行回访，听取业主意见，对属于施工质量问题，负责返修，不留隐患。

## 10.9 确保安全生产的技术组织措施

### 10.9.1 安全生产要求

遵守《建设工程安全生产管理条例》的各项规定，确保本工程安全生产。坑洞必须采用足够防护措施及标识，施工场地全封闭。侵入路面(含施工专用道)必须采用通长设置的平面防护装置，外露面必须采取防尘措施；施工临时支墩周围、围挡周围必须设置可靠的隔车装置。

### 10.9.2 确保安全生产的组织措施

**1. 安全管理组织机构**

建立健全管理体系，建立以项目经理为首的安全领导小组，坚持管生产必须管安全的原则，健全岗位责任制，从组织上、制度上、防范措施上保证安全生产，做到规范施工，安全操作。

安全管理组织机构见图10-6。

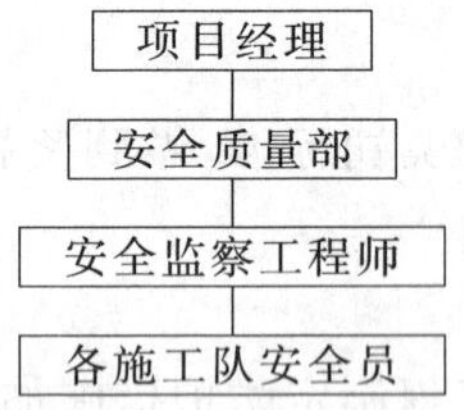


**图10-6 安全管理组织机构**

**2. 安全检查制度**

经理部要保证检查制度的落实，要规定定期检查日期及参加检查的人员。作业班组每天进行一次，非定期检查应视工程情况，如施工准备前、施工具有危险性、采取新工艺、季节性变化、节假日前后等要进行检查，并要有领导值班，对检查中发现的安全问题按照

“四不放过”的原则制定整改措施，定人限期进行整改，保证“管生产必须管安全”的原则真正落实。

对现场出现的安全隐患，应及时纠正，对监理、发包人、主管部门发现并告知的安全隐患进行及时整改。重大安全隐患必须立即整改，其他安全隐患在 4 小时内整改。

**3. 事故报告制度**

(1)无论何时，一旦发生危害工程安全、工程进度、工程质量事故时，除采取必要的抢救措施以外立即暂停此项目和与之有关的项目的施工。

(2)事故发生后，承包人以最快的方式，将事故的简要情况报监理工程师，在监理工程师初步确定安全、质量事故的类别性质后，按下述要求进行报告。

一般安全事故：3 天内书面上报监理工程师和业主。

安全问题：在 2 天内书面上报监理工程师和业主。

重大安全事故：2 小时内速报监理工程师和业主。

(3)监理工程师视察了事故现场后立即上报并提出处理意见，承包人应按照监理工程师指示消除事故产生的危害和影响，并查明事故原因后向监理工程师提供一份事故报告和阶段性开工报告，内容包括时间损失、处理结果以及监理工程师所要求的详细资料等。若事故原因迟迟未能查明，监理工程师认为事故隐患未消除时，可以不批准开工，直到事故原因查明并采取补救措施为止。

**4. 施工安全管理措施**

(1)按照《建筑工程安全生产管理条例》，建立安全施工责任制度。建立各级安全施工责任制，各级人员认真遵守国家有关安全方面的政策、法令和规章制度。建立安全岗位责任制，逐级签订安全生产责任状，明确分工，责任到人。

(2)在编制施工组织设计时，同时编制安全技术措施；主管施工生产的领导和施工负责人员在布置施工任务时，必须同时布置安全工作；根据工程和施工特点编制安全交底。班组在班组长的领导下和专职安全人员的指导下，负责本班组的安全施工，督促工人遵守操作规程和各项安全施工制度，并组织班前班后的安全监查；参加施工的人员应遵守安全施工规章制度，不得违章作业。

(3)加强安全生产教育，提高全员安全意识。重点进行四个方面的教育：强化行车安全和施工安全意识；安全基本知识和技能的教育；遵守规章制度和岗位标准化作业的教育；文明施工的教育。同时开展创安全标准工地活动，进行安全检查评比，激发全员安全生产的自觉性。

(4)严格安全监督，建立和完善定期安全监查制度。各级安全领导小组要定期组织检查，各级安全监督人员要经常检查，真正把事故消灭在萌芽状态，同时严格事故报告和奖罚制度。

(5)抓好现场管理，坚持文明施工，在平交道附近开挖基坑及施工危险地段要设置安全警示牌，以防意外事故发生。

(6)定期或根据施工需要发放和检查施工所用各种安全机具设备和劳动保护用品。

(7)制定安全奖罚办法。

### 10.9.3 安全保证体系

见图 10-7。

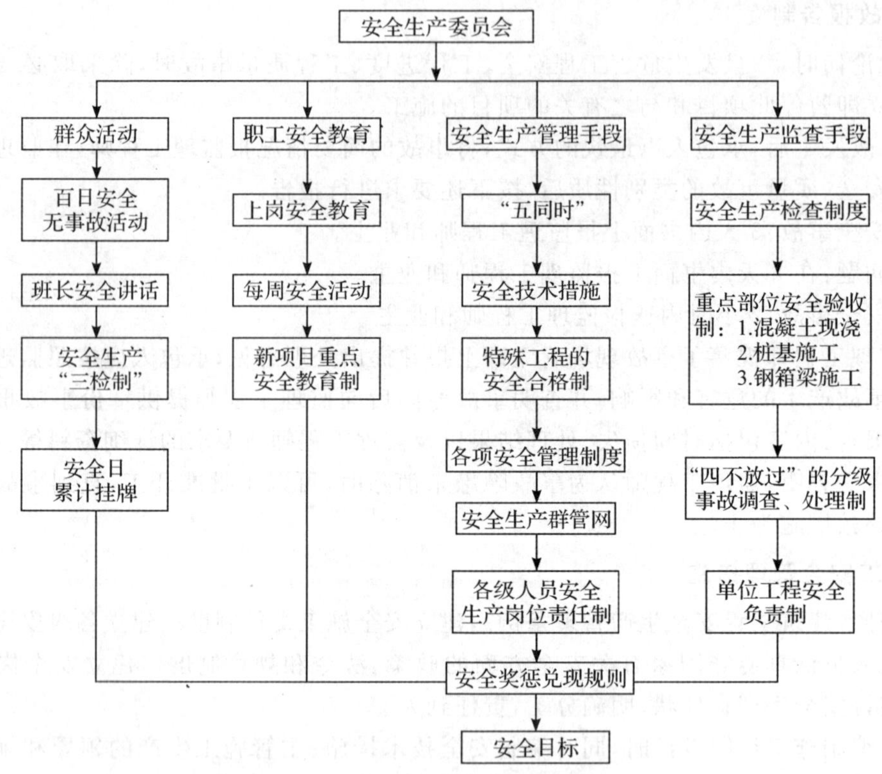


注："五同"时是指在计划、布置、检查、总结、评比施工生产工作的同时要进行计划、布置、检查、总结、评比安全工作。

**图 10-7 安全保证体系**

### 10.9.4 确保安全生产的技术措施

**1. 现场布置安全措施**

(1)施工现场的布置应符合防火、防水、防雷电等安全规定和文明施工的要求，施工现场的生产、生活办公室用房、仓库、材料堆放场、停车场、生产车间等应按批准的总平面布置图进行布置。

(2)现场道路应平整、坚实，保持通畅；现场道路应有防止行人、车辆等坠落的安全设施；危险地点应悬挂按照《安全色》(GB2893-82)和《安全标志》(GB2894-82)规定的标牌。夜间有人经过的坑洞应设红灯示警，现场道路应符合《工厂企业厂内运输安全规程》(GB4378-84)的规定，施工现场设置大幅安全宣传标语。

(3)现场的生产、生活区均要设足够的消防水源和消防设施网点，消防器材应有专人管理，不得乱拿乱动，所有施工人员要熟悉并掌握消防设备的性能和使用方法。

(4)各类房屋、库棚、料场等的消防安全距离应符合国家或公安部门的规定，室内不得堆放易燃品；严禁在木工加工场、料库、油库等处吸烟；现场的易燃杂物应随时清除，严禁在有火种的场所或其近旁堆放。

(5)氧气瓶不得沾染油脂，乙炔发生器必须有防止回火的安全装置，氧气瓶与乙炔发生器要隔离存放。

(6)施工现场的临时用电严格按照《施工现场临时用电安全技术规范》(JGJ45-88)规定执行；临时用电工程的安装、维修和拆除均由经过培训并取得上岗证的电工完成，非电工不准进行电工作业。

(7)坑洞必须采用足够防护措施及标识；施工场地按业主要求围挡；侵入路面(含施工专用道)必须采用通长设置的平面防护装置；外露面必须采取防尘措施；施工临时支墩周围、围挡周围需设置可靠的隔车装置。

(8)根据工程需要按照国家、省、××市建设主管部门和其他相关部门的有关要求和规定，自费承担夜间施工照明、看护、围栏和安全保卫工作，提供相应设施(如护板、围栏、安全网、指示牌等)。满足安全保卫工作及非夜间施工照明的需要，为施工现场提供一切方便。

(9)施工现场必须符合招标文件及××市有关安全生产、文明施工和城市管理的规定；保持现场不出现不必要的障碍，及时排除雨水和污水，将设备和多余材料储存并做妥善安排；及时从现场清理并运走任何废料、垃圾及不再需要的临时工程。交工前，承包人需将自身的人员及材料设备清退出场并打扫干净。

(10)在施工期间实施爆破作业，在有毒、放射环境中及使用有害气体或物质施工时，需制定相应安全防护措施经工程师同意后施工。

(11)在动力设备、输电线路、地下管道、密封防震车间、易燃易爆地段及临街交通要道附近施工前，向工程师提出安全防护措施，经工程师认可后方可实施。

**2. 施工机械的安全控制措施**

(1)各种机械操作人员和车辆驾驶员必须持有操作合格证，不准操作与操作证不相符的机械；不准将机械设备交给无操作证的人员操作，对机械操作人员要建立档案，专人管理。

(2)操作人员必须按照本机说明书规定，严格按照工作前的检查制度及工作中注意观察、工作后的检查保养制度。

(3)工作前检查

①工作场地周围有无妨碍工作的障碍物；

②油、水、电及其他保证机械设备正常运行的条件是否完备；

③安全操作机构是否灵活可靠；

④指示仪表、指示灯显示是否正常可靠；

⑤油温、水温是否达到正常使用温度。

(4)工作中观察

①工作机构有无过热、松动或其他故障；

②按例保规定进行例保作业；

③认真填写机械运转记录。

(5)驾驶室或操作室应保持整洁，严禁存放易燃、易爆物品，严禁酒后操作机械，严禁机械带病运转或超负荷运转。

(6)机械设备在施工现场停放时，应选择安全的停放地点，夜间应有专人看管。

(7)用手柄起动的机械应注意手柄倒转伤人，向机械加油时要严禁烟火。

(8)严禁对运转中的机械设备进行维修、保养、调整等作业。

(9)指挥施工机械作业人员必须上到人可瞭望的安全地点，并应明确规定指挥联络信号。

(10)使用钢丝绳的机械在运转中严禁用手套或其他物件接触钢丝绳子，用钢丝绳子拖、拉机械或重物时，人员应远离钢丝绳。

(11)起重作业应严格按照《建筑机械使用安全技术规程》(JGJ33-85)和《建筑安装工人安全技术操作规程》(1980-5-20)规定的要求执行。

(12)定期组织机电设备、车辆安全大检查，对检查中查出的安全问题，按照“三不放过”的原则进行调查处理，制定防范措施，防止机械事故的发生。

**3. 高空作业的安全技术措施**

(1)所有进入施工现场的人员戴好安全帽，并按规定戴劳动保护用品，及安全带等安全工具。

(2)在预留洞口、临边搭设符合要求的围栏，且不低于 1.2 m，并要稳固可靠。进入施工的人员上下通行由斜道或扶梯上下，不攀登模板、脚手架或绳索上下，并做好“三保”、“四口”等防护措施的管理。

(3)施工作业搭设的扶梯、工作台、脚手架、护身栏、安全网等应牢固可靠，并经验收后合格后方可使用。

(4)进行上下层交叉作业时，上下层之间设置密孔阻燃型防护网罩加以保护。

(5)在建筑四周及人员通道、机械设备上方都应采用钢管搭设安全防护棚，防护棚要铺一层模板和一道安全网，侧面用钢筋网做防护栏板。

**4. 起重吊装作业安全技术措施**

(1)起吊重物件时，应确认所起吊物件的实际重量，如不明确时，应经操作者或技术人员计算确定。

(2)拴挂吊具时，应按物件的重心确定拴挂吊具的位置；用两支点或交叉起吊时，吊钩处千斤绳、卡环、起重钢丝绳等均应符合起重作业安全规定。

(3)吊具拴挂应牢靠，吊钩应封钩，以防在起吊过程中钢丝绳滑脱；捆扎有棱角或利口的物件时，钢丝绳与物件的接触处应垫以麻袋、橡胶等物；起吊长、大物件时，应拴溜绳。

(4)起吊细长杆件的吊点位置应经计算确定，凡沿长度方向重量均等的细长物件吊点拴挂位置可参照以下规定办理：

①单支点起吊时，吊点距被吊杆件一端全杆长的 0.3 倍处；

②双支点起吊时，吊点距被吊杆件端部的距离为 0.21 乘杆件全长。

(5)如选用单、双支点起吊，超过物件强度和刚度的允许值或不能保证起吊安全时，应由技术人员计算确定其起吊支点数和吊点位置。

(6)物件起吊时,先将物件提升离地面 10～20 cm,经检查确认无异常现象时,方可继续提升。

(7)放置物件时,应缓慢下降,确认物件放置平稳牢靠,方可松钩,以免物件倾斜翻倒伤人。

(8)起吊物件时,作业人员不得在已受力索具附近停留,特别不能停留在受力索具的内侧。

(9)起重作业时,应由技术熟练、懂得起重机械性能的人担任指挥信号,指挥时应站在能够照顾到全面工作的地点,所发信号应实现统一,并做到准确、洪亮和清楚。

(10)起重作业时,司机应听从信号员的指挥,禁止其他人员与司机谈话或随意指挥,如发现起吊不良时,必须通过信号指挥员处理,有紧急情况除外。

(11)起吊物件时,起重臂回转所涉及区域内和重物的下方严禁站人,不准靠近被吊物件和将头部伸进起吊物下方观察情况,也禁止站在起吊物件上。

(12)起吊物件时,应保持垂直起吊,严禁用吊钩在倾斜的方向拖拉或斜吊物件,禁止吊拔埋在地下或地面上重量不明的物件。

(13)起吊物件旋转时,应将工作物提升到距离所能遇到的障碍物 0.5 m 以上为宜。

(14)起吊物件应使用交互捻制交绕的钢丝绳,钢丝绳如有扭结、变形、断丝、锈蚀等异常现象,应及时降低使用标准或报废。卡环应使其长度方向受力,抽销卡环应预防销子滑脱,有缺陷的卡环严禁使用。

(15)当使用设有大小钩的起重机时,大小钩不得同时各自起吊物件。

(16)当用两台以上起重机同吊一物件时,事前应制定详细的技术措施,并交底,必须在施工负责人的统一指挥下进行。起重重量分配应明确,不得超过单机允许重量的 80%。起重时应密切配合,动作协调。

(17)起重机在架空高压线路附近进行作业,其臂杆、钢丝绳、起吊物等与架空线路的最小距离不应小于规定距离,如不能保持这个距离,则必须停电或设置好隔离设施后,方可工作。如在雨天工作时,距离还应当加大。

**5. 灾害天气施工的安全技术措施**

在安排工期时,考虑灾害天气的影响并留有余地。暴雨时不得进行混凝土作业,其他作业采取防范措施。

### 10.9.5　交通组织要求、管理体系及应急预案

**1. 交通组织目标、要求及措施**

(1)交通组织目标

本工程施工期间内交通组织目标为:施工期间内,不出现因施工造成的重大拥堵;发生施工路段拥堵时,负责交通组织的专职管理人员及协管员应在 10 分钟之内到场疏导,并采取有效手段。

(2)交通组织要求

①施工堆料及制作区沿线路方向展开,不得占用额外道路。

②施工交通管理人员、交通协管员专职专责划片负责，24 h有人值守，安排专人专责对期间内交通状况进行检查。

③成立交通组织领导小组，负责日常交通组织安排及应急处理，并与发包人、监理、交警、公交、城管等部门进行协调，共同维护施工期间内的交通顺畅。

④配备相关标识标志及交通协管员。

⑤施工的临时便道必须按规定工期内完工并投入使用。施工期间设专人负责交通便道及现状道路的维护、保洁及安全工作，直至竣工验收完成。施工及便道无条件接受业主同意协调。

(3)交通组织措施

成立以项目经理为首的交通组织领导小组，建立项目部和施工作业队两级交通管理体系。项目部设专职交通协管员1名，负责现场交通协调、指挥。

施工中必须加强施工技术管理措施，加强安全教育和培训，强化作业人员的安全意识，层层落实安全责任制度，确保既有线路正常通行。

成立以项目经理为首的交通组织领导小组，负责日常交通组织安排及应急处理，并与业主、监理、交警、公交、城管等部门进行协调，共同维护施工期间内的交通顺畅。

施工交通协管员专职专责，划片负责，24 h有人值守。现场有专人专责对期间交通状况进行检查。

遵守××市交通管理部门限制通行的有关规定。交管部门采取限制措施管制交通时，项目部将密切配合。施工前和当地的交通部门协商联系，制定相应的交通分流、绕道，设置限速、限高、警示、绕行牌、警示灯等措施。

施工的临时便道必须按规定工期内完工并投入使用。施工期间设专人负责交通便道及现状道路的维护、保洁及安全工作，直至竣工验收完成。施工及便道无条件接受业主同意协调。

当施工与交通安全发生矛盾时，要严格遵循"安全第一"的原则，服从交通运输安全的需要。

交通高峰期不得安排对交通影响较大的工作，工作面暴露不得超过一天。

**2. 交通管理体系**

建立项目部和施工作业队两级交通管理体系。项目部设专职交通管理员，施工队和班组设交通协管员，主抓交通组织工作。项目部成立以项目经理为组长的交通组织管理领导小组，各施工队成立以队长为组长的管理小组，保证施工期间交通顺利畅通。

交通管理体系见图10-8。

**3. 交叉路口交通组织方案**

施工期间人行地道工程施工阶段的交通组织是施工方案的重要组成部分，坚持"先交通对策到位，再进行工程施工的原则"，必须保证施工、交通两不误。

**4. 交通应急预案**

(1)成立交通应急领导小组

项目经理部成立以项目经理担任组长、项目总工任副组长的应急领导小组。应急领导小组负责处理一切突发交通事件，负责与业主本项目应急指挥部沟通与协调，服从业主指挥

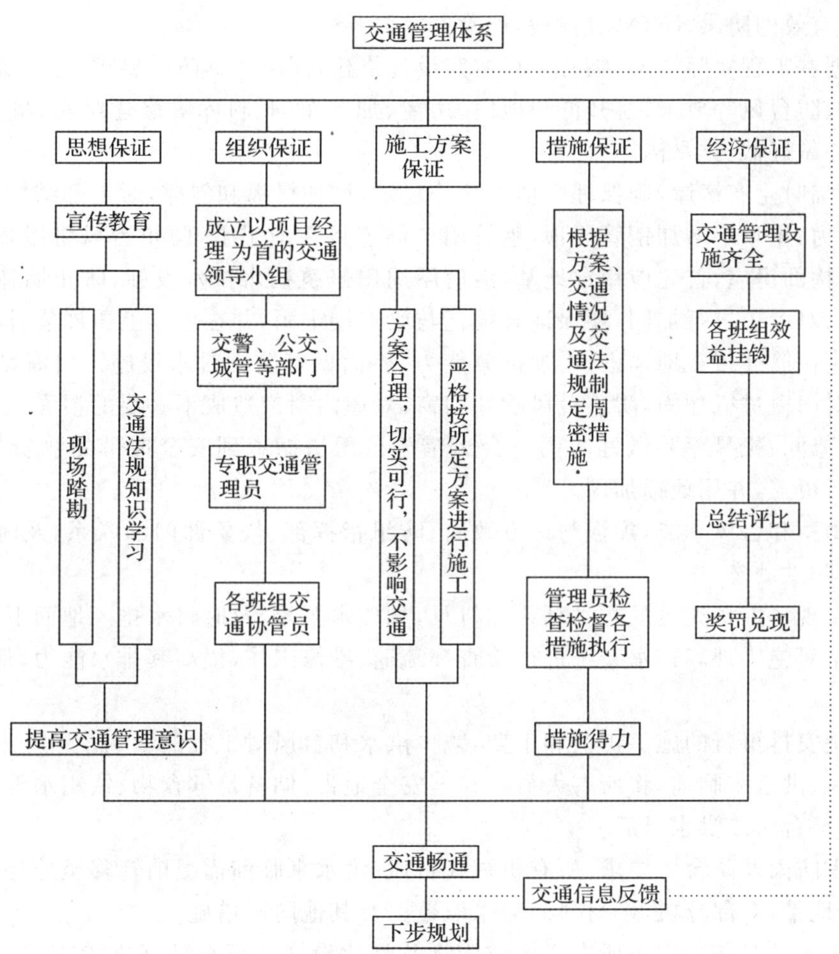


图 10-8　交通管理体系

部的领导和安排；组织编制交通应急预案，对出现的交通事故迅速做出应对决策，并组织、指挥工作。

(2)建立健全交通监控网络

交通监测网络对本标段在施工过程可能发生的交通事故点进行定点、定时的监控，以迅速发现险情，及时预警自救，减少人员伤亡和财产损失。网络分为作业班(组)安全监控网、施工队安全监控网和项目部安全监控网。

(3)应急处置

交通应急预案报相关交通主管部门审批后予以实施。应急预案应明确交通预警信号、专职交通管理人员及现场人员紧急处理方法、应急机构和有关部门的职责分工、应急处置工作等。发生路段拥堵时，交通组织的专职管理人员及各协管员需在 10 分钟内到现场，并按应急预案中方法采取有效手段，疏导交通。

### 10.9.6 防台风、雨季措施

(1)工程开工前，根据有关法律、法规，结合施工现场情况，制定《防雨、防台风紧急救灾预案》,建立有效的防洪、防台风措施及抢险方案。

(2)根据本工程实际情况,临时工程按照设计修建,同时考虑防洪要求;施工场地布置综合考虑防雨、防台风等要求,避开低洼地段,房屋、加工车间、料库等修建结实,机具、材料等加固牢固,并做好截、排水沟。

搭建的临时生产房屋,确保埋入地下部分稳定;增加横撑和斜撑,对上部结构进行加固,增强抗风能力;屋顶上增加钢管压顶,钢管用拉筋连接在地锚上,防止台风将屋顶掀起。对砖墙瓦顶结构的房屋,首先应稳定地基,沿房屋周田修筑挡水排水设施,防止墙体因受雨水浸泡而坍塌;对屋顶进行加固,要保证石棉瓦与梁连接牢固,并在屋顶上压沙袋,同时用钢管压顶,钢管用拉筋连接在地锚上,增加抗掀能力,屋面做好防雨排水设施。对有结构层的房屋,重点是对门窗进行加固,防止台风吹坏门窗,对屋内财产造成不必要的损失。

车辆维修间、机具库要做好防雨防台风措施。无法撤离到安全地带的物资等,采用篷布、铁丝进行覆盖,并用地锚加固。

(3)在雨季和台风季节,加强与地方政府、防汛指挥部、气象部门的联系,及时掌握汛期气象预报和防洪动态。

(4)施工现场准备充足的防洪材料和机具,如抽水泵等,及时将水排入地面下水道井内。

(5)经常对施工现场排水系统进行检查和疏通、维修工作,提高其排水能力,保证排水系统畅通。

(6)合理安排可行的施工工艺和工期,减少洪水和台风对工程的影响。

(7)台风、洪水来临前,将所有人员转移至安全地带,储备足够食物、饮用水等,取消一切户外活动直至台风或洪水过后。

(8)考虑防雨及防台风要求,所有机械在台风、洪水来临前需提前转移至地势较高、地面平坦的安全地带,对部分机械、材料尚需采取覆盖及其他防雨措施。

(9)组织人员对施工现场所有主体结构物及临建设施进行全部仔细检查,达不到防雨、防台要求的,制定全面、可靠的加固方案并按方案实施,确保各设施在台、雨季期间的安全。

### 10.9.7 防台风预案

××市经常遭受台风的袭击,为做好本工程的防台风工作,确保工地应急处理工作及时、高效、有序进行,最大限度地减轻事故灾害,保障人身及财产安全,维护社会稳定,制定相应应急处理工作预案。

**1. 应急处理的基本原则**

(1)本预案为建筑工地在受台风袭击或影响时,应急处理工作的基本程序和组织原则。

(2)本预案在实施应急处理工作中实行统一指挥,各负其责,密切协同,遵循预防为主、救人第一、快速反应、属地保障、确保安全的原则。

**2. 组织指挥机构及主要职责**

成立防台风指挥部,指挥部下设四个小组:协调指挥小组、防台风检查抢修小组、防台风疏散安置小组及抢险救援小组。指挥长:项目经理;副指挥长:项目技术负责人;组长组员:项目经理部全体管理人员及作业队各班组长。

主要职责：

(1)负责建筑工程的防风应急处理实施预案的制定和修改。

(2)台风来临前，负责通知各工地做好防风工作，检查工地安全设施的加固情况，疏散、转移临时工棚住宿人员。

(3)安排人员值班，巡查各建筑工地，若发生人员伤亡事故，立即组织救援救护和善后处理工作；与当地政府有关部门保持密切联系，随时报告事故现场应急处理的情况或者请求予以必要的救援救护力量增援。

(4)台风结束后，负责召集有关部门、单位对人员伤亡事故发生原因进行调查分析，对事故的应急处理情况进行总结。

**3. 台风预警等级及信号**

根据台风影响范围和程度，台风预警等级分为四级：Ⅰ级(特别严重)、Ⅱ级(严重)、Ⅲ级(较重)、Ⅳ级(一般)。台风发展过程中其强度、范围、登陆地点、危害程度等发生变化时，应及时调整预警等级。台风预警信号分五种，分别以白色、蓝色、黄色、橙色和红色表示。

(1)防备警惕阶段

48小时内可能受热带气旋影响。台风预警信号为白色。

(2)Ⅳ级(一般)预警

24小时内可能受热带气旋影响，平均风力可达6级以上，或阵风7级以上；或者已经受热带气旋影响，平均风力为6～7级，或阵风7～8级并可能持续。台风预警信号为蓝色。

(3)Ⅲ级(较重)预警

24小时内可能受热带气旋影响，平均风力可达8级以上，或阵风9级以上；或者已经受热带气旋影响，平均风力为8～9级，或阵风9～10级并可能持续。台风预警信号为黄色。

(4)Ⅱ级(严重)预警

12小时内可能受热带气旋影响，平均风力可达10级以上，或阵风11级以上；或者已经受热带气旋影响，平均风力为10～11级，或阵风11～12级并可能持续。台风预警信号为橙色。

(5)Ⅰ级(特别严重)预警

12小时内可能或者已经受台风影响，平均风力可达12级以上，或者已达12级以上并可能持续。台风预警信号为红色。

**4. 预案实施**

(1)施工现场要合理安排施工，停止需连续施工的工序作业。

(2)各小组要做好台风前安全检查，检查内容包括边坡是否稳定，排栅等设施是否稳固，包括临时工棚是否安全，要采取措施加固，消除安全隐患。

(3)质监量检查部要加强对工地的检查，对检查中发现的问题、隐患要发出整改通知书，责令施工单位立即整改处理。

(4)当台风在24小时内可能袭击我区，对我区将有严重影响，气象台发布台风紧急警报时：

①工地防台风工作小组人员就位，安排人员值班，巡查工地。

②建筑工地停止施工，将施工人员撤至安全地带。

③各小组组长进一步检查各项防御措施的落实情况，并处于临战状态，落实各工地抢险

救援队伍的到位，并处于临战状态。

**5. 抢险工作措施**

（1）险情发生后，指挥部成员要在指挥部的统一领导下，根据险情进行对口紧急支援，提出紧急支援的方案和内容。指挥部办公室要根据需要立即调集救灾物资和运输车辆，保证抢险救灾人员、物资的紧急调运。要及时做好受灾人员急需的食品、饮用水、日用品、衣被等生活必需品的供应，保障基本生活需要。要根据灾情数据，制定受灾人员吃、穿、住、医等总体方案，由协调指挥小组组织实施。

（2）防台风紧急预案启动后，各部门、重点部位、易发生灾情险情的地段要立即进入临灾状态，随时准备抗击台风灾害的袭击，并做好台风后的救灾恢复工作。

（3）一旦发生需要员工紧急疏散转移的险情，防台风疏散安置小组和抢险救灾小组要组织救援人员抢救遇险的员工，对其进行转移安置。安置工作采取借住酒店、民房等多种形式。相关部门要在日常性防台风工作中制定出转移安置路线和方案。

（4）一旦发生人员伤亡事件，抢险救援小组立即组织救援及医疗人员，迅速调集医疗救助力量，建立起伤员救治网络，提供必需的救治设备，紧急救治伤员。需要送医院救治的拨打 120 送医院。

（5）一旦发生险情，相关部门要及时提供工程抢修和现场救助装备，抢险救援小组及时参与现场救助和抢险救灾工作。

（6）项目部食堂要认真做好台风期间受灾员工的食品供应，其他各相关部门认真做好灾后公共场所的杂物清理工作，尽快恢复工地生产。

（7）卫生防疫所要组织卫生服务队伍，在台风后跟踪检查、监测饮用水源、食品等。采取有效措施，防止疫情在风灾期间暴发流行。

（8）办公室要协助做好受灾员工的救济和受灾人员的保险索赔工作。对因受灾造成缺衣少被的员工，要及时调查统计所需衣被救济的人数，进行登记造册，及时实施救济。灾后，协助保险公司做好受灾人员和受灾情况调查，协助受灾员工向保险公司取得合理的保险赔偿。

（9）在风灾期间造成建筑物、施工设施损坏的，各作业队要及时组织专业人员进行检查、抢修，确保工程生产的各项秩序正常运转。

（10）保卫人员要落实好施工重点部位的值班、巡逻制度，并做好灾后的治安保卫工作，防止不法之徒趁灾偷窃、抢劫，维护施工现场的安全与稳定。

（11）当台风已登陆并减弱为低气压，对施工不再有影响，气象台发布台风警报解除时，各小组检查受损情况。对于工地设备设施安全应及时予以加固，并总结防台风工作。

**6. 救护和疏散**

救护电话：120。根据“救人重于救灾”的原则和公司防灾演练操作规程，首先拨打救护电话，抢救被灾害围困的工作人员，与此同时有序疏散人员和物资至安全区域。

**7. 奖励与责任追究**

对防台风救灾工作做出突出贡献的先进集体和个人，由项目部给予表彰奖励；对防台风救灾工作中未履行本预案工作职责、玩忽职守造成损失和严重后果的，根据有关法律法规追究部门主管领导及直接责任人的责任。

## 10.9.8　处理突发事件的具体安全防灾预案

应急救援预案流程见图 10-9。

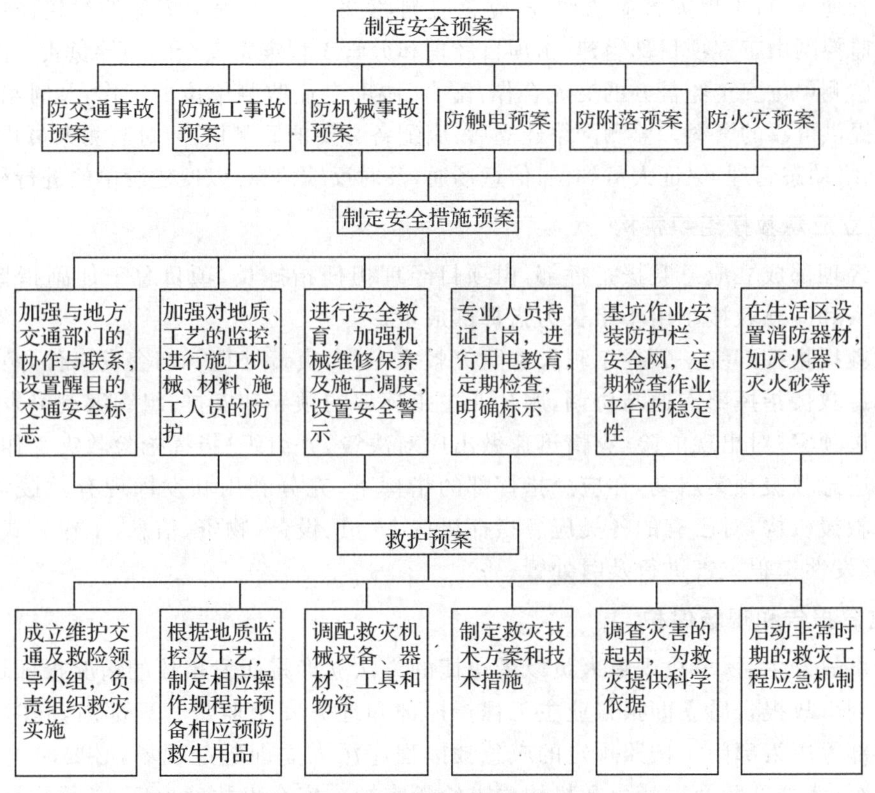


**图 10-9　应急救援预案流程**

### 1. 建立健全安全监控网络

安全监测网络是对本标段在施工过程可能发生的工程灾害点进行定点、定时监控，以迅速发现险情，及时预警自救，减少人员伤亡和财产损失。网络分为作业班(组)安全监控网、施工队安全监控网和项目部安全监控网。

(1)作业班(组)监控(工程灾害点第一级监控网)

负责对各施工作业面、各施工工序的安全进行监控。其监控手段主要是定人、定点、定时进行监控，一般进行简易的相对临建结构位移监测和宏观观测，并做好记录、上报等工作，若发现临建结构出现结点螺栓松动、支点悬空等问题，及时采取措施，同时立即向相关技术部门报告；若发现灾害隐患及时发出预警信号，通知施工人员马上撤离危险地段。

(2)施工队安全监控网(工程灾害点第二级监控网)

负责对一级监测网进行监督管理；负责组织该班(组)施工作业面内的工程灾害点(段)的安全监控、巡查、预警；负责组织班(组)施工作业面内的工程灾害点(段)的安全防治宣传，并做好记录、上报等工作；参与对突发性的工程灾害进行抢险救灾。工程灾害第二级监控网由工程施工队队长负责。

(3)工程项目经理部安全监控网(工程灾害点第三级网)

负责对一、二级网的监督管理;负责本工程内的工程灾害的安全技术交底、宣传教育和防治;负责本工程工程灾害防灾方案和抢险应急预案编制及上报;负责对工程段内较大级以上的工程灾害点(段)安全进行跟踪监测,并对监测资料进行核实和分析;负责对本工程内的技术指导和信息管理,进行工程灾害应急调查、应急监测,实现与本工程指挥部的对接,参与抢险救灾。该级监控网由工程项目部组建,由项目经理和分管工程灾害安全的领导负责;加强与工程灾害专业监测单位安全监督办的交流合作,配合、协助专业监测单位的工作,及时给工程灾害信息系统提供可靠的资料。监测网络建立后,应配备必要的监测仪器,对监测人员进行定期培训,加强网络动态管理,保证人员到位,信息畅通,及时反馈信息,以便建设单位进行科学决策。

**2. 建立应急救援组织机构**

项目经理部成立应急救援指挥部,由项目经理担任指挥长,项目总工任副指挥长,相关部门负责人和应急救援小组小组长为指挥部成员。

应急救援指挥部统一领导工程灾害防灾救灾工作,负责处理一切突发事件,负责与业主本项目应急救援指挥部沟通与协调,服从业主指挥部的领导和安排;组织编制突发性工程灾害应急救援预案;对出现的险、灾情迅速做出应对决策,并组织、指挥抢险救灾工作。工程灾害发生后应急救援预案启动,在应急指挥部的指挥下,充分利用和发挥现有救援资源,及时联系社会救援机构,对已有的各类应急指挥机构、人员、设备、物资、信息、工作方式进行资源整合,对突发性工程灾害进行及时处置。

**3. 信息报告和现场保护**

安全事故发生后,事故现场人员以最快捷的方法立即将所发事故的情况报项目经理,项目经理接到事故报告后立即报告业主工程指挥部和地方安全监督管理部门,同时上报应急救援指挥部等决策部门。按照预定的应急救援程序派人立即赶赴现场,必要时可将事故情况通报驻军、武警部队及医疗急救机构请求给予支援。安全事故发生后,必须严格保护事故现场,并迅速采取必要措施抢救人员和财产,防止事故蔓延扩大。

**4. 应急决策、协调和响应程序**

应急指挥部做出启动应急救援预案的决策后,按照该应急救援程序确定应急救援方案,协调各有关方面,调动各应急救援小组、物资和设备展开应急救援工作。

**5. 警戒、疏散、信息发布**

应急救援指挥部认为事故可能危及公众生命财产安全时,指挥长授权疏散协调警戒组组长负责发出指令,动员可能受到事故危害范围内的公众采取必要的安全防范措施或者紧急撤离危险场所。组织现场勘察和治安保卫,负责现场警戒,清理疏散现场方圆 150 m 范围内的居民。

**6. 应急救援设备、工具和器材资源的配置**

应急救援资源包括应急救援队伍和应急救援器材、设备两个方面。应急救援队伍由训练有素的专业救援队伍和培训合格的人员组成。对武警、消防、卫生、防疫、公安、医院等部门可用的应急资源、设备建立长期联系,确保联系畅通和抢救及时。对应急救援设备,如发电照明器材、登高车、切割焊接机械、挖掘装载机械、起重吊装机械、简单医疗急救设备、个体防护设备(呼吸器、防护服)等,提前足量储备,单独储存保管,不能移作他用。应急救援物资在进场前必须有出厂合格证或材料品质证明,其性能与材质需经试验室检验合格,满足工程需要。

应急救援的设备和机械提前落实,实行"定人定岗定设备"责任制度,经常对机械设备进行维护与保养,使始终处于完好无故障状态。救援指挥车辆、救援工程车辆、医疗卫生车与司机均应保持良好状态,确保应急救援工作需要。

**7. 应急救援工作的恢复**

首先,根据事故情况,由应急指挥部对事故可能造成对基础设施、环境等的危害进行预测。根据预测结果,决定应急程序的结束,并制定恢复方案。当发生重大事故时,由事故调查单位和上级应急救援指挥部组织专家组对基础设施、环境等进行技术鉴定,制定技术措施,实施恢复。

**8. 培训和应急演练及预案的维护与更新**

应急方案由项目部组织定期进行培训与演练,根据演练情况和有关人员的变化进行更新。应急预案确立后,在施工淡季按计划每年组织全体人员进行一次有效的培训,对新加入的人员应及时培训,使其具备完成应急反应任务所需的知识和技能。

应急培训主要是使应急人员了解和掌握如何识别危险,如何采取必要的应急措施,如何启动紧急情况报警系统,如何安全疏散人群等。培训的内容包括:灭火器的使用以及灭火步骤的训练;各种机械、设备、器材的熟练操作;对危险源进行辨识和个人的防护措施;事故报警;紧急情况下人员的安全疏散;各种抢救的基本技能;应急救援的队伍协作意识。

救援队伍的训练可采取自训与互训结合、岗位训练与脱产训练结合、分散训练与集中训练结合的方法。在时间安排上应有明确的要求和规定,为保证训练效果,在训练前应制定训练计划。经过有效的培训应做到施工现场人员开工后演练一次,施工作业人员变动较大时增加演练次数。

**9. 健全工作制度**

(1)工程灾害安全管理办法和安全技术措施

除认真执行国家有关安全法律、法规、标准、规范等外,还严格遵守项目制定的《工程安全管理办法》,规范各级施工队伍和施工人员的安全行为,有效制止可能产生事故的不合理人为活动。

(2)做好工程灾害防治宣传教育和培训

各施工队和班组积极开展工程灾害防治宣传教育工作和工程灾害预警系统演练,完善工程灾害预警系统,使广大参建人员明确防灾工作意义,掌握工程灾害防治基本知识,提高广大参建人员识别灾害、防止灾害、抵抗灾害的能力。

(3)险情巡查

在施工过程中,各施工队应当加强工程灾害险情巡查,发现险情及时报告并组织施工人员转移。各单位工程项目经理部要对重要工程灾害危险点(段)进行定期和不定期的检查,并对工程灾害点(段)监控设施、预防措施及防灾工作落实等进行督促检查。

(4)编制应急预案

各级施工单位要编制工程灾害应急预案,经审批后予以实施。应急预案应明确工程发生时的预警信号、临灾时人员紧急避险和财产转移的方案、应急机构和有关部门的职责分工、应急处置工作等。

## 10.10 确保文明施工的技术组织措施

### 10.10.1 文明生产目标

执行闽建建(2004)37号《福建省建筑施工文明工地管理规定(试行)》(简称《文明工地管理规定》)的各项规定。本工程施工期间内文明生产目标:

(1)全线围挡,施工场地达到标化要求。围挡实施前需提供围挡设计方案,该方案经监理、业主审核同意后方可实施。

(2)不出现施工造成的对开放路面及周边环境污染。

(3)不出现施工造成的重大扰民事故。

(4)不出现施工造成的集体投诉、主管部门处罚及媒体负面曝光报道。

(5)所有施工设备包括吊车、砼泵、砼运输车等在围挡以内作业,不得占用机动车道施工。

(6)无条件配合发包人在文明生产及施工期间内施工形象维护所采取的一切必要措施。

### 10.10.2 配合发包人在文明生产及施工期间内施工形象维护采取的措施

**1. 组建文明施工组织机构**

成立由项目技术负责人为组长的文明施工管理小组,由工程技术、安全质量、设备物资、办公室等部门参加,全面开展创建文明工地活动,形成良好的施工环境和氛围,确保整体工程的顺利完成。

**2. 文明施工组织机构的主要任务**

严格按照设计标准、施工规范要求施工,做到分工明确,责任到人。开展文明施工现场竞赛活动,规范现场管理,实行奖惩制度。派有经验的人专门协调参建单位的关系,给工程施工创造一个良好的外部环境。土方运输进行覆盖,避免尘土抛撒飞扬。施工人员驻地实行公寓化建设,统一配备生活、卫生设施,认真开展爱国卫生运动,接受当地卫生部门的检查监督。做到设备堆放整齐,标识清晰,施工便道、便桥、管路、电力线、通信等各种管、线、路布置整齐美观,现场道路平整无积水。

建设文明工地,采取有效措施,消除施工污染。对建筑垃圾等要及时清理,并运往当地环保部门指定的地点。施工和管理人员实行挂牌上岗制度,做到言行举止文明。严格按照有关规定和标准进行施工操作,严禁违反操作规程进行野蛮施工。在已完工程地段张贴工程保护标语、标牌,提醒所有人员保护已完工程。对已完工程安排专人进行保护,对经常经过施工区域的人员、机械限定运行路线,保证工程不受损害。对特殊工点、工程结构及易损部位设置维护设施,对结构物稳定观测桩设置栅栏,确保结构物及观测设施的完好及测试资料有效、齐全。在施工中做好环境保护和水土保持工作十分重要。为了响应国家和业主对做好环保工作的号召，满足业主的有关要求，将结合本行业和工程施工特点，积极做好施工环保、水土保持工作。

**3. 施工现场文明管理**

(1)施工总平面管理

工地管理执行《文明工地管理规定》的各项规定。

路面保洁：进出施工车辆进出必须洗车，在施工场地大门内侧设置洗车槽。洗车槽旁设分级沉淀池，以确保出入施工场地的车辆干净，不污染城市交通道路。冲洗车辆的水经沉淀达标后排放。

封闭施工：实行封闭式管理，施工及便道管理期间对施工现场进行全线封闭围挡，所有围挡实施前向业主提供全线围挡设计方案，方案经监理、业主审核同意后方可实施。围挡按业主要求统一设置公益性广告，施工围挡和警示标志采用的材料、高度、颜色、外观等方面必须事先征得监理工程师和业主同意，方可采购加工和设置。

施工场地按标准化工地要求进行临时工程的规划及布置。生产用房及其他设施布置，在满足施工生产需要的前提下，充分考虑市容与环境保护，尽量减少扰民，同时确保安全、经济、合理、实用。工人生活区另设，不得设在施工现场内。

施工场地布置按标准化工地要求，侵入路面(含施工专用道)必须采用通长设置的平面防护装置，外露面采取防尘措施，施工临时设施、围挡周围必须设置可靠的隔车装置。工人生活区另外考虑场地。

合理使用场地，保证现场道路、水、电和排水系统畅通。本标段运输道路利用既有道路，现场的加工点、仓库、钢筋等堆放位置合理布置；现场办公室要靠近施工地点，做到“三通一平”，电线不漏电，管线不侵限。

施工的临时便道必须按规定工期内完工并投入使用。施工期间设专人负责交通便道及现状道路的维护、保洁及安全工作，直至竣工验收完成。施工及便道无条件接受业主同意。

(2)施工组织

施工现场需配备水车一部，每天两次定期对路面进行清洗。专门组建照明、清洁小组，保证每天有8人进行施工现场及沿线的保洁，定时定期每天两次保洁工作。所有工程车辆进出必须进行清洗。

施工现场需有项目概况标牌，并注明工程名称、业主名称、监理单位、施工单位、项目负责人、技术负责人、安全员、质检员、工程数量、工期要求、配合比、质量要求等；人机料物合理组合；有详细的施工方案，做好技术、安全、质量交底；做到工完料净。

交通高峰期不得安排对交通影响较大的工作，工作面暴露不得超过一天。

(3)施工操作

工地有施工负责人、技术人员现场指导；各工班负责人必须现场做好交接；有冬雨季施工措施；混凝土施工必须有配合比通知单；有合格的计量工具，并按规定正确使用；严格按技术交底、施工图纸和施工规范施工。施工时避免损坏地上、地下管线。所有施工设备包括吊车、砼泵车、砼运输车等在围挡以内作业，不得占机动车道施工。

(4)安全

危险处所设置醒目标志、围栏；施工戴安全帽，不穿凉鞋、拖鞋施工；现场有安全员，并佩戴袖标；现场有安全警示牌，工地要有看护人员。项目部应在工程师认为适当时间内持作业人员及现场管理人员的名单及相应照片提交给现场保卫部，由其统一制作入场证。作业人员及管理人员进入现场或任何部分要求出示入场证而未能出示时，将被拒绝进入现场。

(5)现场材料

存料场的库房要规划布置合理，场地夯实，有防污染、防潮湿措施；材料堆放整齐；收料认真，定额发料，不浪费；防湿、防潮；钢、木、模板堆放一头齐，一条线；危险品、易燃易爆品必须分开存放，专人负责管理。

(6)机械设备

停放场地平整坚实，不积水；机械设备性能良好，无冒滴漏现象；灭火器材、避雷装置齐全；机械设备有专人管理、操作。所有施工设备包括吊车、砼泵车、砼运输车等在围挡以内作业，不得占机动车道施工。施工现场配备洒水车，每天两次定期对路面进行清洗。

(7)资料

各种技术资料、统计报表等齐全，及早完备且准确；按时呈报完成实物工作量及进度，并且数字准确；能够提供工程质量、材料消耗、经济效益的台账。

(8)宣传教育

施工现场有适当的宣传语牌；有竞赛评比栏；有双增双节活动，并有记录；有宣传教育记录。

(9)处理好与地方的关系

在施工过程中，搞好工民共建，处理好与当地政府和群众的关系，严肃群众纪律。做到施工不影响居民的生活和生产，并为当地提供力所能及的服务。

### 10.10.3 确保不出现施工造成的对开放路面及周边环境污染

施工期间不得在现场排放有害污水，环境保护方案应根据环保部门规定制定并实施。施工期间通过加强水污染、大气污染、固体废弃物管理及泥浆处理四方面措施控制，确保不出现施工造成的对施工现场及周边环境污染。

**1. 水污染控制保护**

工程施工期间应重视施工人员生活污水的处理问题。结合施工场地、市政污水规划和城市化进程情况，可采取如下对策减少对环境的影响：

(1)施工营地包括工程办公、生活区、生产用地等均配备临时生活污水处理设施，对生活污水进行处理后方可排放，避免对周边境的污染。

(2)施工营地生活污水经化粪池处理后，及时纳入市政污水管网。根据规定，废水排入城市下水道，悬浮物执行《水综合排放标准》中的三级标准。废水排入自然水体，悬浮物执行《水综合排放标准》中的二级标准。

(3)施工期生产和生活废水处理

施工期的水污染主要来自施工人员的生活污水和生产废水两部分，由于两部分废水的性质不同，拟将其分开处理。考虑到工程各施工部位相距较远，难以进行集中处理，根据施工场地分布，各驻地内设管线将污废水集中进行处理。

①生活污水的主要污染物都是易生物降解的有机物，考虑到施工期间的生产与管理条

件，故选择较易操作控制的以生物接触氧化为主体的处理工艺，具体工艺流程见图 10-10。

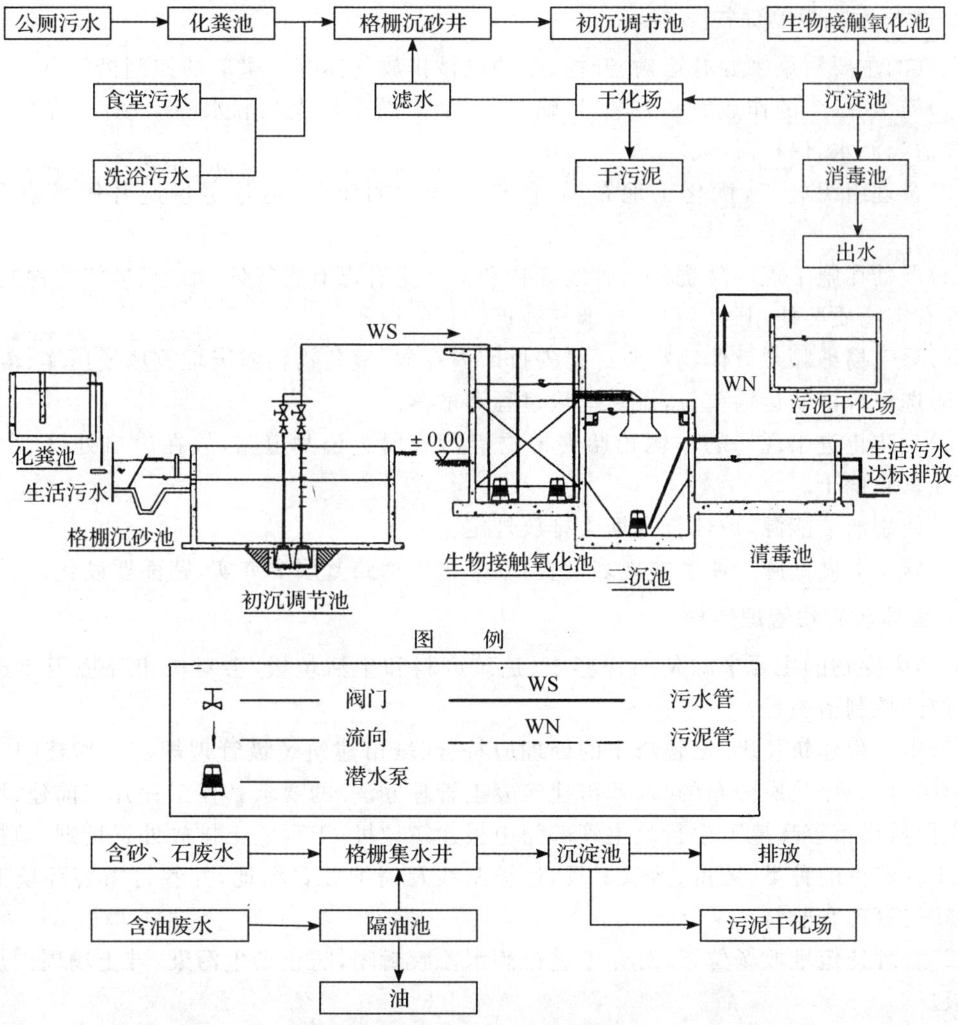

**图 10-10　施工期生活污水处理流程**

②生产废水包括施工机械设备清洗的含油废水和混凝土养护冲洗水、砂石料冲洗与开挖基坑排水。含油废水和含砂、石废水分别进行处理，含油废水用隔池去油污，含砂、石废水则由沉淀将其中固体物料沉淀下来。严禁任意排放。

进行水沉淀处理措施为：施工场地的生产废水，经过滤网过滤，通过污水管输入池中沉淀，并做除油处理。经业主和环保部门认可后排放。

(4)根据不同施工场地排水网的走向和过载能力，选择合适的排口位置和排放方式。

(5)在工程开工前完成工地排水和废水处理设施的建设，并保证工地排水和废水处理设施在整个施工过程的有效性，做到现场无积水，排水不外溢、不堵塞，水质达标。

(6)在季节环保措施中制定有效的雨季排水措施。施工现场配备有效的废浆处理设备。

(7)根据施工实际，考虑××市降雨特征，制定雨季排水方案，及避免废水无组织排放、外溢、堵塞城市下水道等污染事故发生的排水应急响应工作方案，并在需要时实施。

(8)施工现场设置专用油漆、料库，库房地面做防渗漏处理，储存、使用、保管专人负责，防止油料跑、冒、滴、漏污染土壤、水体。

**2. 大气污染控制保护**

大气的主要污染来源有运输、开挖、燃油机械排放气体等。采取的控制措施有：

(1)粉尘、扬尘的作业面和装卸、运输过程，制定操作规程和洒水降尘制度，在旱季和大风天气适当洒水，保持湿度。

(2)合理组织施工，优化工地布局，使产生扬尘的作业、运输尽量避开敏感点和敏感时段。

(3)严禁在施工现场焚烧任何含废弃物和会产生有毒有害气体、烟尘、臭气的物质，熔融沥青等有害物质要使用封闭和带有烟气处理装置的设备。

(4)易飞扬细颗粒散体物料应尽量安排库内存放，散装物料露天堆放场要压实、覆盖。

(5)选择合格的运输单位，做到运输过程不散落。

(6)为防止进出现场的车辆轮胎夹带物等污染周边公共道路，故在出口处设立冲洗刷池，清除车轮携土。

(7)使用清洁能源，炉灶符合烟尘排放规定。

(8)施工前做好施工便道的规划设置，临时施工道路基层要夯实，路面要硬化。

**3. 固体废弃物管理措施**

固体废弃物的主要来源是工程弃土、建筑废料和生活垃圾，会对城市环境卫生造成影响，采取的控制措施是：

(1)本工程建筑垃圾、工程渣土的处理应符合《城市建筑垃圾管理规定》(城建[1996]96号)和××市人民政府公布的《××市建筑废土管理办法》的要求。在工程开工前建设、施工单位应向城市市容环境卫生行政主管部门申报建筑垃圾、工程渣土排放处置计划，填报建筑垃圾、工程渣土的种类、数量、运输工具、运输路线及消纳处置场地，并签订市容环境卫生责任书，接受管理和监督。

(2)合理选定堆放场位置，对弃土进行洒水覆膜封闭，防止扬尘污染，堆土场周围加护墙和护板。

(3)制定泥浆和废渣的处理、处置方案，按照法规要求选择有资质的运输单位，及时清运施工弃土和渣土，建立登记制度，防止中途倾倒事件发生并做到运输途中不撒落。

(4)选择对外环境影响小的出土口、运输线路及运输时间。

(5)剩余料具、包装及时回收、清退。对可再利用的废弃物尽量回收利用。各类垃圾及时清扫、清运，不得随意倾倒，尽量做到每班清扫、每日清运。

(6)施工现场内无废弃砂浆和混凝土，运输道路和操作面落地料及时清运，砂浆、混凝土倒运时应采取防撒落措施。

(7)教育工人养成良好的卫生习惯，不随地乱丢垃圾、杂物，保持工作和生活环境的整洁。

(8)严禁垃圾乱倒、乱卸。施工现场设垃圾站，各类生活垃圾按规定集中收集，由环卫部门及时清理、清运，一般要求每班清扫、每日清运。

(9)工程竣工后应及时清理杂物，并平整施工场地。

### 10.10.4 确保不出现施工造成的重大扰民事故

**1. 防噪声扰民控制措施**

施工期间主要的噪声来源是施工机械等，采取的控制措施为：

(1)施工场界噪音噪声按《建筑施工场界噪声限界》(GB12523-90)的要求控制。

(2)采取措施，保证在各施工阶段尽量选用低噪声的机械设备和工法，并且在满足施工要求的条件下，尽量选择低噪声的机具。

(3)在距居民较近的施工现场，对主要噪声源如钻机、装载机、卷扬机等采用有效的吸声、隔音材料做封闭隔声或隔声屏。

(4)夜间施工经批准领取“夜间施工许可证”。

(5)确定施工场地合理布局、优化作业方案，施工安排和场地布局要考虑减少施工对周围居民生活的影响，减小噪声强度和敏感点受噪声干扰的时间，建立必要的噪声控制设施，如隔声屏障等。

(6)自备发电机要做隔声处理，在有电力供应时不使用自备发电机。

(7)合理安排施工计划，在特殊时间段不进行有噪声的作业。

(8)施工车辆的进出由专人指挥，禁止鸣笛。

**2. 防振动扰民控制措施**

产生振动的主要来源是施工机械的作业。采取的控制措施为：

(1)采取有效措施将施工产生的振动减小到最低幅度，以使施工不影响周围建筑物安全，不影响居民身体健康，控制标准符合《城市区域环境振动标准》(GB10070-88)的要求。

(2)根据敏感点的位置和保护要求选择施工机械和施工方法，最大限度减少对周围的影响。

### 10.10.5 确保不出现施工对地下管线、周边建筑物及古树木的影响

对施工场地周围地下管线和邻近的建筑物、构筑物(含文物保护建筑)、古树木的保护是施工中最为重要的方面，在施工我们采用下列措施进行保护：

(1)接受业主的现场交底。施工过程中发现城市地下管线信息数据未作记录的地下管线，及时报告发包人现场代表或监理工程师，并及时上报市城建档案馆或建设行政主管部门。

(2)复核业主的现场交底，确定地下管线、周边建筑物的具体位置。对施工场地周围需要保护的建筑物、构筑物(含文物保护建筑)、古树名木和地下管线进行验证复核并将保护方案书面上报，施工期间进行保护。

(3)根据规定改迁管道、管线，对周边建筑物隔离。

(4)承担施工期间对地下既有管线保护的责任和义务。在进行机械开挖作业前，对施工影响范围采取人工探挖、物探等有效措施后，方可机械作业。

(5)负责为各专业管线施工提供方便；负责为各个专业管线的施工提供线位、高程的控

制点;负责综合管线线位、井位高程轴线的复核。

(6)对古树木进行改迁,保证其100%成活率,待施工完成后再恢复原状。

(7)防止施工噪声对周边建筑物及古树木的影响。

(8)防止施工水污染对周边建筑物及古树木的影响。

(9)防止施工固体废弃物对周边建筑物及古树木的影响。

(10)防止废气对周边建筑物及古树木的影响。

## 10.11 确保工期的技术组织措施

### 10.11.1 工期目标

本工程要求建设工期(中标合同工期)为270日历天,其中下沉式道路工期为180天。开工日期:按合同约定;竣工日期:按合同约定。

### 10.11.2 工期安排计划

本工程工期较紧,开工后共同沟、排洪箱涵、道路及管线工程全面开展,同时进行施工。工程各节点工期必须严格按业主确定的日期完成,确保全部工程在365天内完工。

各分项工程施工工期的具体安排详见“10.14 施工进度表或工期网络图”。

### 10.11.3 确保工期的方案

科学合理地安排施工工序和施工进度;根据工程特点,合理配置人员、设备,多工作面展开施工;加强组织管理及协调;保证技术、人、材、物、机供给;积极推广“四新”技术和建立竞争机制。保证工期的方案见图10-11。

### 10.11.4 确保工期的组织措施

**1. 成立工期保证领导小组**

成立以项目经理为组长、项目技术负责人为副组长的工期保证领导小组,实行目标管理,明确责任。施工队设专职统计员,施工进度报表做到每日一报,直接上报项目经理及公司领导,不但要数据翔实,而且要有原因分析,找出实际完成与计划完成工程量的差距,发现实际指标低于计划指标时,分析差距产生的原因,及时调整工序,优化资源配置,实现微观控制到宏观控制。

**2. 强化组织协调,排除内外干扰**

建立工程调度指挥中心,加强施工调度指挥与协调工作,靠前指挥,建立动态管理网络,

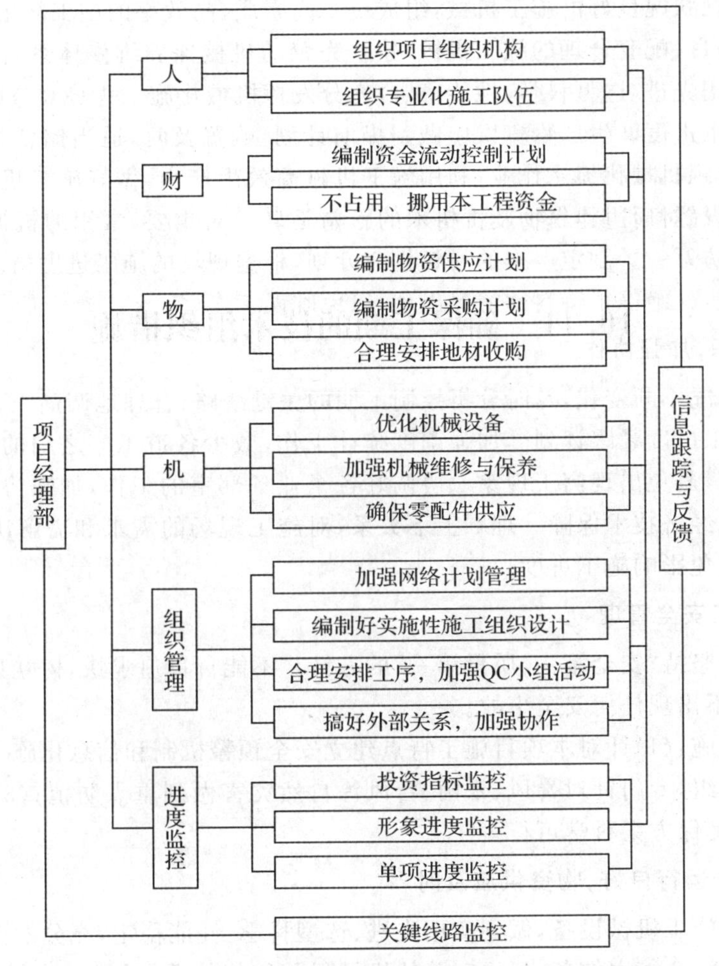


图 10-11　保证工期的方案

全面及时掌握施工动态，提高决策速度和工作效率，迅速、准确处理影响施工进度的各种问题。

针对工作面多，施工场地相对狭窄的特点，加强施工管理与协调，加强同相邻施工单位以及与业主、监理、设计的联系沟通，妥善处理好与附近居民的关系，争取良好的内外施工环境，减少干扰。

**3. 加强组织管理，狠抓施工循环**

施工管理包括对作业班组的管理和对机械设备的管理。首先要对各施工工序进行分析，充分让各工序间进行平行作业，尽可能缩短关键序的作业循环时间，制定出合理的施工网络图，并要求各作业班组严格按方案（规定了各工序所需时间）执行，对节约循环时间的班组进行奖励，反之则罚；其次还要求在机械息班或工作中对机械进行维修保养，保证机械作业时正常运转，做到少出故障或不出故障。

**4. 科学配置生产资源，健全保障体系**

对重点工程所需的机械设备、技术人员、劳动力、材料、资金等资源给予优先保证。同时成立一个施工经验丰富、组织管理能力强的项目领导班子，配备一批优秀的技术骨干、生产骨干和性能卓越、状况良好的施工机械，组成一个高素质、高效率的施工队伍。

选配性能精良、配套合理的施工机械，建立完善的机械保养维修体系，保证施工机械的完好率，做到实用先进、选型科学、性能稳定，充分发挥机械化施工优势并考虑适当的富余能力储备，确保施工进度。生产物资供应做到提前计划，购置及时，适当储备，应急有方，保障有力。尽可能组织机械化流水作业，利用施工机械高效生产力，做好施工机械的维修、保养工作，施工现场设置修理场，保证施工机械的正常运转。对重要、常用的机械和机具留有富余备用设备，以防万一。制定严格的材料供应计划，根据现场的施工进度情况保证各施工段材料的及时供应，杜绝停工待料的情况出现，以免耽误工作。

**5. 科学组织，加强协作**

随着施工情况不断变化，及时分析控制工期的关键线路，合理地调剂人力、物力、财力和机械配置，使施工进度紧跟计划。加强调度统计工作，减少各道工序之间的衔接时间，充分利用各个工作面，避免出现窝工现象。协调好各个业务部室的工作，加强协作配合，为现场施工提供有力的经济技术保障。理顺上下关系，对施工现场的需求和需解决的问题及时反映，及时解决，避免影响施工进度。

**6. 加强施工安全管理**

施工过程中坚持“安全第一、质量第一”的方针。不能盲目追求快，树立只有安全才有速度的观念，确保不出现任何安全事故。

主要安全措施：(1)针对本项目施工特点建立安全预警机制和信息化施工平台；(2)成立施工安全应急小组，专门针对暴风、暴雨、台风等自然灾害做到重点防范；(3)制定突发事件的具体预案，并确保方案科学可行。

**7. 确保设备运行良好，物资供应及时**

合理地配置施工机械设备，做到实用先进、选型科学、性能稳定，充分发挥机械化施工优势并考虑适当的富余能力储备，建立完善的机械保养维修体系，保证施工机械的完好率，保证施工需要。生产物资供应做到提前计划，购置及时，适当储备，应急有方，保障有力，建立强有力的后勤保障体系，保证各种物资、设备按时足额到位。搞好工作和生活环境建设，全方位保障施工生产。

**8. 加强劳动力组织**

加强劳动力组织，确保不因劳力不足而影响施工生产，在劳力安排上做到时间用足、空间占满。主要组织措施是：做到只要有工作面的地方，就要保证有足够的人员投入；通过合理协调和安排，减少窝工和怠工现象；改善劳动作业环境，提高劳动生产率；解决好民工工资问题，保证民工资按时足额发放。

**9. 抓好资金管理，确保资金投入**

管理利用好工程资金，保证各项施工生产得以正常进行；确保资金投入，提供强有力的资金保障；确保建设资金专款专用。

## 10.11.5　确保工期的技术措施

**1. 编制科学、合理的实施性施工组织设计**

为提高施工计划、施工方案和施工工艺的科学性、先进性，设备配置的合理性，运用网络技术和系统工程等新技术原理，综合分析本工程的技术特点、难点，编制详细、切实可行的实施性施工组织设计。通过多方案综合比选，选择最优的施工方案，施工中做到点线明确、轻重分明、计划可靠、资源配置合理。

采用科学合理的施工工艺、先进的施工机械设备，组织科学先进的作业生产线，对主要工序的进度指标进行有效控制，尽量缩短各关键工序的耗时，压缩直线工期，保证总体目标工期的实现，从而实现快速施工。

**2. 采用计算机进行网络计划管理**

施工全过程使用计算机进行网络计划管理，确保关键线路上的工序按计划进行，若有滞后，立即采取果断措施予以弥补。计算机的硬件和软件应满足工地管理的需要，符合业主统一管理的规定。同时，在工程施工期间，所有数据的传送尽可能做到光盘、网络或电话传输，使数据传送方便、迅捷。在保证质量、安全的前提下，合理安排作业层次，控制作业循环时间，利用有利时机加快施工进度。

**3. 施工进度监控**

在确保安全、质量的前提下，确保实现本标段的工期目标。对各分项工程施工的全过程进行进度监控管理。监控原则为：目标明确，事先预控，动态管理，措施有效，履行合同，并根据监控情况进行调整。

施工进度采用如下监控方法：投资指标监控法、形象进度监控法、单项进度指标监控法、关键线路网络监控法。根据施工组织设计及工期要求，适时根据工程进展调整资源配置，实现工期目标。对关键工序、关键项目强化跟踪指导、跟踪监测。

投资指标监控法：根据本标段工程总体投资计划，编制相对应的逐月投资计划，并比较施工中实际每月完成与计划完成的投资差距，分析差距原因，分析差距产生的单位，采取相应对策，从宏观控制到微观控制，并绘制投资管理控制曲线。

形象进度控监控法：对分项、分部工程编制每旬、每月、每季、每年的施工形象进度计划，施工中及时掌握每旬、每月、每季、每年所达到的形象进度，看实际完成与计划完成工程量的差距，分析差距产生的原因，采用相应对策，同时建立工程管理曲线。

单项进度指标监控法：及时统计施工中各项实际进度指标，掌握情况，与施工组织设计确定的各项进度指标进行比较。发现实际指标低于计划指标时，采取调整工序、优化资源配置等相应措施，确保单项进度指标的实现，进而实现微观控制到宏观控制。

关键线路监控法：根据施工组织设计确定的施工进度，明确关键线路，在施工组织上，狠抓关键工序，并根据工程进展实施动态管理，适时调整网络图，明确不同阶段的关键工序，采取相应的有效对策。关键线路分层次，关键工序保关键，关键点保关键线路，关键线路保总工期。

### 10.11.6 其他保证措施

关心员工的生活，根据不同的气候条件，施工中应相应调剂员工的饮食，加强饮食卫生管理，减少疾病。保证各个员工以健康的体魄、充沛的体力、良好的精神状况投入到施工中。现场设立医务室，定期做好饮食卫生的消毒工作，防止恶性病的发生而影响正常施工。

有完备的暴雨、台风、夜间施工措施，做好周密的准备工作和防灾抗灾工作，确保施工顺利进行。

搞好与业主、监理工程师及当地群众的关系，创造一个天时地利人和的施工环境，大力配合业主的拆迁工作，为尽早提供施工现场而努力。

## 10.12 拟投入的主要施工机械设备

**表 10-7 拟投入的主要施工机械设备表**

| 序号 | 机械或设备名称 | 型号规格 | 数量 | 国别产地 | 制造年份 | 额定功率 | 生产能力 | 自有或租借或拟购 |
|---|---|---|---|---|---|---|---|---|
| 一、施工机械设备 | | | | | | | | |
| 1 | 汽车吊 | QY25 | 8 台 | 徐工 | 2005 | | 25 t | 自有 |
| 2 | 柴油发电机 | 12V135BZLD1 | 3 台 | 上海 | 2008 | 500 kW | | 自有 |
| 3 | 钻机机 | CZF | 30 台 | 河南 | 2005 | | | 自有 |
| 4 | 挖掘机 | PC200LC | 15 台 | 小松 | 2003 | 175 kW | 0.9 $m^3$ | 自有 |
| 5 | 平地机 | PY165A | 2 台 | 徐工 | 2003 | 液压变速 | | 自有 |
| 6 | 压路机 | 3YJ21T-25T | 4 台 | 徐工 | 2008 | | 25 t | 自有 |
| 7 | 泥浆分离器 | ZX-250 | 3 台 | 江苏 | 2007 | | | 自有 |
| 8 | 支架 | | 50 t | | 2006 | | | 自有 |
| 9 | 钢泥浆箱 | | 6 个 | 福建 | 2008 | | | 自有 |
| 10 | 路面铣刨机 | XM200 | 1 台 | 徐工 | 2009 | | | 自有 |
| 11 | 泥浆运输车 | 改装 | 2 辆 | 山东 | 2007 | | | 自有 |
| 12 | 装载机 | ZL50 | 3 台 | 厦工 | 2007 | | 3.0 $m^3$ | 自有 |
| 13 | 推土机 | TY220 | 2 台 | 陕西 | 2002 | 162 kW | | 自有 |
| 14 | 自卸汽车 | EQ1242G2 | 12 台 | 山东 | 2000 | | 15 t | 自有 |
| 15 | 自卸汽车 | CA3260DK | 10 台 | 一汽 | 2004 | | 8 t | 自有 |
| 16 | 稳定土拌和站 | WCB400 | 1 台 | 徐工 | 2004 | | 400 t/h | 自有 |
| 17 | 光轮压路机 | XD130 | 2 台 | 徐工 | 2005 | | 13 t | 自有 |
| 18 | 轮胎压路机 | XP301 | 1 台 | 徐州 | 2007 | | 30 t | 自有 |

续表

| 序号 | 机械或设备名称 | 型号规格 | 数量 | 国别产地 | 制造年份 | 额定功率 | 生产能力 | 自有或租借或拟购 |
|---|---|---|---|---|---|---|---|---|
| 19 | 振动压路机 | YZ-18 | 2 台 | 徐工 | 2004 | | 18 t | 自有 |
| 20 | 水稳摊铺机 | WTB7500 | 2 台 | 天津 | 2003 | | 7.5 m×0.35 m | 自有 |
| 21 | 沥青砼摊铺机 | ABG423 | 2 台 | 德国 | 2003 | | | 自有 |
| 22 | 洒水车 | WX5101GS | 1 台 | 武新 | 2003 | | 8000 L | 自有 |
| 23 | 蛙式打夯机 | HW-01 | 2 台 | 陕西 | 2005 | 2.2 kW | | 自有 |
| 24 | 钢筋弯曲机 | GW40-1 | 2 台 | 上海 | 2003 | 3 kW | 6～40 mm | 自有 |
| 25 | 钢筋切断机 | GQ32 | 2 台 | 合肥 | 2003 | 3 kW | 6～32 mm | 自有 |
| 26 | 钢筋调直机 | GJ4-14 | 2 台 | 成都 | 2003 | 3 kW | | 自有 |
| 27 | 电焊机 | BX3-500 | 8 台 | 长春 | 2003 | | | 自有 |
| 28 | 插入式振动棒 | ZN25-ZN50 | 20 个 | 兰州 | 2006 | 1.1 kW | | 自有 |
| 29 | 水泵 | Y280S-4B 型 | 10 台 | 四川 | 2005 | 3 kW | | 自有 |
| 30 | 变压器 | S9-630KVA3.5/0.4 | 1 台 | 潍坊 | 2006 | 630 kVA | | 自有 |
| 31 | 水泥搅拌桩机 | | 3 台 | 河北 | 2008 | | | 自有 |
| 二、检验测量和试验仪器设备 | | | | | | | | |
| 1 | 全站仪 | 徕卡 TC1800 | 1 台 | 瑞士 | 2003 | | | 自有 |
| 2 | 水准仪 | DSZ3 | 2 台 | 苏州 | 2006 | | | 自有 |
| 3 | 精密水准仪 | FSK | 1 台 | 日本 | 2007 | | | 自有 |
| 4 | 土工试验设备 | | 1 套 | 中国 | 2004 | | | 自有 |
| 5 | 混凝土试验设备 | | 1 套 | 中国 | 2005 | | | 自有 |
| 6 | 水泥试验设备 | | 1 套 | 中国 | 2006 | | | 自有 |
| 7 | 压力试验机 | NYL-2000 | 1 台 | 中国 | 2003 | | | 自有 |
| 8 | 万能试验机 | 100 WE | 1 台 | 中国 | 2005 | | | 自有 |
| 9 | 沥青混合料搅拌机 | 10 L | 1 台 | 中国 | 2004 | | | 自有 |
| 10 | 燃烧式沥青含量测定仪 | EL45-3900/01 | 1 台 | 中国 | 2006 | | | 自有 |
| 11 | 马歇尔试验仪 | LWD-2 型 | 1 套 | 中国 | 2003 | | | 自有 |
| 12 | 沥青针入度仪 | EP-31021 | 1 台 | 中国 | 2005 | | | 自有 |
| 13 | 沥青脆点仪 | LS-1 | 1 台 | 中国 | 2006 | | | 自有 |
| 14 | 温控沥青延度仪 | XS～120 | 1 台 | 中国 | 2005 | | | 自有 |
| 15 | 路面车辙检测仪 | H1060.5F | 1 台 | 中国 | 2006 | | | 自有 |
| 16 | 平整度仪 | ZCD2000 型 | 1 台 | 中国 | 2004 | | | 自有 |
| 17 | 弯沉仪 | 5.4 m | 1 台 | 中国 | 2003 | | | 自有 |

## 10.13 劳动力计划表

表 10-8 劳动力计划表

单位:人

| 工种 | 按工程施工阶段投入劳动力情况 | | | | | | | | |
|---|---|---|---|---|---|---|---|---|---|
| | 30天 | 30天 | 30天 | 30天 | 30天 | 30天 | 30天 | 30天 | 30天 |
| 司机及机械工 | 80 | 100 | 100 | 100 | 80 | 60 | 50 | 50 | 40 |
| 钢筋工 | 20 | 30 | 40 | 40 | 40 | 40 | 20 | 10 | 5 |
| 模板工 | 25 | 60 | 60 | 60 | 60 | 60 | 20 | 20 | 10 |
| 架子工 | 15 | 40 | 45 | 45 | 45 | 40 | 15 | 15 | 15 |
| 电焊工 | 10 | 20 | 20 | 20 | 20 | 20 | 10 | 10 | 5 |
| 砼工 | 25 | 40 | 40 | 40 | 40 | 40 | 15 | 15 | 10 |
| 装吊工 | 10 | 35 | 35 | 35 | 35 | 35 | 25 | 25 | 10 |
| 电工 | 5 | 5 | 5 | 5 | 5 | 5 | 5 | 5 | 5 |
| 砌筑工 | 5 | 30 | 30 | 30 | 30 | 30 | 20 | 20 | 10 |
| 管线工 | 5 | 30 | 30 | 30 | 30 | 30 | 20 | 20 | 10 |
| 测工 | 5 | 5 | 5 | 5 | 5 | 5 | 5 | 5 | 5 |
| 试验工 | 5 | 6 | 10 | 10 | 10 | 10 | 6 | 6 | 6 |
| 交通协管工 | 20 | 20 | 20 | 20 | 20 | 20 | 20 | 20 | 20 |
| 普工 | 50 | 120 | 120 | 120 | 120 | 120 | 120 | 120 | 60 |
| 合计 | 280 | 541 | 560 | 560 | 540 | 515 | 351 | 341 | 211 |

本工程要求建设工期(中标合同工期)为 270 日历天,其中下沉式道路工期为 180 天。开工日期:按合同约定;竣工日期:按合同约定。

## 10.14　施工进度表或工期网络图

| 年度 | 建设工期为270天（下沉式道路工期为180天） | | | | | | | | |
|---|---|---|---|---|---|---|---|---|---|
| 月份 / 月份主要工程项目 | 30天 | 30天 | 30天 | 30天 | 30天 | 30天 | 30天 | 30天 | 30天 |
| 1.施工准备 | | | | | | | | | |
| 2.拆除工程 | | | | | | | | | |
| 3.基坑支护 | | | | | | | | | |
| 4.基坑开挖 | | | | | | | | | |
| 3.下沉式道路及共同沟工程（土建及安装） | | | | | | | | | |
| 4.基坑回填、地面道路工程施工 | | | | | | | | | |
| 6.雨污水工程 | | | | | | | | | |
| 8.绿水及浇灌工程施工 | | | | | | | | | |
| 7.交通及道路照明工程 | | | | | | | | | |
| 9.竣工验收及其他 | | | | | | | | | |

说明：本工程要求建设工期（中标合同工期）为270日历天，其中下沉式道路工期为180天。开工日期：按合同约定；竣工日期：按合同约定。

# 10.15　施工总平面图及临时用地表

## 10.15.1　施工总平面图

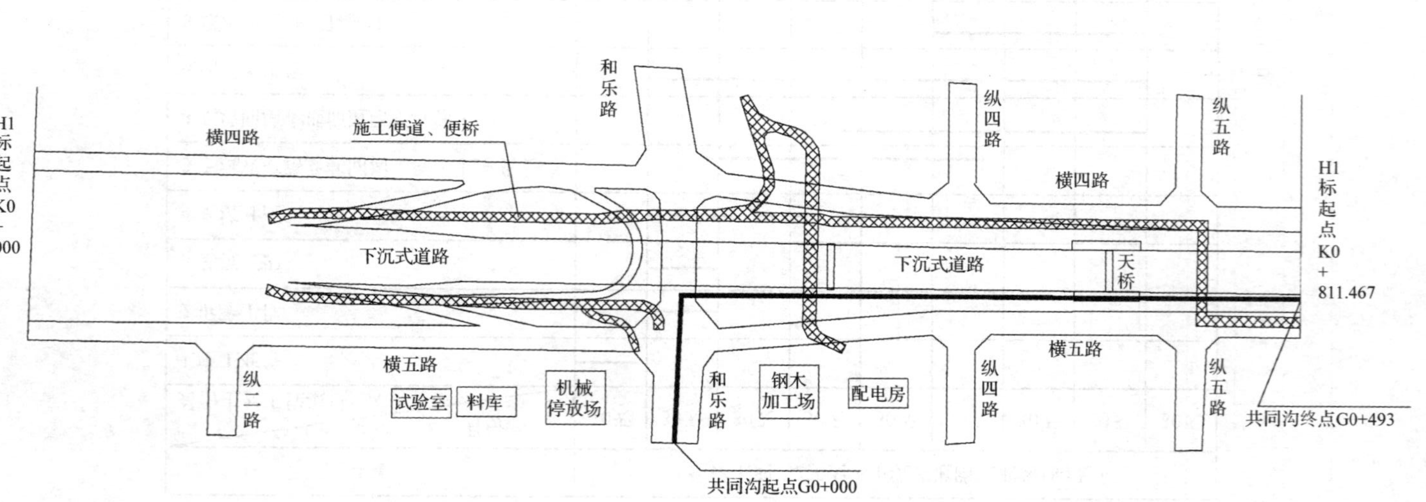


说明：
1.本图根据现场勘察情况结合施工方案绘制而成，仅为示意图。
2.施工便道尽量沿线路贯通，并设在红线用地范围内。
3.项目经理部及职工办公、生活用房在线路附近租用民房。试验室租用空地新建，需按标准进行设置。按要求为业主提供住房、办公设备及相关人员。
4.生产用地充分利用红线内用地，红线内用地不足时租用线附近空地。
5.施工用电、用水均从当地就近接引至生活、生产区。现场设变压器1座，施工用电经变压器分别引入施工场地内各用电点，并在现场投入3台发电机，临时用电采用发电机自发电。
6.施工场地布置进场后可根据现场情况进一步进行完善和优化布置，以满足施工需要，体现安全、文明施工要求。

## 10.15.2　临时用地表

**表 10-9　临时用地表**

| 用途 | 面积(平方米) | 位置 | 需用时间 |
|---|---|---|---|
| 项目部及办公用房 | 800 | 租用附近民房 | 270 天 |
| 职工宿舍 | 2000 | 租用附近民房 | 270 天 |
| 试验室 | 200 | 利用红线空地 | 270 天 |
| 料库 | 500 | 租用附近空地 | 270 天 |
| 钢木加工厂 | 600 | 租用附近空地 | 270 天 |
| 机械停放厂 | 800 | 租用附近空地 | 270 天 |
| 配电房 | 50 | 在红线内空地搭设 | 270 天 |
| 合计 | 4950 | | |

# 参考文献

[1]叶加冕,徐梓炘.道路工程施工组织与管理.北京:科学出版社,2008
[2]曹永先,孟丽.市政工程施工组织与管理.北京:化学工业出版社,2010
[3]翟丽旻,姚玉娟.建筑施工组织与管理.北京:北京大学出版社,2009
[4]吴继锋,于会斌.建筑施工组织设计.北京:北京理工大学出版社,2009
[5]刘瑾瑜,吴洁.建设工程项目施工组织及进度控制.武汉:武汉理工大学出版社,2005
[6]蔡红新.建筑施工组织与进度控制.北京:北京理工大学出版社,2009
[7]吴伟民.建筑工程施工组织与管理.厦门:厦门大学出版社,2012
[8]赵占军,龚健冲.建筑施工组织.郑州:黄河水利出版社,2009